# 创新发明与专利申请实务

Practical Course for Innovation and Patent Application

胡 军 著

知识产权出版社
全国百佳图书出版单位
—北京—

## 图书在版编目（CIP）数据

创新发明与专利申请实务/胡军著. —北京：知识产权出版社，2021.5
ISBN 978-7-5130-7494-0

Ⅰ.①创… Ⅱ.①胡… Ⅲ.①专利申请-基本知识 Ⅳ.①G306.3

中国版本图书馆 CIP 数据核字（2021）第 064799 号

### 内容提要

本书主要介绍了专利撰写、申请及答复的经验和技巧的相关内容，旨在让科技创新人才更系统地了解专利申请的相关知识。全书共有 9 章，分别从专利基本知识、专利检索方法、专利撰写、专利申请流程、专利答复补正、实际答复案例、专利布局、专利挖掘及国际专利申请等方面进行了系统讲解。本书可作为大学生创新发明实践课程系列教材和知识产权从业人员的参考书籍。

责任编辑：曹靖凯　　　　　　　　　责任印制：孙婷婷

## 创新发明与专利申请实务
CHUANGXIN FAMING YU ZHUANLI SHENQING SHIWU

胡　军　著

| | | | |
|---|---|---|---|
| 出版发行：知识产权出版社 有限责任公司 | | 网　址：http://www.ipph.cn |
| 电　话：010-82004826 | | http://www.laichushu.com |
| 社　址：北京市海淀区气象路 50 号院 | | 邮　编：100081 |
| 责编电话：010-82000860 转 8763 | | 责编邮箱：caojingkai@cnipr.com |
| 发行电话：010-82000860 转 8101 | | 发行传真：010-82000893 |
| 印　刷：北京建宏印刷有限公司 | | 经　销：各大网上书店、新华书店及相关专业书店 |
| 开　本：720mm×1000mm　1/16 | | 印　张：16 |
| 版　次：2021 年 5 月第 1 版 | | 印　次：2021 年 5 月第 1 次印刷 |
| 字　数：280 千字 | | 定　价：88.00 元 |
| ISBN 978-7-5130-7494-0 | | |

出版权专有　侵权必究
如有印装质量问题，本社负责调换。

# 前　言

人们通常以为，专利申请的手续繁杂冗长，必须由专利代理机构来完成。其实，专利从申请到授权有一个固定程序，只需按标准撰写并递交申请文件，再按时答复有关审查意见即可。申请文件和答复文件多为固定格式或半固定格式形式，只有权利要求书、说明书和说明书摘要等文件需单独撰写，普通技术人员完全可以独立完成这些工作。

笔者将从事近10年知识产权实务相关工作的经历和经验进行了总结，历时3年时间，多次易稿，完成此书。全书共分为9章，分别从专利基本知识、专利检索方法、专利撰写、国内专利申请流程、专利答复补正、实际案例教学、专利布局、专利挖掘及国际专利申请（PCT）等方面进行了系统的介绍，旨在帮助发明人了解和掌握专利申请的基本程序及相关文件的撰写方法。

本书通过对专利基础知识、有关文件的撰写实例、专利申请后的相关手续等方面内容的介绍，阐明了专利发明人申请专利和处理有关文件时必须掌握的最基本内容。同时，介绍了答复专利审查意见、意见陈述等方面的技巧，并对涉及新颖性、创造性的答复意见进行了总结，给出了各类答复意见模板，为不了解相关答复技巧的发明人提供一些启示和参考，以提高专利申请的授权率。

本书中专利布局、专利挖掘的相关内容主要针对的是企业，也适用于其他单位、组织和个人。对于企业而言，需要根据自身的发展目标有目的地制定专利布局规划，并进行专利挖掘，在获得专利权的基础上，对专利进行保护和运用，最终形成支撑和促进企业经营和发展、提升市场竞争力的专利保护网。专利布局是企业实施专利战略的起点，而且贯穿整个专利战略的实施过程，对企业专利战略的实施效果，乃至企业发展目标的完成都至关重要。

专利挖掘主要针对专利的产生过程，更多地体现为从法律和技术的视角挖掘可行的专利点。专利布局和专利挖掘相互依存、相互影响。在制定专利布局规划时，往往需要考虑自身的技术实力和专利挖掘能力；在进行专利挖掘时，企业需要根据自身事前制定的专利布局战略把握专利挖掘的方向和重心。

书中有关国际专利申请的内容，是为了顺应全球化趋势、积极响应国家政策而编写。PCT申请数量逐渐成为衡量国家创新水平的重要指标，其申请数量反映了企业的创新能力，也代表国家或地区在知识产权领域的话语权。对于企业而言，进行PCT专利申请，以全球化的视野进行专利的申请和布局，可以争取到更多的国际市场，提升企业自身的国际竞争力。

本书覆盖了从创意的构思、专利方案的检索、专利申请文件的撰写到专利的申请及专利的答复补正，以让发明人详细了解专利申请的全过程。

在本书附录部分附有专利电子申请常见疑难问题汇总、《中华人民共和国专利法》《中华人民共和国专利法实施细则》，供发明人在撰写时进行查阅。

感谢协助笔者收集、汇总与专利申请文件撰写、审查意见通知书答复、专利撰写案例、专利布局及国际专利申请有关资料的工作人员，为笔者顺利完成本书的编写工作奠定了坚实的基础。

由于笔者的水平和实践经验有限，本书难免有不当之处，敬请读者和专家批评指正。

胡　军

2021年4月

# 目 录

## 第1章 专利概述 1
1.1 专利的基本知识 1
1.2 专利的特点及作用 8
1.3 专利申请的条件 10
1.4 新颖性判断和创造性判断 12

## 第2章 专利检索方法 17
2.1 专利制度的基本知识 17
2.2 专利文献的特征 18
2.3 专利检索 19
2.4 国内外专利文献检索途径 21

## 第3章 专利文件的撰写 26
3.1 技术交底书 26
3.2 申请文件的撰写和准备 29

## 第4章 国内专利申请概述 46
4.1 专利申请的基本流程 46
4.2 专利申请文件的要求 49
4.3 申请获得专利权的程序 50
4.4 专利优先审查制度概述 58
4.5 电子专利申请流程 63

## 第5章 专利审查意见答复流程与方法 79
5.1 专利审查意见通知书的答复原则与策略 79
5.2 涉及新颖性的答复意见 82
5.3 涉及创造性的答复意见 83

5.4　专利审查意见中创造性的评判技巧 ………………………………… 86
5.5　专利审查意见答复要点及其模板 ……………………………………… 89
5.6　专利审查意见答复注意事项 …………………………………………… 91

## 第 6 章　发明专利申请及答复案例 ………………………………………… 95
6.1　发明案例 1：一种密封式试剂瓶 ……………………………………… 95
6.2　发明案例 2：一种钢轨磨损检测仪 …………………………………… 101
6.3　发明案例 3：一种铁路道岔尖轨与基本轨冰、雪检测
　　 与融化装置 …………………………………………………………… 119
6.4　发明案例 4：一种汽车轮毂轴承损坏检测与报警系统 …………… 138

## 第 7 章　专利布局 …………………………………………………………… 158
7.1　专利布局的基本原则 ………………………………………………… 158
7.2　专利组合的类型 ……………………………………………………… 162
7.3　机械领域专利保护的特点 …………………………………………… 166
7.4　机械领域专利布局的策略 …………………………………………… 167

## 第 8 章　专利挖掘 …………………………………………………………… 170
8.1　常见的专利挖掘类型 ………………………………………………… 170
8.2　基于 TRIZ 理论进行专利挖掘 ………………………………………… 175
8.3　机械领域的专利挖掘 ………………………………………………… 180

## 第 9 章　国际专利申请 ……………………………………………………… 185
9.1　PCT 的建立及其发展 ………………………………………………… 185
9.2　国际检索 ……………………………………………………………… 188
9.3　PCT 申请的国际公布 ………………………………………………… 191

## 附　录 ………………………………………………………………………… 194
附录Ⅰ　专利电子申请常见疑难问题 ……………………………………… 194
附录Ⅱ　《中华人民共和国专利法》 ……………………………………… 207
附录Ⅲ　《中华人民共和国专利法实施细则》 …………………………… 220

## 参考文献 ……………………………………………………………………… 247

# 第1章 专利概述

## 1.1 专利的基本知识

### 1.1.1 知识产权的概念

知识产权,又称"知识所属权",指"权利人对其智力劳动所创作的成果享有的财产权利",一般只在有限时间内有效。各种智力创造,如发明、文学和艺术作品,以及在商业中使用的标志、名称、图像以及外观设计,都可被认为是某一个人或组织所拥有的知识产权。知识产权包括著作权与工业产权两大类。

(1) 著作权

著作权又称版权,是指自然人、法人或者其他组织对文学、艺术和科学作品依法享有的财产权利和精神权利的总称。著作权包括以下九种类型:文字作品;口述作品;音乐、戏剧、曲艺、舞蹈、杂技艺术作品;美术、建筑作品;摄影作品;电影作品和以类似摄制电影的方法创作的作品;工程设计图、产品设计图、地图、示意图等图形作品和模型作品;计算机软件;法律、行政法规规定的其他作品。

(2) 工业产权

工业产权则是指工业、商业、农业、林业和其他产业中具有实用经济意义的一种无形财产权。工业产权包括专利、商标、厂商名称、原产地名称,以及植物新品种权和集成电路布图设计专有权等。

知识产权主要分类介绍见表1-1。

表1-1 知识产权分类

| 类型 | | 管理部门 |
| --- | --- | --- |
| 著作权 | 文学艺术作品 | 中国版权保护中心 |
| | 计算机软件 | 中国版权保护中心 |
| 工业产权 | 专利 | 国家知识产权局 |
| | 商标 | 国家知识产权局 |
| | 厂商名称 | 工商行政管理部门 |
| | 原产地名称 | 国家质检总局 |
| | 植物新品种权 | 国家林业局植物新品种保护办公室 |
| | | 农业部植物新品种保护办公室 |
| | 集成电路布图设计专有权 | 国家知识产权局 |

## 1.1.2 发明创造的定义及分类

发明创造是指运用科学知识和科学技术制造出先进、新颖或独特的具有社会意义的事物及方法。因此，科学上的发现，技术上的创新，以及文学和艺术创作，在广义上都属于发明创造活动。发明创造不同于科学发现，但彼此存在密切的联系。人们利用自然界存在的或者隐含的人类未知原理的科学方法，通过探索、研究、发现、表达、记录或信息传递交流等手段，表述成为口语、书面信息、涂鸦图案或科学技术理论等，或制作成为可以供生活、生产、交流或信息交换的实物产品等，都可称为发明创造。《中华人民共和国专利法》（以下简称《专利法》）保护的发明创造包括发明、实用新型和外观设计三种。

（1）发明

发明是指对产品、方法或者其改进所提出的新的技术方案。发明必须是种技术方案，是发明人将自然规律在特定技术领域进行运用和结合的结果，而不是自然规律本身。同时，发明通常是自然科学领域的智力成果，文学、艺术和社会科学领域的成果也不能构成专利意义上的发明。根据我国《专利法》的规定，发明分为产品发明、方法发明两种类型，既可以是原创性的发明，也可以是改进型的发明。

① 产品发明是关于新产品或新物质的发明。这种产品或物质是自然界所没有的，是人利用自然规律作用于特定事物的结果。如果某物品完全处于自然状态下，没有经过任何人的加工或改造而存在，就不是我国《专利法》所规定的产品发明，不能取得专利权。

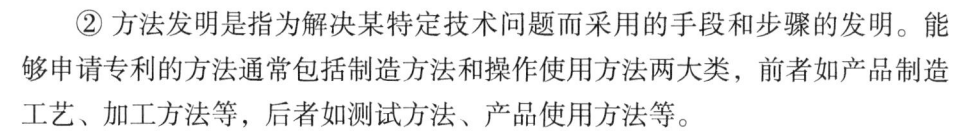

② 方法发明是指为解决某特定技术问题而采用的手段和步骤的发明。能够申请专利的方法通常包括制造方法和操作使用方法两大类，前者如产品制造工艺、加工方法等，后者如测试方法、产品使用方法等。

（2）实用新型

实用新型是指对产品的形状、构造或者其结合所提出的适用于实用的新的技术方案。产品的形状是指产品所具有的、可以从外部观察到的、确定的空间形状。对产品形状所提出的技术方案可以是对产品的三维形态的空间外形所提出的技术方案，也可以是对产品的二维形态所提出的技术方案。无确定形状的产品，如气态、液态、粉末状、颗粒状的物质或材料，其形状不能作为实用新型产品的形状特征。产品的构造是指产品的各个组成部分的安排、组织和相互关系。它可以是机械构造，也可以是线路构造。机械构造是指构成产品的零部件的相对位置关系、连接关系和必要的机械配合关系等；线路构造是指构成产品的元器件之间的确定的连接关系。实用新型专利只保护部分产品发明，而不保护方法发明。

（3）外观设计

外观设计是指对产品的整体或局部的形状、图案或者其结合以及色彩与形状、图案的结合所作出的富有美感并适于工业应用的新设计。形状是指对产品造型的设计，也就是指产品外部的点、线、面的移动、变化、组合而呈现的外表轮廓，即对产品的结构、外形等同时进行设计、制造的结果；图案是指由任意线条、文字、符号、色块的排列或组合而在产品的表面构成的图形。图案可以通过绘图或其他能够体现设计者的图案设计构思的手段制作。产品的图案应当是固定、可见的，而不应是时有时无的或者需要在特定的条件下才能看见的；色彩是指用于产品上的颜色或者颜色的组合，制造该产品所用材料的本色不属于外观设计上的色彩。外观设计的载体必须是产品。产品是指可以用工业方法生产出来的物品。不能重复生产的手工艺品、农产品、畜产品、自然物不能作为外观设计的载体。通常，产品的色彩不能独立构成外观设计，除非产品色彩变化的本身已形成一种图案。

## 1.1.3 《专利法》不予保护的对象

《专利法》明确规定对下列各项内容不授予专利权，相关申请将作驳回处理。

(1) 违反法律、社会公德或妨害公共利益的发明创造

用于赌博的设备或工具、吸毒的器具、伪造货币的设备、带有暴力凶杀或伤害民族感情的外观设计等，由于有违社会公德甚至违反法律，都不能被授予专利权。对于发明创造本身并没有违反法律或公德，但是由于被滥用而违反法律或公德的，则不属此列。

(2) 科学发现

科学发现是指对自然界中客观存在的现象、变化过程及其特性和规律的揭示。科学理论是对自然界认识的总结，是更为广义的发现，它们都属于人们认识的延伸。这些被认识的物质、现象、过程、特性和规律不同于改造客观世界的技术方案，不是《专利法》意义上的发明创造，因此不能被授予专利权。

(3) 智力活动的规则和方法

智力活动，是指人的思维运动，它源于人的思维，经过推理、分析和判断产生出抽象的结果，或者必须经过人的思维运动作为媒介才能间接地作用于自然产生结果。它仅是指导人们对信息进行思维、识别、判断和记忆的规则和方法，由于其没有采用技术手段或者利用自然法则，也未解决技术问题和产生技术效果，因而不构成技术方案。例如，交通行车规则、各种语言的语法、速算法或心理测验方法，各种游戏或娱乐的规则和方法，乐谱、食谱、棋谱、计算机程序等。

(4) 疾病的诊断和治疗方法

将疾病的诊断和治疗方法排除在专利保护范围之列，是出于人道主义的考虑和社会伦理的原因。医生在诊断和治疗过程中应当有选择各种方法和手段的自由，因为治疗是以有生命的人或者动物为直接实施对象，进行识别、确定或消除病因、病灶的过程。例如诊脉法、心理疗法、按摩及为预防疾病而实施的各种免疫方法、以治疗为目的的整容或减肥等。但是药品或医疗器械可以申请专利。

(5) 动物和植物品种

动植物是有生命的个体，是自然生长的，不是人类创造的结果，所以，其品种难以用专利保护。但是随着现代生物技术的发展，人工合成或培育的动植物层出不穷，不能因为它们是生物而否定其发明创造性，因此对于动植物品种的生产方法可以授予专利权。这里所说的生产方法是指非生物学方法，不包括主要是生物学的方法。如果人为的技术对一项生产方法所要达到的目的或者效果起了控制或者决定的作用，那么这种方法就不属于"主要是生物学的方法"。

(6) 原子核变换方法以及用原子核变换方法获得的物质

这些物质主要是一些放射性同位素，因其与大规模毁灭性武器的制造生产密切有关，不宜被垄断和专有，所以不能被授予专利权。但是，这些同位素的用途、为实现变换而使用的各种仪器设备以及为增加粒子能量而设计的各种方法等，都可以得到专利权保护。

(7) 对平面印刷品的图案、色彩或者二者的结合作出的主要起标识作用的设计

外观设计保护的是产品的外形特征，这种外形特征不能脱离具体产品。起标识作用的平面设计的主要作用是向消费者披露相关的制造者或服务者，与具体产品无关，属于商标法保护范畴，所以不能被授予专利权。

(8) 无法用工业方法生产和复制的产品

美术作品、工艺品、农产品、畜产品、渔业产品、自然物品以及利用或结合自然物构成的作品等，如果不能通过工业方法进行批量生产，则都不能被授予专利权。

## 1.1.4 职务发明与非职务发明

我国《专利法》把发明创造分为职务发明和非职务发明两种。职务发明创造包括以下 4 种情况：

① 在本职工作中完成的发明创造；
② 履行本单位交付的本职工作之外的任务所完成的发明创造；
③ 退职、退休或者调动工作后一年内完成的，与其在原单位承担的本职工作或者原单位分配的任务有关的发明创造；
④ 主要利用本单位的物质技术条件所完成的发明创造。

注：在第③种情况中，只有同时具备两个条件，才构成职务发明创造：第一，该发明创造必须是发明人或设计人从原单位退职、退休或者调动工作后一年内完成的；第二，该发明创造与发明人或设计人在原单位承担的本职工作或者原单位分配的任务有联系。在第④种情况中，"本单位的物质技术条件"是指本单位的资金、设备、零部件、原材料或者不对外公开的技术资料等。一般认为，如果在发明创造过程中，全部或者大部分利用了单位的资金、设备、零部件、原料以及不对外公开的技术资料，同时这种利用对发明创造的完成起着必不可少的决定性作用，就可以认定为"主要利用本单位物质技术条件"。如果仅仅是少量利用了本单位的物质技术条件，且这种物质条件的利用，对发明

创造的完成无关紧要，则不能因此认定是职务发明创造。对于利用本单位的物质技术条件所完成的发明创造，如果单位与发明人或者设计人订有合同，对申请专利的权利和专利权的归属作出约定的，从其约定。以上情况之外作出的发明创造都是非职务发明创造。

### 1.1.5 专利权与专利权人的概念

（1）专利权

专利权简称"专利"，是发明创造人或其权利受让人对特定的发明创造在一定期限内依法享有的独占实施权，是一种重要的知识产权。一项发明创造完成以后，往往会产生各种复杂的社会关系，其中最主要的就是发明创造应当归谁所有、权利的范围以及如何利用的问题。如果发明创造没有受到专利保护，则难以解决这些问题，其内容披露以后任何人都可以利用这项发明创造。发明创造被授予专利权以后，《专利法》保护专利权不受侵犯。任何人要实施专利，除法律另有规定的以外，必须得到专利权所有（或持有）人的许可，并按双方协议支付使用费，否则就是侵权。专利权所有人有权要求侵权者停止侵权行为，因专利权受到侵犯而在经济上受到损失的，还可以要求侵权者赔偿，如果对方拒绝这些要求，专利权所有人有权请求管理专利工作的行政部门处理或向人民法院起诉。专利权的性质主要体现在三个方面：排他性、时间性和地域性。

① 排他性。也称独占性或专有性，是专利权所有人对其拥有的专利权享有独占或排他的权利，未经其许可或者未出现法律规定的特殊情况，任何人不得使用，否则即构成侵权，这是专利权最重要的法律特点之一。

② 时间性。是指法律对专利权所有人的保护只在法定期限内有效，期限届满后专利权就不再存在，此发明创造随即成为人类的共同财富，任何人都可以自由利用。

③ 地域性。是指任何一项专利权，只有依一定地域内的法律才得以产生并在该地域内受到法律保护；这也是区别于有形财产的另一个重要法律特征。根据该特征，依一国法律取得的专利权只在该国领域内受到法律保护，而在其他国家则不受该国家的法律保护，除非两国之间有双边的专利（知识产权）保护协定，或共同参加了有关保护专利（知识产权）的国际公约。专利权并不是伴随发明创造的完成而自动产生的，需要申请人按照《专利法》规定的程序和手续向国家知识产权局提出申请，经审查符合《专利法》规定的申请

才能被授予专利权。如果申请人不向国家知识产权局提出申请，无论发明创造多么重要，都不能享有专利权。

（2）专利权人

专利权人是专利权的所有人及持有人的统称，即专利申请被批准时，被授予专利权的专利申请人，专利权人既可以是单位也可以是个人。在我国有权申请并获得专利权的申请人有以下几种人和单位。

1）发明人或设计人

对于非职务发明创造，其申请专利的权利属于发明人或设计人，申请被批准后，该专利权归发明人或设计人所有。

如果一项非职务发明创造是由两个或两个以上的发明人或设计人共同完成的，则完成发明创造的人称为共同发明人或共同设计人。共同发明创造的专利申请权和取得的专利权归全体共有人共同所有。

《专利法》意义上的发明人或设计人是指对发明创造的实质性特点作出了创造性贡献的人。在完成发明创造过程中，只负责组织工作的人，为物质技术条件的利用提供方便的人或者从事其他辅助性工作的人，例如试验员、描图员、机械加工人员等，均不是发明人或设计人。其中，发明人是指发明的完成人，设计人是指实用新型或外观设计的完成人。发明人或设计人，只能是自然人，不能是单位、集体或课题组。发明创造是智力劳动的结果，发明创造活动是一种事实行为，不受民事行为能力的限制。因此，无论从事发明创造的人是否具备完全民事行为能力，只要他完成了发明创造，就应被认定为发明人或设计人。

2）发明人或设计人所属的单位

对于职务发明创造来说，申请专利的权利属于该发明创造的发明人或者设计人所属的单位。这里所称的"单位"，包括各种所有制类型性质的内资企业和在中国境内的中外合资经营企业、中外合作企业的外商独资企业；从劳动关系上讲，既包括固定工作单位，也包括临时工作单位。被授予专利的单位应当按规定向职务发明创造的发明人和设计人发放奖金或给予相应报酬。

两个以上单位合作或者一个单位接收其他单位或者个人委托所完成的发明创造，除另有约定外，申请专利的权利归完成或共同完成的单位；申请被批准后，专利权归申请或共同完成的单位所有。

3）申请权或专利权的继受人或继受单位

专利申请权和专利权可以转让。有权申请专利的个人或单位可以根据自己的意愿将专利申请权或专利权转让给继受人或继受单位。我国境内的法人单位、中国公民和在我国长期居住和工作的外国人，都可通过有偿或无偿的方式转让获得，或者通过继承、单位重组等程序合法取得专利申请权或专利权，并成为合法的继受人或继受单位。

继受了专利申请权或专利权之后，继受人并不因此而成为发明人或设计人，该发明创造的发明人或设计人也不因发明创造的专利申请权或专利转让而丧失其特定的人身权利。

## 1.2 专利的特点及作用

### 1.2.1 专利的特点

专利，是专利权的简称，是知识产权的主要组成部分之一，是由国家按照专利法授予申请人在一定时间内对其发明创造成果所享有的独占、使用和处分的权利。它是一种财产权，是运用法律保护手段"跑马圈地"，独占现有市场，抢占潜在市场的有力武器。

我国《专利法》第二条规定：本法所称的发明创造是指发明、实用新型和外观设计。发明，是指对产品、方法或者其改进所提出的新的技术方案。

（1）发明的特点

首先，发明是一项新的技术方案。是利用自然规律解决生产、科研、实验中各种问题的技术解决方案，一般由若干技术特征组成。其次，发明分为产品发明和方法发明两大类型。产品发明包括所有由人创造出来的物品，方法发明包括所有利用自然规律通过发明创造产生的方法。方法发明又可以分成制造方法和操作使用方法两种类型。另外，《专利法》保护的发明也可以是对现有产品或方法的改进。

（2）实用新型的特点

实用新型是指对产品的形状、构造或者其结合所提出的适于实用的新的技术方案。实用新型与发明的不同之处在于：实用新型只限于具有一定形状的产品，不能是一种方法，也不能是没有固定形状的产品（如水、空气等）；对实用新型的创造性要求不太高，而实用性较强。

（3）外观设计的特点

外观设计是指对产品的整体或局部的形状、图案或者其结合以及色彩与形状、图案的结合所作出的富有美感并适于工业应用的新设计。它与发明和实用新型的不同在于，它不是技术方案，而是指工业产品的式样。

### 1.2.2 专利的作用

（1）提升市场竞争力

具有一定法律意识的企业，会在研发新技术时申请专利保护，以期将来不被对手抄袭，保护自己的知识产权。因此，一家企业拥有专利的数量，从某些程度可以反映企业的研发能力、研发投入、创新能力及法律意识。同时可以增强企业资质，在申请高新企业及政府资金方面，专利是有利的竞争因素。

（2）授权许可

如果专利权人申请的专利技术处于行业领先地位且有较大的市场应用，那么可以授权其他同类企业使用专利技术，从中收取合理的专利许可费用。

（3）侵权赔偿

如果其他企业使用了未经专利权人许可的技术，那么专利权人有权对其提起诉讼，要求停止侵权行为并支付经济损失等。

我国《专利法》第七十一条规定：侵犯专利权的赔偿数额按照权利人因被侵权所受到的实际损失或者侵权人因侵权所获得的利益确定；权利人的损失或者侵权人获得的利益难以确定的，参照该专利许可使用费的倍数合理确定。对故意侵犯专利权，情节严重的，可以在按照上述方法确定数额的一倍以上五倍以下确定赔偿数额。

权利人的损失、侵权人获得的利益和专利许可使用费均难以确定的，人民法院可以根据专利权的类型、侵权行为的性质和情节等因素，确定给予三万元以上五百万元以下的赔偿。

赔偿数额还应当包括权利人为制止侵权行为所支付的合理开支。

人民法院为确定赔偿数额，在权利人已经尽力举证，而与侵权行为相关的账簿、资料主要由侵权人掌握的情况下，可以责令侵权人提供与侵权行为相关的账簿、资料；侵权人不提供或者提供虚假的账簿、资料的，人民法院可以参考权利人的主张和提供的证据判定赔偿数额。

（4）技术垄断

技术是第一生产力。成功授权专利的产品通常具有较为显著的技术含量，更容易获得消费者的认可，同时市场的独占权能够很好地保护企业的市场份额，从而提高企业的核心竞争力。

(5) 增加收益

纯技术、方法等被授予专利权就变成了工业产权，形成了无形资产，具有了价值。换句话说，技术方案、外观设计等申请专利后可以给企业带来经济效益。实际操作中，专利可以作为注册资本出资或增资，还可以通过专利许可等方式获得实际资本累加。

(6) 质押融资

知识产权专利质押融资是一种相对新型的融资方式，区别于传统的以不动产作为抵押物向金融机构申请贷款的方式，企业或个人以合法拥有的专利权中的财产权经评估后作为质押物，向银行申请融资。

(7) 专利技术出资

知识产权、实物、土地使用权等可以经国家权威评估机构评估作价后用作公司注册资本金。因此，作为无形资产的专利权可以直接用来投资。

## 1.3 专利申请的条件

发明创造要取得专利权，必须满足形式条件和实质性条件。形式条件是指申请专利的发明创造，应当以《专利法》及《中华人民共和国专利法实施细则》（以下简称《专利法实施细则》）规定的格式，书面记载在专利申请文件上，并依法定程序履行各种必要的手续；实质性条件也称专利性条件，它是指申请专利的发明创造自身必须具备的属性要求，是对发明创造授权的本质依据，它是指申请专利的发明创造自身必须具备的属性要求，是对发明创造授权的本质依据。通常所说的授权条件多指实质性条件。

### 1.3.1 发明和实用新型专利的授权条件

我国《专利法》规定，授予专利权的发明和实用新型专利应当具备新颖性、创造性和实用性。

(1) 新颖性

新颖性，是指该发明或者实用新型不属于现有技术；也没有任何单位或者个人就同样的发明或者实用新型在申请日以前向国务院专利行政部门提出过申请，并记载在申请日以后公布的专利申请文件或者公告的专利文件中。

申请专利的发明或者实用新型满足新颖性的标准，必须不同于现有技术，同时还不得出现抵触申请。

现有技术是在申请日以前已经公开的技术。技术公开的方式有三种：一是出版物公开，即通过出版物在国内外公开披露技术信息；二是使用公开，即在国内外通过使用或实施方式公开技术内容；三是其他方式的公开，即以出版物和使用以外的方式公开，主要指口头方式公开，如通过口头交谈、讲课、作报告、讨论发言、在广播电台或电视台播放等方式，使公众了解有关技术内容。

抵触申请是指一项申请专利的发明或者实用新型在申请日以前，已有同样的发明或者实用新型由他人向国家知识产权局提出过申请，并且记载在该发明或实用新型申请日以后公布的专利申请文件中。先申请被称为后申请的抵触申请。抵触申请会破坏新颖性。

（2）创造性

创造性，是指与现有技术相比，该发明有突出的实质性特点和显著的进步，该实用新型有实质性特点和进步。对任何发明或实用新型申请，必须与申请日前已有的技术相比，在技术方案的构成上有实质性的差别，必须是通过创造性思维活动的结果，不能是现有技术通过简单的分析、归纳、推理就能够自然获得的结果。发明的创造性比实用新型的创造性要求更高。创造性的判断以所属领域普通技术人员的知识和判断能力为准。

一项发明创造具备新颖性，不一定就有创造性。因为创造性侧重判断的是技术水平的问题，而且判断创造性所确定的已有技术的范围要比判断新颖性所确定的已有技术范围窄一些。

（3）实用性

实用性，是指该发明或者实用新型能够制造或者使用，并且能够产生积极效果。它有两层含义：第一，该技术能够在产业中制造或者使用。产业包括工业、农业、林业、水产业、畜牧业、交通运输业以及服务业等行业。产业中的制造和利用是指具有可实施性及再现性。这里必须指出的是，《专利法》并不要求其发明或者实用新型在申请专利之前已经经过生产实践，而是分析和推断该技术在工农业及其他行业的生产中可以实现。第二，必须能够产生积极的效果，即同现有的技术相比，申请专利的发明或实用新型能够产生更好的经济效益或社会效益，如能提高产品数量、改善产品质量、增加产品功能、节约能源或资源、防治环境污染等。

## 1.3.2 外观设计专利的授权条件

（1）新颖性

授予专利权的外观设计，应当同申请日以前在国内外出版物上公开发表过或者国内公开使用过的外观设计不相同和不相近似。外观设计必须依附于特定的产品，因而"不相同"不仅指形状、图案、色彩或其组合本身不同，而且指采用设计方案的产品也不相同。"不相近似"要求申请专利的外观设计不能是对现有外观设计的形状、图案、色彩或其组合的简单模仿或微小改变。相近似的外观设计包括以下几种情况：形状、图案、色彩近似，产品相同；形状、图案、色彩相同，产品近似；形状、图案、色彩近似，产品也近似。

（2）实用性

授予专利权的外观设计必须适于工业应用。这要求外观设计本身以及作为载体的产品能够以工业的方法重复再现，即能够在工业上批量生产。

（3）富有美感

授予专利权的外观设计必须富有美感。美感是指该外观设计能给人视觉感知上的愉悦感受，与产品功能是否先进没有必然联系。富有美感的外观设计在扩大产品销路方面具有重要作用。

（4）不得与他人在先取得的合法权利相冲突

这里的在先权利是指在申请日或者优先权日之前取得的包括商标权、著作权、企业名称权、肖像权和知名商品特有包装装潢使用权等。

## 1.4 新颖性判断和创造性判断

### 1.4.1 新颖性的判断方法

（1）新颖性判断的基本准则

首先应当判断专利申请的技术方案与对比文件的技术方案是否实质上相同。如果专利申请技术方案与对比文件公开的技术方案实质上相同，所属领域技术人员根据两者的技术方案可以确定两者能够适用于相同的技术领域，解决相同的技术问题，并且具有相同的预期效果，则认为发明或者实用新型属于现有技术。如图 1-1 所示。

```
┌─────────────────────┐
│  权利要求的技术方案  │
└──────────┬──────────┘
           ↓
    ╱─────────────╲           ┌──────────────────┐
   ╱ 技术方案是否相同 ╲ ←─────│ 对比文件的技术方案 │
  ╲ （技术领域、技术问题、╱     │ （特征逐一对比）   │
   ╲  技术效果）  ╱           └──────────────────┘
    ╲───┬───┬───╱
        ↓   ↓
  ┌────────┐ ┌──────────┐
  │具备新颖性│ │不具备新颖性│
  └────────┘ └──────────┘
```

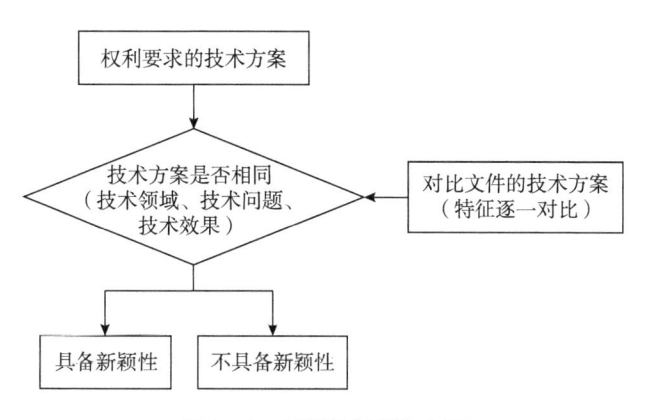

**图1-1 新颖性判断的步骤**

（2）新颖性判断的常见情形

1）技术内容完全相同

例如，权利要求：一种负温度系数热敏电阻器，具有氧化锰，氧化铜和氧化钛组成的基本体，且所述基本体上有镀银电极层。对比文件：一种负温度系数热敏电阻器由基本体和基本体镀银电极层构成，其中基本体由氧化锰、氧化铜和氧化钛组成。

2）（技术特征）简单文字转换

例如，权利要求：一种治疗肝炎的药物，包括人参和文无。对比文件：一种治疗肝炎的药物，包括人参和当归。

权利要求：一种手机，包括扬声器、键盘、麦克风、控制器和信号接收器。对比文件：一种手机，包括扬声器、键盘、麦克风、控制器。

3）（技术特征）具体（下位）与一般（上位）概念

如果要求保护的发明或者实用新型与对比文件相比，其区别仅在于前者采用一般（上位）概念，而后者采用具体（下位）概念限定同类性质的技术特征，则具体（下位）概念的公开使采用一般（上位）概念限定的发明或者实用新型丧失新颖性。

反之，一般（上位）概念的公开并不影响采用具体（下位）概念限定的发明或者实用新型的新颖性。

4）数值和数值范围

要求保护的发明或者实用新型中存在以数值或者连续变化的数值范围限定的技术特征，如部件的尺寸、温度、压力以及组合物的组分含量，而其余技术特征与对比文件相同，则其新颖性的判断应当依照以下各项规定：

① 对比文件公开的数值或者数值范围落在上述限定的技术特征的数值范围内，将破坏要求保护的发明或者实用新型的新颖性。例如，专利申请的权利要求为一种铜基形状记忆合金，包含10%～35%（重量）的锌和2%～8%（重量）的铝，余量为铜。如果对比文件公开了包含20%（重量）锌和5%（重量）铝的铜基形状记忆合金，则上述对比文件破坏该权利要求的新颖性。

② 对比文件公开的数值范围与上述限定的技术特征的数值范围部分重叠或者有一个共同的端点，将破坏要求保护的发明或者实用新型的新颖性。例如，专利申请的权利要求为一种氮化硅陶瓷的生产方法，其烧成时间为1～10小时。如果对比文件公开的氮化硅陶瓷的生产方法中的烧成时间为4～12小时，由于烧成时间在4～10小时的范围内重叠，则该对比文件破坏该权利要求的新颖性。

③ 对比文件公开的数值范围的两个端点将破坏上述限定的技术特征为离散数值并且具有该两端点中任一个的发明或者实用新型的新颖性，但不破坏上述限定的技术特征为该两端点之间任一数值的发明或者实用新型的新颖性。例如，专利申请的权利要求为一种二氧化钛光催化剂的制备方法，其干燥温度为40℃、58℃、75℃和100℃。如果对比文件公开了干燥温度为40～100℃的二氧化钛光催化剂的制备方法，则该对比文件破坏干燥温度分别为40℃和100℃时权利要求的新颖性，但不破坏干燥温度分别为58℃和75℃时权利要求的新颖性。

④ 上述限定技术特征的数值或者数值范围落在对比文件公开的数值范围内，并且与对比文件公开的数值范围没有共同的端点，则对比文件不破坏要求保护的发明或者实用新型的新颖性。例如，专利申请的权利要求为一种内燃机用活塞环，其活塞环的圆环直径为95mm，如果对比文件公开了圆环直径为70～105mm的内燃机用活塞环，则该对比文件不破坏该权利要求的新颖性。

## 1.4.2 创造性的判断方法

*（1）创造性的基本要求*

创造性，是指与现有技术相比，该发明具有突出的实质性特点和显著的进步，该实用新型有实质性特点和进步。其中现有技术是指申请日以前在国内外为公众所知的技术。显著进步是指具有更好的技术效果，提供不同的构思，代表新的技术发展趋势在某些方面有负面效果，但其他方面具有明显的积极效果。

(2) 所属技术领域的技术人员定义

满足以下五点要求的人员，称为所属技术领域的技术人员：①知晓申请日或者优先权日之前发明所属技术领域所有的普通技术知识；②能够获知该领域中所有现有技术；③具有应用该日期之前常规实验手段的能力；④不具备创造能力；⑤具备从其他技术领域中获知该申请日或优先权日之前的相关现有技术、普通技术知识和常规实验手段的能力。

(3) 突出的实质性特点判断的方法

第一步，确定最接近的现有技术；第二步，确定发明的区别特征和发明实际解决的技术问题；第三步，判断要求保护的发明对本领域的技术人员来说是否显而易见。

① 最接近的现有技术：例如，可以是与要求保护的发明技术领域相同，所要解决的技术问题、技术效果或者用途最接近和/或公开发明的技术特征最多的现有技术；或者虽然与要求保护的发明技术领域不同，但能够实现发明的功能，并且公开发明的技术特征最多的现有技术。

② 区别特征与实际解决的技术问题：例如，a. 权利要求：一种椅子，包括一个符合人体体形的弯曲的椅背，其特征是还具有两个扶手。最接近的对比文件：一种具有符合人体体形的弯曲的椅背的椅子。区别的技术特征：带有两个扶手。区别技术特征所能达到的技术效果：坐着时手臂得到休息。实际解决的技术问题：便于坐着时放置手臂。b. 权利要求：一种洁齿组合物，含有1%~50%（重量）的滑石、1~3000ppm氟化物离子的氟化盐，5%~50%（重量）的磨料抛光材料和30%~90%（重量）的一种或者多种水载体，pH为8~10。最接近的现有技术：一种防龋齿的洁齿组合物，该组合物含有20%~50%的滑石、1~2300ppm氟化物离子的氟化盐和50%~80%的一种或者多种含水载体，该组合物的pH为7~9。区别技术特征：5%~50%（重量）的磨料抛光材料。实际解决的技术问题：提高防龋齿的洁齿组合物的牙齿抛光效果。

③ 显而易见性的判断：从最接近的现有技术和发明实际解决的技术问题出发，判断要求保护的发明对所属领域的技术人员来说是否显而易见；确定现有技术整体上是否存在某种技术启示，即现有技术是否给出将上述区别特征应用到该最接近的现有技术，以解决其存在的技术问题（即实际解决的技术问题）的启示；这种启示会使所属领域技术人员在面对所述技术问题时，有动机改进该最接近的现有技术，并获得要求保护的发明。

a. 技术启示：区别特征为公知常识。其判定的要素包括以下两点：首先，为本领域的惯用手段，教科书、工具书上的内容等。其次，为区别特征与最接近现有技术相关手段，且作用相同。例如，权利要求：一种防治脚后跟皲裂的袜子，其特征在于：脚后跟袜内面设置一层浸有乳胶的布片。对比文件 1 公开了一种防治脚部皲裂保健袜，由袜体和乳胶构成乳胶附件设在袜体的袜跟部。对比文件 2 公开了防治脚后跟皲裂护具，是在脚后跟套子内面设有一层浸有乳胶的布片。

b. 最接近的现有技术判断示例：权利要求：一种内燃机排气阀，该排气阀包括一个由耐热镍基合金 A 制成的主体，还包括一个阀头部分，其特征在于所述阀头部分涂敷了由镍基合金 B 制成的覆层，发明所要解决的是阀头部分耐腐蚀、耐高温的技术问题。对比文件 1 公开了一种内燃机排气阀，所述的排气阀包括主体和阀头部分，主体由耐热镍基合金 A 制成，阀头部分的覆层使用的是与主体所用合金不同的另一种合金，对比文件 1 进一步指出，为了适应高温和腐蚀性环境，所述的覆层可以选用具有耐高温和耐腐蚀特性的合金。对比文件 2 公开的是有关镍基合金材料的技术内容。其中指出，镍基合金 B 对极其恶劣的腐蚀性环境和高温影响具有优异的耐受性，这种镍基合金 B 可用于发动机的排气阀。在两份对比文件中，由于对比文件 1 与专利申请的技术领域相同，所解决的技术问题相同，且公开专利申请的技术特征最多，因此，可以认为对比文件 1 是最接近的现有技术。

# 第 2 章
# 专利检索方法

## 2.1 专利制度的基本知识

### 2.1.1 专利制度的目的

专利制度可以有效地保护发明创造，通过严格审查，国家知识产权局依法授予发明人在一定期限内对其发明创造享有独占权、处分权，使其作为一种财产权予以法律保护；能够鼓励公民、法人进行发明创造的积极性，能激发全民族聪明才智的发挥，促进国家科学技术的迅速发展；有利于发明创造的推广应用，促进先进的科学技术尽快地转化为生产力，促进国民经济的发展。

### 2.1.2 专利技术成果的特点

专利技术成果的特点主要为独占性、地域性以及时间性。独占性指的是权利人对其专利成果具有独立的占有、使用、处分权。地域性指的是一件专利只在一定的国家或地区享有专利权。时间性指的是一件专利只在一定的时间内享有专利权。

### 2.1.3 专利不丧失新颖性的三种情形

申请专利的发明创造，在申请日以前6个月内，有下列情形之一的，不视作丧失新颖性。①在国家出现紧急状态或者非常情况时，为公共利益目的首次公开的；②在中国政府主办或者承认的国际展览会上首次展出的；③在规定的学术会议或者技术会议上首次发表的；④他人未经申请人同意而泄露其内容的。

## 2.2 专利文献的特征

专利文献包括专利申请文件、专利说明书、专利公报、专利证书、专利题录、专利文摘、专利分类表及专利数据库等。

### 2.2.1 专利文献的特点

专利文献的特点如下所示：
① 内容涉及人类社会生产、生活各个领域。
② 反映的内容新颖、实用并富于创造性。
③ 专利说明书内容具体、详尽。
④ 报道速度快、时间性强。世界知识产权组织的研究结果表明，全世界最新的发明创造信息，90%以上都是通过专利文献反映出来的。

### 2.2.2 专利文献检索中的相关概念

（1）检索的目的及意义

检索最主要的目的是找出与发明申请的主题最相关的现有技术的文件并提供事实依据，为判断发明专利申请的新颖性和创造性；其次为检索抵触申请和导致重复授权的文件。

检索的意义主要为：①查新、考证。及时了解最新技术研究进展，启发思路提高科研起点；获得科研支持资金，节省科研经费，同时为科研人员节约时间，少走弯路。②跟踪、预测。连续跟踪一项技术的发展情况，把握竞争对手、同行的研究进展，洞察技术发展趋势，预测技术发展动向。③市场调研。进行同族专利检索，了解某专利技术的保护范围及国际市场等。④自我保护、规避风险。通过进行相关专利检索，可了解专利是否有效、侵权等相关事宜。

（2）检索的关键词

1）专利申请中的"人"

① 申请人——对专利权提出申请的单位或个人（职务发明与非职务发明）。
② 发明人（设计人）——实际开展工作的人。
③ 专利权人——对专利具有独占、使用、处置权的人。

④ 代理人——代为办理专利权申请的人。

2）专利申请中的"号"

① 申请号——发明专利申请号。

② 公开号——发明专利公布编号。

③ 公告号——三种专利授权公告号。

④ 专利号——三种专利原申请号。

⑤ 国际专利分类号（IPC）——国际上公认的按专利文献的技术内容或主题进行分类的代码。

3）专利申请中的"日"

① 申请日——专利机关收到申请说明书之日。

② 公开日——发明专利申请公开之日。

③ 公告日——三种专利授权公告之日。

④ 优先权日——是指专利申请人就同一项发明在一个缔约国提出申请之后，在规定的期限内又向其他缔约国提出申请，申请人有权要求以第一次申请日期作为后来提出申请的日期，这一申请日就是优先权日。

## 2.3　专利检索

### 2.3.1　检索过程

（1）确定检索的技术领域

专利申请的主题所属的技术领域是根据该申请的权利要求限定的内容来确定的，特别是根据明确指出的特定的功能以及相应的具体实施例来确定。审查员确定发明所属的分类号，就是申请的主题所属的技术领域。

1）不同的分类体系

① 国际专利分类体系（IPC 分类号）。

IPC 的基本作用是作为各专利局以及其他使用者为确定专利申请的新颖性、创造性而进行专利检索时的一种有效检索工具。同时，是世界上应用最广泛的专利分类体系，覆盖95%以上的专利文献，是其他分类体系细分的基础。

② 联合分类体系（CPC 分类号）。

在欧洲专利局、美国专利局内部分类体系及IPC 分类体系的基础上进一步细分，包括 25 万个分类条目，使用范围涵盖 45 个国家和地区，包括中国国家知识产权局和韩国知识产权局。

③ 日本专利分类系统（FI、F-term 分类号）。

FI（File Index）是日本专利局内部对 IPC 的细分。F-Term（File Forming Term）是日本专利局为适应计算机检索而建立的多面分类体系。它从多个技术角度，例如：应用、功能、结构、材料、生产过程等，在国际专利分类表（IPC）和日本国内分类系统（FI）的基础上进行再分类或细分类。

2）IPC 的基本知识

一个完整的分类号由代表部、大类、小类、大组和小组构成，一般为五级结构，每个结构之间为层层递进的关系，其具体内容如下。

部的种类分为八类：A. 人类生活必需；B. 作业及运输；C. 化学及冶金；D. 纺织及造纸；E. 固定建筑物；F. 机械工程、照明、加热、武器和爆破；G. 物理；H. 电学。

每一个部被细分为许多大类，大类是分类表的第二等级。

大类：(a) 大类的类号：每一个大类的类号由部的类号以及其后的两位数字组成。例如，H01。(b) 大类的类名：每一个大类的类名表明该大类的内容。例如，H01 基本电气元件。

每一个大类包括一个或多个小类，小类是分类表的第三等级。

小类：(a) 小类的类号：每一个小类的类号由大类的类号加一个大写字母组成。例如，H01S。(b) 小类的类名：小类的类名尽可能确切地表明该小类的内容。

大组：(a) 大组的类号：每一个大组的类号由小类类号、1 到 3 位数字、斜线及 00 组成。例如，H01S3/00。(b) 大组的类名：大组类名在其小类范围以内确切地限定了某一技术主题领域，并被认为有利于检索。

小组：(a) 小组的类号：小组是大组的细分类，每一个小组的类号由其小类类号、大组类号的 1 到 3 位数字、斜线及除 00 以外的至少两位数字组成。例如，H01S3/02。(b) 小组的类名：小组类名在其大组范围内确切限定了某一技术主题领域，并被认为有利于检索。该类名前加一个或几个圆点指明该小组的等级位置，即指明每一个小组是上面离它最近的又比它少一个圆点的小组的细分类。

下面以 H01F1/053 为例说明：

部 H——电学，大类 H01——基本电气元件，小类 H01F——磁体，大组 H01F1/00——按所用磁性材料区分的磁体或磁性物质，六点小组 1/053……——含有稀土金属的。则 H01F1/053 实际涉及的是"按其矫顽力区分的包括硬磁合金"。

（2）检索方法

检索方法通常有以下五个步骤及原则：①分析权利要求、确定检索要素；②初步确定分类号和检索领域后，应进一步分析权利要求，确定检索要素；③检索要素指从技术方案中提炼出来的可检索的要素，通常用分类号和关键词表达；④基本检索要素指体现技术方案的基本构思的可检索的要素；⑤选取基本检索要素的原则为根据主题名称和/或区别技术特征来确定一个或多个基本检索要素。

（3）建立检索策略

检索策略通常包括以下三点：①在所属技术领域中检索；②在功能类似的技术领域中检索；③检索的时间一般为相对于申请日而言由近至远。

### 2.3.2 检索技巧

每一件发明专利申请在被授予专利权前都应当进行检索。检索是发明专利申请实质审查程序中的一个关键步骤，其目的在于找出与申请的主题密切相关或者相关的现有技术中的对比文件，或者找出抵触申请文件和防止重复授权文件，以确定申请的主题是否具备《专利法》第二十二条第二款和第三款规定的新颖性和创造性，或者是否符合《专利法》第九条第一款的规定。

申请前，可以初步检索一下相关的现有技术，一方面可以了解本申请在现有技术中的地位，另一方面可以进行适当修改，从而区别于现有技术。或者可以通过国家知识产权局的检索中心提交检索的请求，通过相关领域的专业人士进行检索，更准确地了解本申请在现有技术领域中的地位。

## 2.4 国内外专利文献检索途径

### 2.4.1 国内专利检索途径

① 中国专利检索系统：http://pss-system.cnipa.gov.cn/，如图 2-1 所示。

a. 全面反映中国专利 1985 年以来的文献情况（包括外国申请人在我国申

请专利的情况)。

　　b. 可以通过申请号、发明名称等 16 条途径检索。

　　c. 可以进行题录、文摘及全文（TIFF）下载拷贝。

　　d. 可以及时了解每件专利的法律状态。

图 2-1　中国专利检索系统

② 专利信息服务平台：http://search.cnipr.com/，如图 2-2 所示。

图 2-2　专利信息服务平台

③ Soopat 专利检索：http://www.soopat.com/，如图 2-3 所示。

图 2-3　Soopat 专利检索

④ 中国专利信息中心：http://www.cnpat.com.cn/，如图 2-4 所示。

图 2-4　中国专利信息中心

## 2.4.2　国外专利检索途径

国外专利检索主要包括欧洲专利组织（EPO）所属国家/地区及美国、世界知识产权组织（WIPO）所属重要工业国家/地区及日本的专利文献检索等。

① 美国专利商标局：http://www.uspto.gov/，如图 2-5 所示。

图 2-5　美国专利商标局

② 欧洲专利局：http://ep.espacenet.com/，如图 2-6 所示。

图 2-6　欧洲专利局

③ 日本专利局：http://www.jpo.go.jp/，如图 2-7 所示。

图 2-7　日本专利局

(4) 俄罗斯专利局：http://www.fips.ru/ensite/，如图 2-8 所示。

图 2-8 俄罗斯专利局

# 第 3 章 专利文件的撰写

专利申请材料的准备主要分为两个环节，一个是交底材料的撰写，一个是申请文本的撰写。专利技术交底材料是发明人与专利代理人进行技术交流的重要文件，其撰写质量高低直接关系到代理人对技术的理解和申请文件的撰写质量，进而影响到专利能否授权以及专利授权的保护范围。专利申请文件的作用主要体现在以下几个方面：①向全社会公开发明创造的内容；②阐明申请人要求保护的发明创造技术方案的范围；③国家知识产权局对申请人的发明创造进行审查时的原始依据；④作为是否侵权的依据。专利申请文件属于一种法律文件，专利申请文件不仅形式上有严格的法律限制，其内容也必须符合法律的要求。专利申请文件既是启动专利申请程序的必要条件，也是专利审查的基础和依据，申请人或者发明人能否获得专利权以及获得专利权的范围都以专利申请文件范围为准。

## 3.1 技术交底书

技术交底书是发明人把要申请专利的发明创造内容以书面形式提交给专利代理机构的参考文件，使专利代理师更容易理解发明人发明构思的特点。一份内容全面、符合要求的技术交底书将有助于提高专利代理师的专利申请文件撰写质量和效率，更好地为发明人争取权益。技术交底书的模板如下所示（括号内为说明性文字）。

发明名称：_____
技术问题联系人：_____
联系人电话：_____  电子邮箱：_____  传真：_____
术语解释：_____

一、要求保护的发明创造主题名称

(写明发明人所认为的本专利申请想要保护的发明创造主题名称)

二、技术领域

(写明本专利申请中的发明创造属于何技术领域,可以在哪些领域应用)

三、技术背景

(详细介绍本发明创造的技术背景,即背景技术,尤其要描述已有的与本发明最接近的背景技术。

1. 介绍在所述技术领域内的技术现状,尤其是与本发明欲改进的核心技术有关的技术现状。

2. 可从大的技术背景和小的技术背景两个方面进行介绍。大的技术背景主要是指该技术领域的总体状况,小的技术背景是指与本发明改进的具体技术密切相关的技术状况。

3. 技术背景介绍的详细程度,以不需再去看文献即可理解该技术内容为准,如果现有技术出自专利文献、期刊、书籍,则提供出处。现有技术有相关附图的,最好一并提供并结合附图说明。

注意:附图请尽可能提供可编辑格式的版本,例如 Visio、CAD、PPT 等格式的图)

四、现有技术存在的问题

(介绍现有技术存在的缺点是什么?针对这些缺点,说明本发明要解决的技术问题,即本发明的目的。

1. 客观评价现有技术的缺点,会带来哪些问题,这些缺点是针对本发明的优点来说的,本发明正是要解决这些问题的缺点。本发明无法解决的技术问题不必描述,本发明不能解决的缺点也不必写。

2. 如果找不出对比技术方案及其缺点,可用反推法,根据本发明的优点来找出对应的缺点,还可以从结构角度推导出现有相近产品的缺点。

3. 缺点可以是成本高、结构复杂、性能差、工艺烦琐等类似问题。

4. 针对前面现有技术的所有缺点,逐一正面描述本发明所要解决的技术问题)

五、本发明技术方案的详细阐述

[本部分所提供的内容涉及专利申请文件中最重要的部分,越详细越好。

1. 对于发明和实用新型专利要求保护的主题是一个技术方案，因而在这部分应当阐明本发明要解决的技术问题（即发明目的）是通过什么样的技术方案来实现的，不能只有原理，也不能只做功能介绍，应当详细描述本发明的各个发明改进点及相应的技术方案。

2. 技术方案是指为解决上述技术问题（即达到上述发明目的）而采取的技术措施（既有技术手段构成的技术构思）。因此，本发明的技术方案应当通过清楚、完整地描述本发明的技术特征（如构造、组织、形状等）以及作用、原理而将其公开到使本专业技术领域中的普通技术人员能够实施本发明为准。

3. 对于不同类型的发明，需要采用不同的描述方式来说明其技术方案。例如：对于设备发明，应当具体说明其零部件的结构及其连接关系，必要时结合附图加以说明；而对于方法发明，应当具体说明其工艺方法、工艺流程和条件（如时间、压力、温度、浓度）；涉及机电一体化的发明，对于其中与电路有关的内容应当提供电路图、原理框图、流程图或时序图，并应当结合附图进行具体说明；对于部分内容涉及软件、业务（商务）方法的专利申请，除提供流程图外，还应提供相关的系统装置。

4. 所有附图都应当有详细的文字描述，尽量以本领域技术人员不看附图即可明白技术方案的程度为标准；同时附图中的关键词或方框图中的注释都尽量用中文。附图中的方框图以黑白方式提供即可，不必提供彩色图，所有英文缩写都应有中文注释］

**六、本发明创造的关键改进点**

（针对本发明创造相对于现有技术所作出的改进给出其关键改进点，即说明其中哪些发明改进点是本专利申请重点想要保护的创新内容。

1. 本发明技术方案的详细描述部分提供的是完整的技术方案，在本部分是提炼出技术方案的关键改进点，列出1、2、3……以提醒专利代理师注意，便于专利代理师撰写权利要求书。

2. 简单点明即可，通常可以根据下面第七项能给本发明带来的有益效果给出其关键改进点）

**七、本发明的有益效果**

（本部分写明本发明与第三项所述的背景技术相比的优点，尤其是与最接近的背景技术相比的优点。

1. 本部分简单介绍即可。但是，不要仅仅列出各个优点，应当结合技术方案中的各个发明改进点作出具体说明，即以推理方式具体分析各个改进点如何带来这些优点，使得对优点的说明做到有理有据。

2. 可以对应第四项所要解决的技术问题或发明目的作出具体说明，即分析上述各个发明改进点如何解决这些技术问题或实现这些发明目的)

**八、本发明的替代方案**

(针对第五项的技术方案，写明是否还有别的替代方案同样能解决上述技术问题或实现上述发明目的。

1. 如果有替代方案，请详尽写明，以提供足够多的具体实施方式。此部分内容的提供有助于撰写保护范围更宽的权利要求，防止他人绕过本技术方案去解决同样的技术问题或实现同样的发明目的。

2. 所述替代方案可以是部分结构、器件、方法步骤的替代，也可以是完整的技术方案的替代，例如：在本发明具体技术方案中两个部件的连接为卡式连接，但铰链连接也可能实现本发明，因此铰链连接即为替代方案)

**九、其他相关信息**

(本部分给出其他有助于专利代理师理解本发明内容的资料，从而向专利代理师提供更多的信息，以便专利代理师更好更快地完成专利申请文件的撰写)

## 3.2 申请文件的撰写和准备

申请文件撰写的质量高低，往往影响到审批程序的长短、保护范围的大小，有时甚至影响到专利申请能否被授予专利权。

### 3.2.1 请求书

请求书应当写明申请的专利名称，发明人或设计人的姓名，申请人姓名或者名称、地址及其他事项。专利请求书有三种类型，分别是发明专利请求书、实用新型专利请求书和外观设计专利请求书。在填写这三种专利请求书时，应当按照《专利法》及《专利法实施细则》的规定，使用国家知识产权局统一制定的表格（可从网上下载）。申请人在申请时，首先应当弄清楚是申请发明专利、实用新型专利，还是外观设计专利，然后选择相应类型的专利请求书进行填写。它们的主要栏目和填写要求基本相同,下面主要以发明专利请求书为例,说明各栏目的填写要求和注意事项(见表3-1)。

表3-1 发明专利请求书[❶]

| 请按照"注意事项"正确填写本表各栏 | | | | 此框内容由国家知识产权局填写 | |
|---|---|---|---|---|---|
| ⑦发明名称 | | | | ①申请号 | |
| | | | | □ | |
| | | | | ②分案提交日 | |
| ⑧发明人 | 发明人1 | | □不公布姓名 | ③申请日 | |
| | 发明人2 | | □不公布姓名 | ④费减审批 | |
| | 发明人3 | | □不公布姓名 | ⑤向外申请审批 | |
| ⑨第一发明人国籍或地区 | | 居民身份证件号码 | | ⑥挂号号码 | |
| ⑩申请人 | 申请人(1) | 姓名或名称 | | 申请人类型 | |
| | | 居民身份证件号码或统一社会信用代码/组织机构代码 □请求费减且已完成费减资格备案 | | 电子邮箱 | |
| | | 国籍或注册国家(地区) | | 经常居所或营业所所在地 | |
| | | 邮政编码 | 电话 | | |
| | | 省、自治区、直辖市 | | | |
| | | 市县 | | | |
| | | 城区(乡)、街道、门牌号 | | | |
| | 申请人(2) | 姓名或名称 | | 申请人类型 | |
| | | 居民身份证件号码或统一社会信用代码/组织机构代码 □请求费减且已完成费减资格备案 | | 电子邮箱 | |
| | | 国籍或注册国家(地区) | | 经常居所或营业所所在地 | |
| | | 邮政编码 | 电话 | | |
| | | 省、自治区、直辖市 | | | |
| | | 市县 | | | |
| | | 城区(乡)、街道、门牌号 | | | |
| | 申请人(3) | 姓名或名称 | | 申请人类型 | |
| | | 居民身份证件号码或统一社会信用代码/组织机构代码 □请求费减且已完成费减资格备案 | | 电子邮箱 | |
| | | 国籍或注册国家(地区) | | 经常居所或营业所所在地 | |
| | | 邮政编码 | 电话 | | |
| | | 省、自治区、直辖市 | | | |
| | | 市县 | | | |
| | | 城区(乡)、街道、门牌号 | | | |
| ⑪联系人 | 姓名 | | 电话 | | 电子邮箱 |
| | 邮政编码 | | | | |
| | 省、自治区、直辖市 | | | | |
| | 市县 | | | | |
| | 城区(乡)、街道、门牌号 | | | | |

❶ 表格及后附说明文字源于国家知识产权局网站:http://www.cnipa.gov.cn/.

续表

| ⑫代表人为非第一署名申请人时声明 | | | | 特声明第____署名申请人为代表人 | | |
|---|---|---|---|---|---|---|
| ⑬专利代理机构 | □声明已经与申请人签订了专利代理委托书且本表中的信息与委托书中相应信息一致 | | | | | |
| | 名称 | | | | 机构代码 | |
| | 代理人(1) | 姓 名 | | 代理人(2) | 姓 名 | |
| | | 执业证号 | | | 执业证号 | |
| | | 电 话 | | | 电 话 | |
| ⑭分案申请 | 原申请号 | | 针对的分案申请号 | | 原申请日　年　月　日 | |
| ⑮生物材料样品 | 保藏单位代码 | | 地址 | | 是否存活 | □是　□否 |
| | 保藏日期　年　月　日 | | 保藏编号 | | 分类命名 | |
| ⑯序列表 | □本专利申请涉及核苷酸或氨基酸序列表 | | | ⑰遗传资源 | □本专利申请涉及的发明创造是依赖于遗传资源完成的 | |
| ⑱要求优先权声明 | 原受理机构名称 | 在先申请日 | 在先申请号 | ⑲不丧失新颖性宽限期声明 | □已在中国政府主办或承认的国际展览会上首次展出<br>□已在规定的学术会议或技术会议上首次发表<br>□他人未经申请人同意而泄露其内容 | |
| | | | | ⑳保密请求 | □本专利申请可能涉及国家重大利益，请求按保密申请处理<br>□已提交保密证明材料 | |
| ㉑声明本申请人对同样的发明创造在申请本发明专利的同日申请了实用新型专利 | | | | ㉒提前公布 | □请求早日公布该专利申请 | |
| ㉓摘要附图 | | 指定说明书附图中的图____为摘要附图 | | | | |

续表

| ㉔申请文件清单 | | | | ㉕附加文件清单 | | | |
|---|---|---|---|---|---|---|---|
| 1. 请求书 | | 份 | 页 | □实质审查请求书 | 份 | 共 | 页 |
| 2. 说明书摘要 | | 份 | 页 | □实质审查参考资料 | 份 | 共 | 页 |
| 3. 权利要求书 | | 份 | 页 | □优先权转让证明 | 份 | 共 | 页 |
| 4. 说明书 | | 份 | 页 | □优先权转让证明中文题录 | 份 | 共 | 页 |
| 5. 说明书附图 | | 份 | 页 | □保密证明材料 | 份 | 共 | 页 |
| 6. 核苷酸或氨基酸序列表 | | 份 | 页 | □专利代理委托书 | 份 | 共 | 页 |
| 7. 计算机可读形式的序列表 | | 份 | 页 | 总委托书备案编号（_____） | | | |
| 权利要求的项数 | | | 项 | □在先申请文件副本 | 份 | 共 | 页 |
| | | | | □在先申请文件副本中文题录 | 份 | 共 | 页 |
| | | | | □生物材料样品保藏及存活证明 | 份 | 共 | 页 |
| | | | | □生物材料样品保藏及存活证明中文题录 | | | |
| | | | | | 份 | 共 | 页 |
| | | | | □向外国申请专利保密审查请求书 | 份 | 共 | 页 |
| | | | | □其他证明文件（注明文件名称） | 份 | 共 | 页 |
| ㉖全体申请人或专利代理机构签字或者盖章<br><br><br><br><br>年　月　日 | | | | ㉗国家知识产权局审核意见<br><br><br><br><br>年　月　日 | | | |

| 发明名称 | | |
|---|---|---|
| 发明人姓名 | 发明人1 | |
| | 发明人2 | |
| | 发明人3 | |

续表

| 申请人名称及地址 | 申请人1 | 名称 |
| | | 地址 |
| | 申请人2 | 名称 |
| | | 地址 |
| | 申请人3 | 名称 |
| | | 地址 |

## 注意事项

一、申请发明专利，应当提交发明专利请求书、权利要求书、说明书、说明书摘要，有附图的应当同时提交说明书附图，并指定其中一幅作为摘要附图。（表格可在国家知识产权局网站 www.cnipa.gov.cn 下载）

二、本表应当使用国家公布的中文简化汉字填写，表中文字应当打字或者印刷，字迹为黑色。外国人姓名、名称、地名无统一译文时，应当同时在请求书外文信息表中注明。

三、本表中方格供填表人选择使用，若有方格后所述内容的，应当在方格内作标记。

四、本表中所有详细地址栏，本国的地址应当包括省（自治区）、市（自治州）、区、街道门牌号码，或者省（自治区）、县（自治县）、镇（乡）、街道门牌号码，或者直辖市、区、街道门牌号码。有邮政信箱的，可以按规定使用邮政信箱。外国的地址应当注明国别、市（县、州），并附具外文详细地址。其中申请人、专利代理机构、联系人的详细地址应当符合邮件能够迅速、准确投递的要求。

五、填表说明

1. 本表第①、②、③、④、⑤、⑥、㉗栏由国家知识产权局填写。

2. 本表第⑦栏发明名称应当简短、准确，一般不得超过25个字。

3. 本表第⑧栏发明人应当是个人。发明人可以请求国家知识产权局不公布其姓名。

4. 本表第⑨栏应当填写第一发明人国籍，第一发明人为中国内地居民的，应当同时填写居民身份证件号码。

5. 本表第⑩栏申请人是个人的，应当填写本人真实姓名，不得使用笔名或者其他非正式姓名；申请人是单位的，应当填写单位正式全称，并与所使用公章上的单位名称一致。申请人是中国内地单位或者个人的，应当填写其名称或者姓名、地址、邮政编码、统一社会信用代码/组织机构代码或者居民身份证件号码；申请人是外国人、外国企业或者外国其他组织的，应当填写其姓名或者名称、国籍或者注册的国家或者地区、经常居所地或者营业所所在地。申请人类型可从下列类型中选择填写：个人，企业，事业单位，机关团体，大专院校，科研单位。申请人请求费用减缴且已完成费减资格备案的，应当在方格内作标记，并在本栏填写证件号码处填写费减备案时使用的证件号码。

6. 本表第⑪栏，申请人是单位且未委托专利代理机构的，应当填写联系人，并同时填写联系人的通信地址、邮政编码、电子邮箱和电话号码，联系人只能填写一人，且应当是本单位的工作人员。

7. 本表第⑫栏，申请人指定非第一署名申请人为代表人时，应当在此栏指明被确定的代表人。

8. 本表第⑬栏，申请人委托专利代理机构的，应当填写此栏。

9. 本表第⑭栏，申请是分案申请的，应当填写此栏。申请是再次分案申请的，还应当填写所针对的分案申请的申请号。

10. 本表第⑮栏，申请涉及生物材料的发明专利，应当填写此栏，并自申请日起四个月内提交生物材料样品保藏及存活证明，对于外国保藏单位出具的生物材料样品保藏及存活证明，还应同时提交生物材料样品保藏及存活证明中文题录。本栏分类命名应填写所保藏生物材料的中文分类名称及拉丁文分类名称。

11. 本表第⑯栏，发明申请涉及核苷酸或氨基酸序列表的，应当填写此栏。

12. 本表第⑰栏，发明创造的完成依赖于遗传资源的，应当填写此栏。

13. 本表第⑱栏，申请人要求优先权的，应当填写此栏。

14. 本表第⑲栏，申请人要求不丧失新颖性宽限期的，应当填写此栏，并自申请日起两个月内提交证明文件。

15. 本表第⑳栏，申请人要求保密处理的，应当填写此栏。

16. 本表第㉑栏，申请人同日对同样的发明创造既申请实用新型专利又申请发明专利的，应当填写此栏。未作说明的，依照专利法第九条第一款关于同样的发明创造只能授予一项专利权的规定处理。（注：申请人应当在同日提交实用新型专利申请文件。)

17. 本表第㉒栏，申请人要求提前公布的，应当填写此栏。若填写此栏，不需要再单独提交发明专利请求提前公布声明。

18. 本表第㉓栏，申请人应当填写说明书附图中的一幅附图的图号。

19. 本表第㉔、㉕栏，申请人应当按实际提交的文件名称、份数、页数及权利要求项数正确填写。

20. 本表第㉖栏，委托专利代理机构的，应当由专利代理机构加盖公章。未委托专利代理机构的，申请人为个人的应当由本人签字或者盖章，申请人为单位的应当加盖单位公章；有多个申请人的由全体申请人签字或者盖章。

21. 本表第⑧、⑩、⑮、⑱栏，发明人、申请人、生物材料样品保藏、要求优先权声明的内容填写不下时，应当使用规定格式的附页续写。

## 缴费须知

1. 申请人应当在缴纳申请费通知书（或费用减缴审批通知书）中规定的缴费日前缴纳申请费、公布印刷费和申请附加费。申请人要求优先权的，应当在缴纳申请费的同时缴纳优先权要求费。

2. 一件专利申请的权利要求（包括独立权利要求和从属权利要求）数量超过10项的，从第11项权利要求起，每项权利要求增收附加费150元；一件专利申请的说明书页数（包括附图、序列表）超过30页的，从第31页起，每页增收附加费50元，超过300页的，从301页起，每页增收附加费100元。

3. 申请人请求减缴费用的，应当在提交申请文件前完成费减资格备案并在请求书中申请人一栏提出请求。

4. 专利费用可以通过网上缴费、邮局或银行汇款缴纳，也可以到国家知识产权局或代办处面缴。

5. 网上缴费：电子申请注册用户可登陆 http://cponline.cnipa.gov.cn，并按照相关要求使用网上缴费系统缴纳。

6. 邮局汇款：收款人姓名：国家知识产权局专利局收费处，商户客户号：110000860。

7. 银行汇款：开户银行：中信银行北京知春路支行，户名：国家知识产权局专利局，账号：7111710182600166032。

8. 汇款时应当准确写明申请号、费用名称（或简称）及分项金额。未写明申请号和费用名称（或简称）的视为未办理缴费手续。了解更多详细信息及要求，请登陆 http://www.cnipa.gov.cn 查询。

9. 对于只能采用电子联行汇付的，应当向银行付电报费，正确填写并要求银行至少将申请号及费用名称两项列入汇款单附言栏中同时发至国家知识产权局专利局。

10. 应当正确填写申请号13位阿拉伯数字（注：最后一位校验位可能是字母），小数点不需填写。

11. 费用名称可以使用下列简称：

印花税——印　　　　　　　　　发明专利申请费——申
发明专利公布印刷费——公布　　发明专利实质审查费——审
发明专利登记费——登　　　　　发明专利复审费——复
发明专利公告印刷费——公告　　恢复权利请求费——恢
优先权要求费——优　　　　　　著录事项变更费——变
发明专利权无效宣告请求费——无（无效）　延长费——延
权利要求附加费——权（权附）　说明书附加费——说（说附）
发明专利年费滞纳金——滞（年滞）

发明专利第 N 年年费——年 N（注：N 为实际年度，例如：发明专利第8年年费——年8）

12. 费用通过邮局或者银行汇付遗漏必要缴费信息的，可以在汇款当天最迟不超过汇款次日补充缴费信息，补充缴费信息的方式如下：登陆专利缴费信息网上补充及管理系统（http://fee.cnipa.gov.cn）进行缴费信息的补充；通过传真（010-62084312/8065）或发送电子邮件（shoufeichu@cnipa.gov.cn）的方式补充缴费信息。补充完整缴费信息的，以补充完整缴费信息日为缴费日。因逾期补充缴费信息或补充信息不符合规定，造成汇款被退回或入暂存的，视为未缴纳费用。

通过传真或电子邮件补充缴费信息的，应当提供邮局或者银行的汇款单复印件、所缴费用的申请号（或专利号）及各项费用的名称和金额。同时，应当提供接收收据的地址、邮政编码、接收人姓名或名称等信息。补充缴费信息如不能提供邮局或者银行的汇款单复印件的，还应当提供汇款日期、汇款人姓名或名称、汇款金额、汇款单据号码等信息。

13. 未按上述规定办理缴费手续的，所产生的法律后果由汇款人承担。

## 3.2.2 说明书

（1）基本要求

① 应当对发明或者实用新型作出清楚完整的说明，以所属技术领域的技术人员能够据此实施该发明创造为准，也就是说，说明书应当满足充分公开发明或者实用新型的要求。

② 说明书中要保持用词一致性。要使用该技术领域通用的名词和术语，不要使用"行话"，但以其特定意义作为定义使用的，不在此限。

③ 说明书应当使用国家法定计量单位，包括国际单位制计量单位和国家选定的其他计量单位。必要时可以在括号内同时标注本领域通用的其他计量单位。

④ 说明书中可以有化学式、数学式，但不能有插图，说明书的附图应当附在说明书后面。

⑤ 在说明书的题目和正文中，不能使用商业性宣传用语，不能使用不确切语言，不允许使用以地名、人名命名的名称；商标、产品广告和服务标志等也不允许在说明书中出现。说明书中不允许存在对他人或他人的发明创造加以诽谤和有意贬低的内容。

⑥ 涉及外文技术文献或无统一译名的技术名词时，要在译名后注明原文。

（2）结构和内容及其表述方法

发明或实用新型专利申请的说明书，除发明或实用新型本身的特殊情况需要以其他方式说明外，通常应当按照下列顺序和要求撰写。

① 发明或者实用新型的名称，必须与请求书中的名称一致，应当清楚、简要、全面地反映要求保护的发明或者实用新型的主题和类型（产品或者方法）。应当采用所属技术领域通用的技术术语，最好采用国际专利分类表中的技术术语，不得采用非技术术语。字数一般不得超过 25 个字。特殊情况下，例如化学领域的某些申请，最多可以允许 40 个字。名称应书写在说明书首页正文的上方居中位置。

② 第一部分：技术领域。应为发明或实用新型所属的技术领域。应先用一句话说明要求保护的技术方案所属的技术领域，或直接应用的具体技术领域。

③ 第二部分：背景技术。应写明申请人所了解到的对理解、检索和审查本发明创造有用或有关的背景技术，并且引证反映这些背景技术的文件。客观

地指出背景技术存在的问题或不足。申请人应说明在这里引述的背景技术应当是就申请人所知与发明最接近的背景技术。此外，对背景技术存在的问题或不足不需要全面论述，仅需指出申请人的发明所要解决的问题或不足，可能的情况下可以说明前人为解决这些问题曾经遇到的困难。

④ 第三部分：发明内容。应写明发明或实用新型的内容，说明所要解决的技术问题、解决该技术问题所采用的技术方案和取得的有益效果。应当和上一部分相呼应，针对上面的背景技术存在的问题或不足，用正面的、尽可能简洁的语言客观而有根据地反映发明或者实用新型要解决的技术问题，也可以进一步说明其技术效果。一件专利申请的说明书可以列出发明或者实用新型所要解决的一个或者多个技术问题。当一件申请包含多项发明或者实用新型时，在描述解决这些技术问题的说明书中列出的多个要解决的技术问题应当都与一个总的发明构思相关。

接着，应当清楚、完整地写出发明或实用新型的技术方案，使所属技术领域的普通技术人员能够理解该技术方案，并能够利用该技术方案解决其提出的技术问题，达到发明或实用新型的目的。技术方案是各种技术措施的有机组合，技术措施一般是用技术特征来体现的。所以清楚、完整地写出发明或实用新型的技术方案，就是用若干技术特征的有机结合来限定发明。在技术方案这一部分，至少应当反映包含全部必要技术特征的独立权利要求的技术方案，还可以给出包含其他附加技术特征的改进的技术方案。

然后，要写明发明或实用新型同现有技术相比所具有的优点、特点或积极效果，可以从方法或者产品的性能、成本、效率、使用寿命、材料、能源消耗、操作方便安全或减少环境污染等诸方面进行比较。评价应当客观、公正，不应恶意贬低现有技术。涉及优点、特点或积极效果的结论可以通过对发明同现有技术的技术特征对比分析得出，也可以通过统计资料或者作无根据的断言。

⑤ 第四部分：附图说明。说明书无附图的，说明书文字部分就不应包括附图说明及相应的小标题。如必须用图来帮助说明发明的技术内容时，应有附图（实用新型必须要附图），而且应对每一幅图作介绍性说明，一般用"图1是……""图2是……"的方式进行简要说明即可。

⑥ 第五部分：具体实施方式。详细描述申请人实现发明或实用新型的具体实施方式，列出与发明要点有关的参数及条件；有附图的应当对照附图加以说明；描述中不能隐瞒任何实质性的技术要点；如必要时，在权利要求保护范

围比较宽的情况下和难以从理论分析或者根据实践经验判断发明的适用范围的情况下，应当列举多个实例，特别是有关化学物质的发明通常都要列举几个甚至几十个实例。通过对具体实施方式的描述使所属技术领域的技术人员能够根据此内容实施发明创造，并且使独立权利要求中每一个技术特征的内容明确，并得到说明书的支持。

⑦ 说明书附图。附图是说明书的一个组成部分，附图是用来补充说明说明书中的文字部分的，目的在于使人能够直观、形象地理解发明或实用新型的每个技术特征和整个技术方案。发明说明书根据内容需要，可以有附图，也可以没有附图。实用新型说明书必须有附图。附图和说明书中对附图的说明要图文相符。文中提出附图，而实际上却没有提交或少交附图的，将可能影响申请日的确认。附图的形式可以是基本视图、斜视图、剖视图，也可以是示意图或流程图。只要能完整、准确地表达说明书的内容即可。

有关附图的具体要求如下：

a. 附图用纸规格应与说明书一致，并应采用国家知识产权局统一制定的格式。

b. 附图应当使用包括计算机在内的制图工具或黑色墨水笔绘制。不得着色和涂改，不得使用工程蓝图。

c. 附图的大小及清晰度，应当保证在该图缩小到2/3时，仍能清楚地分辨出图中的各个细节，以能够满足复印、扫描的要求为准。几幅附图可以绘制在一张纸上。一幅总体图可以绘制在几张纸上，但应当保证每一张纸上的图都是独立的，而且当全部图纸组合起来构成一幅完整总体图时又不互相影响其清晰度。

d. 同一附图中应当采用相同比例绘制。发明创造的关键部位，或者为了表明与现有技术的差别，可以绘制局部放大图和剖视图等，以便使这些关键部位得以清楚显示。

e. 图形应当尽量垂直布置，如要横向布置时，图的上部应当位于图纸的左边。

f. 具有多幅附图的，应当连续编号，标明"图1""图2"等，并按照顺序排列。如有几张图纸的，应当在图纸的下部边缘正中单独标明页码。

g. 为了标明图中的不同组成部分，可以用阿拉伯数字作出标记。附图中作出的标记应当和说明书中的标记一一对应。申请文件各部分中表示同一组成部分的标记应当一致。附图中除必需的词语外，不得含有其他注释。附图中的词语应当使用中文，必要时可以在其后的括号里注明原文。流程图、框图也属于附图，应当在其框内给出必要的文字和符号。一般不得使用照片作为附图，但特殊情况下，例如，显示金相结构、组织细胞或者电泳图谱时，可以使用照片贴在图纸上作为附图。物件的尺寸一般不必在附图中标出，但该尺寸的大小涉及发明本身的，需在说明书中对该尺寸的大小作专门的阐述。

### 3.2.3 说明书摘要

摘要是发明专利或实用新型专利说明书内容的简要概括。撰写和公布摘要的主要目的是方便公众对专利文献进行检索，方便专业人员及时了解本行业的技术概况。摘要的内容不属于发明或者实用新型原始记载的内容，不能作为以后修改说明书或者权利要求书的根据，也不能用来解释专利权的保护范围。摘要仅是一种技术信息，它不具有法律效力。

摘要文字部分应当写明发明或实用新型的名称、所属技术领域，并清楚地反映所要解决的技术问题、解决该技术问题的技术方案的要点以及主要用途，其中以技术方案为主。不得有商业性宣传用语和过多的对发明创造优点的描述，摘要中可以包含最能说明发明创造技术特征的数学式、化学式。发明创造有附图的，应当指定并提交一幅最能说明发明创造技术特征的图，作为摘要附图，摘要附图应当画在专门的摘要附图页上，摘要的文字部分（包括标点符号）不得超过300个字，摘要附图的大小和清晰度，应当保证在该图缩小到 $4cm \times 6cm$ 时，仍能清楚地分辨出图中的各个细节。

### 3.2.4 权利要求书

我国《专利法》规定，专利权的保护范围以被授权的权利要求的内容所限定的范围为准。权利要求书是专门记载权利要求的文件，它包含一项或多项权利要求，是判断他人是否侵权的根据，有直接的法律效力。

（1）基本要求

① 权利要求书中使用的技术术语应与说明书中的一致。权利要求书中可以有化学式，数学式，但不能有插图。除绝对必要外，不得引用说明书和附图，即不得用"如说明书中所述的……"或"如图3所示的……"的方式撰写权利要求。

② 权利要求书应当以说明书为依据，其权利要求应当得到说明书的支持，以技术特征来清楚、简要地限定请求保护范围，其限定的保护范围应当与说明

书中公开的内容相适应。其中的技术特征可以引用说明书附图中相应的附图标记，这些附图标记应当置于方形或圆形的括号中，如电阻 1 与比较器 12 的输出端 16 相连接。

③ 权利要求分两种：独自记载或反映发明或实用新型的基本技术方案，记载实现发明目的必不可少的技术特征的权利要求称为独立权利要求；引用独立权利要求或者别的权利要求，并用附加的技术特征对它们作进一步限定的权利要求称为从属权利要求。

④ 一项发明或者实用新型应当只有一项独立权利要求；属于一个总的发明构思、符合合案申请要求的几项发明或实用新型可以在一件发明或者实用新型专利申请中提出时，权利要求书中可以有两项以上的独立权利要求。

⑤ 每一个独立权利要求可以有若干个从属权利要求。有多项权利要求的应当用阿拉伯数字顺序编号，编号时独立权利要求应当排在前面，从属权利要求紧随其后。

⑥ 一项权利要求要用一句话表达，中间可以有逗号、顿号、分号，但不能有句号，以强调其不可分割的整体性和独立性。

（2）撰写形式要求

1）独立权利要求按前序部分和特征部分撰写

独立权利要求分两部分撰写的目的，在于使公众更清楚地看出独立权利要求的全部技术特征中哪些是发明或者实用新型与最接近的现有技术所共有的技术特征，哪些是发明或者实用新型区别于最接近的现有技术的特征。

前序部分：写明要求保护的发明或者实用新型技术方案的主题名称和该项发明或者实用新型与最接近的现有技术共有的必要技术特征。

特征部分：写明发明或者实用新型区别于最接近的现有技术的技术特征，这些特征和前序部分中的特征一起，限定发明或者实用新型要求保护的范围。特征部分应紧接前序部分，用"其特征是……"或者"其特征在于……"等类似用语与上文连接。

2）从属权利要求按引用部分和限定部分撰写

引用部分：写明被引用的权利要求的编号及发明或实用新型主题名称。

限定部分：写明发明或者实用新型附加的技术特征。从属权利要求的引用部分，只能引用排列在前的权利要求。同时引用两项以上权利要求的多项从属权利要求，只能择一方式引用在前的权利要求。

(3)《专利法》及《专利法实施细则》对权利要求书的相关规定

①《专利法》第二十六条第四款规定：权利要求书应当以说明书为依据，清楚、简要地限定要求专利保护的范围。

②《专利法》第三十三条规定：申请人可以对其专利申请文件进行修改，但是对发明和实用新型专利申请文件的修改不得超出原说明书和权利要求书记载的范围，对外观设计专利申请文件的修改不得超出原图片或者照片表示的范围。

③《专利法实施细则》第十九条规定：权利要求书有几项权利要求的，应当用阿拉伯数字顺序编号。权利要求书中使用的科技术语应当与说明书中使用的科技术语一致，可以有化学式或者数学式，但是不得有插图。除绝对必要的外，不得使用"如说明书……部分所述"或者"如图……所示"的用语。权利要求中的技术特征可以引用说明书附图中相应的标记，该标记应当放在相应的技术特征后并置于括号内，便于理解权利要求。附图标记不得解释为对权利要求的限制。

④《专利法实施细则》第二十条规定：权利要求书应当有独立权利要求书，也可以有从属权利要求。独立权利要求应当从整体上反映发明或者实用新型的技术方案，记载解决技术问题的必要技术特征。从属权利要求应当用附加的技术特征，对引用的权利要求作进一步限定。

⑤《专利法实施细则》第二十一条规定：发明或者实用新型的独立权利要求应当包括前序部分和特征部分。发明或者实用新型的性质不适于用前款方式表达的，独立权利要求可以用其他方式撰写。

⑥《专利法实施细则》第二十二条规定：发明或者实用新型的从属权利要求应当包括引用部分和限定部分。

⑦《专利法实施细则》第四十三条规定：依照本细则第四十二条规定提出的分案申请，可以保留原申请日，享有优先权的，可以保留优先权日，但是不得超出原申请记载范围。

(4) 撰写技巧

权利要求书的撰写必须满足以下四点基本要求：①包含要求保护能够被授予专利权的主题；②以说明书为依据；③清楚、简要；④满足单一性要求。

权利要求书的撰写要点如下所示：①认真阅读申请材料和现有技术，找出技术问题、技术特征和技术效果；②列出申请材料与现有技术的技术特征对比表；③根据申请材料技术问题和技术效果的描述确定独立权利要求的全部技术特征；④对技术特征划界，对特征部分考虑能否上位概括；⑤完成独立权利要求撰写；⑥根据技术特征对比表，完成从属权利要求撰写；⑦判断申请材料是否需要提出分案申请。

### 3.2.5 外观设计图片或照片

申请人提交的有关图片或者照片应当清楚地显示要求专利保护的产品的外观设计。

就立体产品的外观设计而言，产品设计要点涉及六个面的，应当提交六面正投影视图；产品设计要点仅涉及一个或几个面的，应当至少提交所涉及面的正投影视图和立体图，并应当在简要说明中写明省略视图的原因。

就平面产品的外观设计而言，产品设计要点涉及一个面的，可以仅提交该面正投影视图；产品设计要点涉及两个面的，应当提交两面正投影视图。

就包括图形用户界面的产品外观设计而言，应当提交整体产品外观设计视图。图形用户界面为动态图案的，申请人应当至少提交一个状态的上述整体产品外观设计视图，对其余状态可仅提交关键帧的视图，所提交的视图应当能唯一确定动态图案中动画的变化趋势。

必要时，申请人还应当提交该外观设计产品的展开图、剖视图、剖面图、放大图以及变化状态图。

上述图片、照片必须符合下列要求。

（1）图片

① 图片的大小不得小于3cm×8cm也不得大于15cm×22cm，图片的清晰度应保证当图片缩小到2/3时仍能清楚地分辨出图中的各个细节。

② 图片可以使用包括计算机在内的制图工具和黑色墨水笔绘制，但不得使用铅笔、蜡笔、圆珠笔绘制，图形线条均匀、连续、清晰，适合复印或扫描的要求。

③ 图形应当垂直布置，并按设计的尺寸比例绘制，横向布置时，图形上部应当位于图纸左边。

④ 图片应当参照我国技术制图和机械制图国家标准中的有关正投影关系、线条宽度以及剖切标记的规定绘制，并以粗细均匀的实线表达外观设计的形状；不得以阴影线、指示线、虚线、中心线、尺寸线、点画线等线条表达外观设计的形状。可以用两条平行的双点画线或自然断裂线表示细长物品的省略部分，图面上可以用指示线表示剖切位置和方向、放大部位、透明部位等，但不

得有不必要的线条或标记。图形中不允许有文字、商标、服务标志、质量标志以及近代人物的肖像。文字经艺术化处理可以视为图案。

⑤几幅视图最好画在一页图纸上，若画不下，也可以画在几张纸上，有多张图纸时应当按顺序编上页码，各向视图和其他各种类型的图都应当按投影关系绘制，并注明视图名称。

⑥组合式产品，应当绘制组合状态下的六面视图，以及每一单件的立体图。可以折叠的产品，不但要绘制六面视图，同时还要绘制使用状态的立体参考图；内部结构较复杂的产品，绘制视图时，可以将内部结构省略，只给出请求保护部分的图形；圆柱形或回转型产品，为了表示图案的连续，应绘制图案的展开图。

⑦请求保护色彩的外观设计专利申请，提交的彩色图片应当用广告色绘制；色彩和纹样复杂的产品，如地毯等的色彩与纹样，要使用彩色照片。

⑧当产品形状较为复杂时，除画出视图外，还应当提交反映产品立体形状的照片。

（2）照片

①照片应当图像清晰。反差适中，要完整、清楚地反映所申请的外观设计。

②照片中的产品通常应当避免包含内装物或者衬托物，但对于必须依靠内装物或者衬托物才能清楚地显示产品的外观设计的，则允许保留内装物或者衬托物背景，但应当根据产品阴暗关系，处理成白色或灰黑色。彩色照片中的背衬应与产品成对比色调，以便分清产品轮廓。

③照片不得折叠，并应当按照视图关系将其粘贴在外观设计图片或照片的表格上，图的左侧和顶部最少留 2.5cm 空白，右侧和底部留 1.5cm 空白。

### 3.2.6　外观设计简要说明

外观设计专利权的保护范围以表示在图片或照片中的该产品的外观设计为准，简要说明可以用于解释图片或者照片所表示的该产品的外观设计，是提交外观设计专利申请时必要的文件，如果未提交简要说明，国家知识产权局将不予受理。

简要说明不得有商业性宣传用语，也不能用来说明产品的性能和内部结构，简要说明应当包括下列内容。

①外观设计产品的名称。

② 外观设计产品的用途。写明有助于确定产品类别的用途，对于具有多种用途的产品，应当写明所述产品的多种用途。

③ 外观设计的设计要点。设计要点是指与现有设计相区别的产品的形状、图案及其结合；或者色彩与形状、图案的结合；或者部位。对设计要点的描述应当简明扼要。

④ 指定一幅最能表明设计要点的图片或者照片。指定的图片或者照片用于出版专利公报。

# 第4章 国内专利申请概述

## 4.1 专利申请的基本流程

专利申请主要包括发明专利申请、实用新型专利申请及外观设计专利申请。不同类型的专利申请流程，大体上相似，但并不完全相同。本节主要详细介绍发明专利的申请流程，简单介绍其余两种专利申请流程。

### 4.1.1 发明专利申请流程

以发明专利申请的详细流程为例，一般分为七个部分，依次为申请、受理、保密确定、初步审查、公布、实质审查、授权及公告。其流程如图4-1所示。

申请 → 受理 → 保密确定 → 初步审查 → 公布 → 实质审查 → 授权及公告

**图4-1 发明专利申请流程**

(1) 申请

申请人将专利申请文件通过官方途径提交到国家知识产权局。

(2) 受理

若申请文件符合受理的最低要求，则按照以下三个步骤进行：①向申请人发出受理通知书；②确定专利申请日、申请号；③通知申请人缴纳申请费。

若申请文件不符合受理的最低要求，则向申请人发出不受理通知书。

(3) 保密确定

若发明创造涉及国家安全或者重大利益，则按照以下四个步骤进行：①按照保密申请的程序进行审查与管理；②涉及国防安全的国家秘密并且需要保密的专利申请，由国防专利机构进行审查；③涉及除国防以外的国家安全或者重大利益的专利申请，由国家知识产权局进行审查；④对于被确定为需要保密的专利申请，国家知识产权局应当通知申请人。

若发明创造不涉及国家安全或者重大利益，则按照一般程序进行审查与管理。

（4）初步审查

1）初步审查的主要任务

初步审查的主要任务包括以下三点：①审查专利申请文件是否符合《专利法》及《专利法实施细则》的规定，并且是否符合公布的条件；②审查与专利申请有关的法律手续是否符合规定（如：委托专利代理，要求优先权）；③审查申请人缴纳的有关费用是否符合规定。

2）初步审查的范围

初步审查的范围包括以下四个方面：①审查专利申请是否具备《专利法》规定的文件及是否符合规定的格式。②明显实质性缺陷的审查：专利申请是否属于《专利法》规定的不授予专利权的情形；专利申请的修改是否符合规定；专利申请是否明显包含多项发明创造。③审查与专利申请有关的手续文件是否符合规定。④相关的专利费用的审查。

（5）公布

初步审查合格的发明专利申请需要进行公布，其公布时间一般为自申请日（或优先权日）起满18个月或申请人的提前公布请求生效后。公布形式一般为发明专利公报或发明专利申请公布说明书。

其中涉及国防的专利申请和提出保密的专利申请不予公布。

若需提前公布（见《专利法》第三十四、第三十六条规定）则需要注意以下四点：①要求提前公布声明只适用于发明专利申请；②申请人要求提前公开，需提交要求提前公布声明，且不能附带任何条件；③要求提前公布声明经审查合格，立即进入公布准备程序；④进入公布准备后，申请人不得要求撤销提前公布声明。

（6）实质审查

实质审查的目的在于确定发明专利是否应当被授予专利权，特别是确定其是否符合《专利法》有关新颖性、创造性和实用性的规定。申请人在自申请日（优先权日）起3年内可以提出实质审查请求，并缴纳实审费。若逾期不请求的，则申请将被视为撤回。

满足以下四点中的任意一点均视为实质审查结束：①授予专利权；②驳回专利申请；③专利申请被视为撤回；④撤回专利申请。

（7）授权及公告

国家知识产权局同时发出《授予专利权通知书》和《办理登记手续通知

书》，且申请人在规定的期限内办理专利权登记手续，则视为专利授权。在颁发专利证书，同时予以登记和公告后，专利权生效。

若申请人没有在规定的期限内办理登记手续，则视为放弃取得专利权的权利。专利权期满或缴费不足，则视为专利权终止。

发明专利申请的审批流程如图4-2所示。

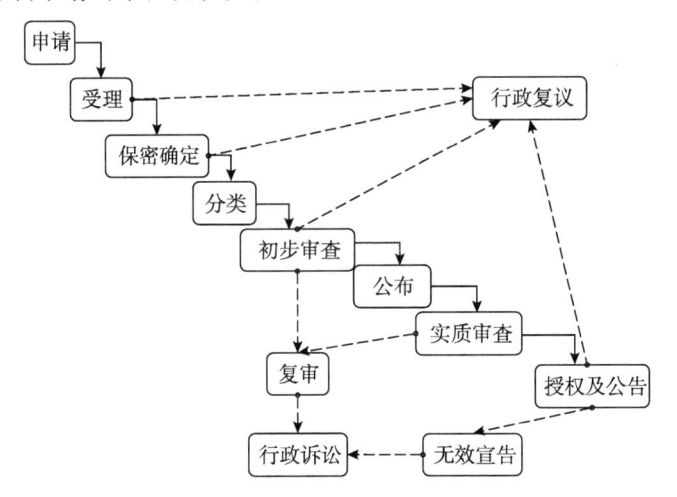

图4-2 发明专利申请审批流程

## 4.1.2 实用新型专利申请流程

实用新型专利申请审批的流程主线依次为申请、受理、保密确定、分类、初步审查、授权及公告。若对受理、保密确定、初步审查、授权及公告过程存在异议，可提出行政复议。其审批流程如图4-3所示。

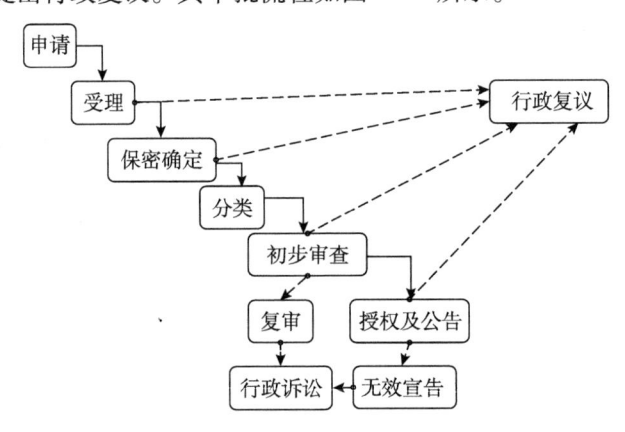

图4-3 实用新型专利申请审批流程

### 4.1.3 外观设计专利申请流程

外观设计专利申请审批的流程主线依次为申请、受理、分类、初步审查、授权及公告。若对受理、初步审查、授权及公告过程存在异议，可提出行政复议。其审批流程如图4-4所示。

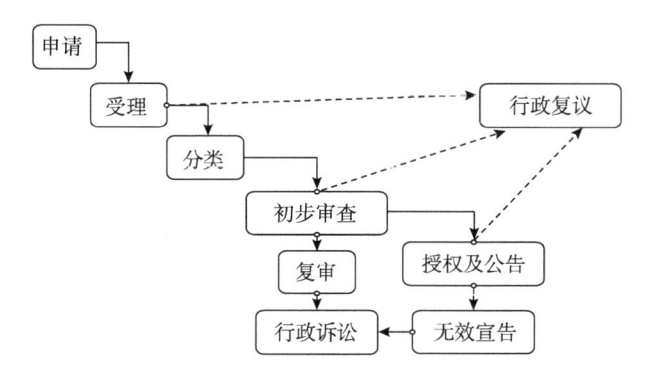

图4-4 外观设计专利申请审批流程

## 4.2 专利申请文件的要求

申请发明、实用新型和外观设计专利应提交的文件形式有书面形式和电子文件形式两种，针对三类专利文件具体要求如下。

① 提出发明专利申请应准备的申请文件包括：发明专利申请书、说明书、权利要求书、说明书附图、摘要及摘要附图。

② 提出实用新型专利申请应准备的申请文件包括：实用新型专利请求书、说明书、权利要求书、说明书附图、摘要及摘要附图。

③ 提出外观设计专利申请应准备的申请文件包括：外观设计专利请求书、外观设计的图片或照片、简要说明。

另外，电子申请应注意以下几点特殊规定：电子申请系统收到文件之日为递交日；申请和文件未能被电子申请接收的，视为未提交；请求保密的申请不能通过电子方式提交；采用电子签名方式进行提交；各种证明文件，可提交原件扫描件，必要时提供原件；通常不接收纸件文件（除非另有规定）；通知书送达日期：发文日加15日推定为收到日；纸件通知书仅作为副本，无公告送达，没有法律效力。

## 4.3 申请获得专利权的程序

### 4.3.1 专利申请的受理

(1) 专利受理地点

国务院专利行政部门负责管理全国的专利工作；统一受理和审查专利申请，依法授予专利权。省、自治区、直辖市人民政府管理专利工作的部门负责本行政区域内的专利管理工作。

专利申请涉及国防利益需要保密的，由国防专利机构受理并进行审查。

(2) 专利不予受理情形

专利申请文件有下列情形之一的，国务院专利行政部门不予受理，并通知申请人。

① 发明或实用新型专利申请缺少请求书、说明书（实用新型无附图）或者权利要求书的，或者外观设计专利申请缺少请求书、图片或者照片、简要说明的。

② 未使用中文的。

③ 不符合《专利法实施细则》第一百二十一条第一款规定的。

④ 请求书中缺少申请人姓名或者名称，或者缺少地址的。

⑤ 明显不符合《专利法》第十七条或者第十八条第一款的规定的。

⑥ 专利申请类别（发明、实用新型或者外观设计）不明确或者难以确定的。

(3) 受理的效力

专利受理后即可确定申请日和申请号，成为正式的专利申请，具有以下效力：

① 在该申请被公布后（即成为现有技术），将阻止任何在其申请日以后就同样的内容申请专利的申请人获得专利权。

② 可以作为优先权的基础。

③ 可以作为申请人要求申请文件副本的依据。

④ 该申请文件是申请人在后续审查程序中进行修改的基础。

## 4.3.2 专利申请日和申请号的确定

（1）申请日的确定

申请日（有优先权，指优先权日）不仅是判断专利申请先后的客观标准，还是许多法定期限的起始日。同时，申请日是判断专利申请是否具有新颖性和创造性的时间界限。因此，对申请日的确定至关重要，通常由以下几点确定：

① 国务院专利行政部门收到专利申请文件之日为申请日。如果申请文件是邮寄的，以寄出的邮戳日为申请日（《专利法》第二十八条）。

② 向国务院专利行政部门邮寄的各种文件，以寄出的邮戳日为递交日；邮戳日不清晰的，除当事人能够提出证明外，以国务院专利行政部门收到日为递交日（《专利法实施细则》第四条第一款）。

③ 采用电子文件形式向国家知识产权局提交的各种文件，以国家知识产权局专利电子申请系统收到电子文件之日为递交日（国家知识产权局第57号令第9条）。

④ 说明书中写有对附图的说明但无附图或者缺少部分附图的，申请人应当在国务院专利行政部门指定的期限内补交附图或者声明取消对附图的说明。申请人补交附图的，以向国务院专利行政部门提交或者邮寄附图之日为申请日；取消对附图说明的，保留原申请日（《专利法实施细则》第四十条）。

（2）申请号组成、含义和作用

1）申请号的组成和含义

以申请号：202010100836.0 为例。

2020 表示申请年号；1 表示申请种类（1 发明；2 新型；3 外观；8 PCT 发明；9 PCT 新型）；0100836 表示申请流水号；0 表示校验位。

注：申请号必须与校验位联合使用。

2）申请号的作用

专利申请号是一个重要的著录项目，与申请日一起构成专利申请被正式受理的标志。同时，申请号是认定专利申请的主要依据，也是国家知识产权局在审批程序中对专利申请进行管理的重要手段。

## 4.3.3 专利的期限与费用

（1）期限的种类

期限的种类有两种，分为法定期限与指定期限。法定期限：《专利法》及

《专利法实施细则》规定的期限。指定期限：国家知识产权局审查人员、事务处理人员依据《专利法》及《专利法实施细则》作出的各种通知、决定中，指定申请人、专利权人及其他当事人答复或进行某种行为的期限。

（2）期限的计算

期限的起算日：全部指定期限和部分法定期限以通知和决定的推定收到日起计算。其中大部分法定期限是从申请日、优先权日等固定日期起计算的。

期限的届满日：《专利法实施细则》第五条规定：专利法和本细则规定的各种期限的第一日不计算在期限内。期限以年或者月计算的，以其最后一月的相应日为期限届满日；该月无相应日的，以该月最后一日为期限届满日；期限届满日是法定休假日的，以休假日后的第一个工作日为期限届满日。

（3）期限的延长

1）允许延长的期限

《专利法实施细则》第六条第四款规定：当事人请求延长国务院专利行政部门指定的期限的，应当在期限届满前，向国务院专利行政部门说明理由并办理有关手续。

注：在无效宣告请求审查程序中，专利复审委员会指定的期限不得延长。

2）延长期限的相关规定（仅限于指定期限的延长）

在期限届满日之前，申请人必须提交延长期限请求书，并说明理由且缴纳延长期限请求费。

注：延长期限不足1个月的，以1个月计算；延长期限不得超过2个月；对同一通知或者决定中指定的期限一般只允许延长一次。

（4）费用的类别及缴纳期限

国家专利申请的一般费用包括以下五个类别：①申请费、申请附加费、印刷费、优先权要求费；②发明专利申请实质审查费、复审费；③专利登记费、公告印刷费、年费；④恢复权利请求费、延长期限请求费；⑤著录事项变更手续费、专利权评价报告请求费、无效宣告请求费。上述所列各种费用的缴纳标准，由国务院价格管理部门、财务部门会同国务院专利行政部门规定，具体费用及其缴纳期限的相关事宜，如表4-1所示。

表4-1 专利费用的类别及缴纳期限

| 费用种类 | 费用缴纳期限 | 未按期缴纳的处分 |
| --- | --- | --- |
| 申请费及附加费、印刷费 | 申请日起2个月或收到受理通知书之日起15日内 | 申请被视为撤回 |
| 优先权要求费 | 申请日起2个月或收到受理通知书之日起15日内 | 视为未要求优先权 |
| 实质审查费 | 申请日（优先权日）起3年内 | 申请被视为撤回 |
| 复审费 | 收到驳回决定之日起3个月内 | 复审请求视为未提出 |
| 专利登记费、公告印刷费、当年年费 | 收到授予专利权的通知之日起2个月内 | 视为放弃取得专利权的权利 |
| 授权当年以后的年费 | 上一年度期满前缴纳 | 专利权终止 |
| 延长期限请求费 | 相应的期限届满前 | 不予延长期限 |
| 恢复权利请求费 | 收到权利丧失通知书之日起2个月内 | 不予恢复权利 |
| 著录项目变更费、专利权评价报告、请求费、无效宣告请求费 | 请求日起1个月内 | 视为未提出请求 |

（5）专利收费的减缴

1）收费减缴种类

专利收费减缴的种类包括以下四种：申请费；发明专利申请实质审查费；复审费；自授权当年起6年的年费。

注：虽然申请费可以减缴，但是其中的印刷费、申请附加费不能减缴。

2）减缴专利费用的主体

减缴专利费用的主体包括：上年度月均收入低于5000元（年均低于6万元）的个人；上年度企业应纳税所得额低于100万元的企业；事业单位、社会团体、非营利性科研机构。

3）减缴专利费用的比例

减缴专利费用比例的具体情况如下：①专利申请人或者专利权人为个人或者单位的，减缴85%；②两个或者两个以上的个人或者单位为共同专利申请人或者共有专利权人的，减缴70%；③申请费、实审费、年费和复审费的减缴比例相同。

4) 办理收费减缴的模式

办理专利收费减缴的模式有两种，分为传统模式和费减备案模式。传统模式：在申请日之后，可以提交收费减缴请求书及相关证明文件。费减备案模式：在提交新申请时，通过专利事务服务系统提交收费减缴请求并经审核批准备案。

5) 办理收费减缴所需的证明文件

不同主体办理收费减缴所需的证明文件是不同的。

个人在收费减缴请求书中如实填写本人上年度收入情况，同时提交所在单位出具的年度收入证明；无固定工作的，提交户籍所在地或者经常居住地县级民政部门或者乡镇人民政府（街道办事处）出具的关于其经济困难情况证明。

企业请求减缴专利收费的，应当在收费减缴请求书中如实填写经济困难情况，同时提交经会计事务所和税务事务所审计的上年度企业财务报告复印件。若上年度财务报告遗失，则在汇算清缴期内，企业提交经会计事务所和税务事务所审计的上上年度企业财务报告复印件。

事业单位、社会团体、非营利性科研机构请求减缴专利收费的，应当提交法人证明文件复印件。

### 4.3.4 发明专利的实质审查程序

(1) 实质审查请求时间

发明专利申请自申请日起三年内，国务院专利行政部门可以根据申请人随时提出的请求，对其进行实质审查；申请人无正当理由逾期不请求实质审查的，该申请即被视为撤回。

注：国务院专利行政部门认为有必要的时候，可以自发对发明专利申请进行实质审查。

(2) 实质审查程序的基本原则

实质审查程序中的基本原则包括：请求原则、听证原则及程序节约原则。

请求原则：除《专利法》及《专利法实施细则》另有规定外，实质审查程序只有在申请人提出实质审查请求的前提下才能启动。

听证原则：在实质审查过程中，审查员在作出驳回决定之前，应当给申请人提供至少一次针对驳回所依据的事实、理由和证据陈述意见和（或）修改申请文件的机会，即审查员作出驳回决定时，驳回所依据的事实、理由和证据应当在之前的审查意见通知书中已经告知过申请人。

程序节约原则：在对发明专利申请进行实质审查时，审查员应当尽可能地缩短审查过程。换言之，审查员要设法尽早地结案。

注：审查员不得以节约程序为由而违反请求原则和听证原则。

### 4.3.5 专利答复与修改

（1）专利答复

1）答复的期限

在作出驳回决定、审查决定之前，应当给予申请人或审查决定对其不利的当事人陈述意见的机会。同时，对国家知识产权局发出的审查意见通知书等，申请人应当在通知书指定的期限内作出答复。

注：正当理由可以请求延长；无正当理由逾期不答复，该申请被视为撤回。

2）答复的方式

对于审查意见通知书，申请人必须采用国家知识产权局规定的意见陈述书或补正书的方式作出答复。申请人的答复可以仅仅是意见陈述书，也可以是进一步的经过修改的申请文件（或补正书）。申请人的答复应当提交给国家知识产权局受理部门，直接提交给审查员的答复文件不具备法律效力。

注：申请人征询审查员意见的信件不视为正式答复。

3）答复的签署

若申请人未委托专利代理机构，则答复的签署应当有：申请人（个人）的签字或者盖章；申请人是单位的，应当加盖公章；申请人有两个以上的，全体申请人签字（盖章）或者至少有其代表人的签字（盖章）。

若申请人委托了代理机构，则其答复应当由其所委托的代理机构盖章。

（2）专利修改

若为主动修改，则发明专利申请人需在提出实质审查请求时或者在收到国家知识产权局发出的发明专利申请进入实质审查阶段通知书之日起的 3 个月内进行修改。实用新型和外观设计申请人需自申请日起 2 个月内进行修改。

若为针对通知书中审查意见的修改，则在通知书指定的期限内进行修改。

若申请文件中文字和符号出现了明显错误，则国家知识产权局依职权修改。

### 4.3.6 专利权的授予

（1）专利权的授予程序

在作出授予专利权的决定之前，国家知识产权局发出授予专利权的通知，通知申请人。国家知识产权局在发出授予专利权通知的同时，应当作出办理登记手续的通知。申请人在收到通知之日起需在 2 个月内办理登记手续。

申请人在办理登记手续时，应当缴纳专利登记费、授权当年的年费以及印刷费。同时，还应缴纳专利证书印花税。

若申请人在国家知识产权局作出授予专利权的通知后，未在规定期限之内办理登记手续的，视为放弃取得专利权的权利，并通知申请人。对于发明专利申请，在将专利申请案卷转入失效案卷库前，需在专利公报上公告该发明专利申请视为放弃取得专利权。

（2）专利证书

专利证书由证书首页和专利单行本构成。专利证书应当记载与专利权有关的重要著录事项、国家知识产权局印记、局长签字和授权公告日等。

1）专利证书副本

一件专利有两名以上专利权人的，根据共同权利人的要求，国家知识产权局可以颁发专利证书副本。对同一专利权颁发的专利证书副本数目不能超过共同权利人的总数。

注：根据国家知识产权局第 349 号公告，对于授权公告日在 2020 年 3 月 3 日（含当日）之后的专利电子申请，国家知识产权局将通过专利电子申请系统颁发电子专利证书，不再颁发纸质专利证书。

2）专利证书的更换

专利权权属纠纷经调解或判决后，专利权归还请求人的，在该调解或判决发生法律效力后，可请求国家知识产权局更换专利证书。此外，由于证书损坏或国家知识产权局打印错误的，可请求国家知识产权局更换专利证书。因权利转移、专利权人更名发生专利权人姓名或者名称变更的，不予更换专利证书。

注：因国家知识产权局原因造成专利证书丢失的，可补发专利证书。

（3）专利登记簿

国家知识产权局授予专利权时应当建立专利登记簿。专利登记簿登记的内容包括：专利权的授予，专利申请权、专利权的转移，保密专利的解密，专利权的无效宣告，专利权的终止，专利权的恢复，专利权的质押、保全及其解除，专利实施许可合同的备案，专利实施的强制许可以及专利权人姓名或者名称、国籍、地址的变更。

授予专利权时，专利登记簿与专利证书记载一致且法律效力同等；专利权授权后，专利登记簿反映该专利权最新的法律状态，与专利证书不一致时，以登记簿记载的为准。

## 4.3.7 专利权的维持与终止

(1) 专利权的维持

专利权的维持需要按期缴纳年费,类型不同的专利其缴纳的年费不同。缴纳年费的具体情况如表4-2所示。

注:年费需在前一年度期满前缴纳。

表4-2 不同类型专利的年费缴纳明细

| 发明专利 | | 实用新型、外观设计专利 | |
| --- | --- | --- | --- |
| 时间/年 | 费用/元 | 时间/年 | 费用/元 |
| 1~3 | 900 | 1~3 | 600 |
| 4~6 | 1200 | 4~5 | 900 |
| 7~9 | 2000 | 6~8 | 1200 |
| 10~12 | 4000 | 9~10 | 2000 |
| 13~15 | 6000 | — | — |
| 16~20 | 8000 | — | — |

(2) 未缴年费专利权终止

专利年费滞纳期满仍未缴纳或者缴足专利年费和滞纳金的,滞纳期满,作出专利权终止通知,通知专利权人,且专利权人未启动恢复程序或恢复未被批准的,在专利登记簿和专利公报上分别予以登记和公告。

注:专利权终止日应为上一年度期满日(应当缴纳年费期满之日)。

(3) 专利权期满终止

《专利法》第四十二条第一款规定:发明专利权的期限为二十年,实用新型专利权的期限为十年,外观设计专利权的期限为十五年,均自申请日起计算。

注:专利年度从申请日起算,与优先权日、授权日无关,与自然年度也没有必然联系。

例:一件专利申请的申请日为2019-06-01,则第一年度为2019-06-01至2020-05-31;第二年度为2020-06-01至2021-05-31;以此类推。

(4) 专利权人放弃专利权

专利权人在授予专利权之后,可以主动放弃专利权,并提供相关文件。文件内容包括:放弃专利权声明,并附具全体专利权人签字或者盖章同意放弃专利权的证明材料，且主动放弃专利权的声明不得附有任何条件。

注：放弃专利权只能放弃一件专利的全部，放弃部分专利权的声明视为未提出。

## 4.4 专利优先审查制度概述

### 4.4.1 专利优先审查制度

（1）专利优先审查的意义

专利优先审查制度可以促进产业结构优化升级；推进国家知识产权战略实施和知识产权强国建设；服务创新驱动发展；完善专利审查程序。

（2）适用范围

新修改的《专利优先审查管理办法》（第76号国家知识产权局令，自2017年8月1日起施行，以下简称《新办法》）规定，专利优先审查制度适用于：实质审查阶段的发明专利申请；实用新型和外观设计专利申请；发明、实用新型和外观设计专利申请的复审；发明、实用新型和外观设计专利的无效宣告。

（3）适用情形

有下列情形之一的专利申请或者专利复审案件，可以请求优先审查：涉及节能环保、新一代信息技术、生物、高端装备制造、新能源、新材料、新能源汽车、智能制造等国家重点发展产业；涉及各省级和设区的市级人民政府重点鼓励的产业；涉及互联网、大数据、云计算等领域且技术或者产品更新速度快；专利申请人或者复审请求人已经做好实施准备或者已经开始实施，或者有证据证明他人正在实施其发明创造；就相同主题首次在中国提出专利申请又向其他国家或者地区提出申请的该中国首次申请；其他对国家利益或者公共利益具有重大意义需要优先审查。

有下列情形之一的无效宣告案件，可以请求优先审查：针对无效宣告案件涉及的专利发生侵权纠纷，当事人已请求地方知识产权局处理、向人民法院起诉或者请求仲裁调解组织仲裁调解；无效宣告案件涉及的专利对国家利益或者公共利益具有重大意义。

（4）手续要求

请求优先审查的专利申请或者专利复审案件应当采用电子申请方式。

1）请求材料

申请人提出发明、实用新型、外观设计专利申请优先审查请求的，应当提交优先审查请求书、现有技术或者现有设计信息材料和相关证明文件；除《新办法》第三条第五项的情形外，优先审查请求书应当由国务院相关部门或者省级知识产权局签署推荐意见。

当事人提出专利复审、无效宣告案件优先审查请求的，应当提交优先审查请求书和相关证明文件；除在实质审查或者初步审查程序中已经进行优先审查的专利复审案件外，优先审查请求书应当由国务院相关部门或者省级知识产权局签署推荐意见。

地方知识产权局、人民法院、仲裁调解组织提出无效宣告案件优先审查请求的，应当提交优先审查请求书并说明理由。

2）请求时机

发明专利应当在提出实质审查请求、缴纳费用后具备实质审查条件时提出。实用新型、外观设计专利应当在完成专利申请费缴纳后提出。专利复审和无效宣告案件在缴纳专利复审或无效宣告请求费后至案件结案前都可以提出。

（5）相关事宜

1）审核、通知

国家知识产权局受理和审核优先审查请求后，应当及时将审核意见通知优先审查请求人。

2）结案期限

《新办法》规定：国家知识产权局同意进行优先审查的，应当自同意之日起，在以下期限内结案：

① 发明专利申请在四十五日内发出第一次审查意见通知书，并在一年内结案；

② 实用新型和外观设计专利申请在两个月内结案；

③ 专利复审案件在七个月内结案；

④ 发明和实用新型专利无效宣告案件在五个月内结案，外观设计专利无效宣告案件在四个月内结案。

3）申请人的答复要求

对于优先审查的专利申请，申请人应当尽快作出答复或者补正，申请人答复发明专利审查意见通知书的期限为通知书发文日起两个月，申请人答复实用新型和外观设计专利审查意见通知书的期限为通知书发文日起十五日。

4) 停止优先审查程序的情形

对于优先审查的专利申请，有下列情形之一的，国家知识产权局可以停止优先审查程序，按普通程序处理，并及时通知优先审查请求人：①优先审查请求获得同意后，申请人根据《专利法实施细则》第五十一条第一、二款对申请文件提出修改。②申请人答复期限超过《新办法》第十一条规定的期限。③申请人提交虚假材料。④在审查过程中发现为非正常专利申请。

对于优先审查的专利复审或者无效宣告案件，有下列情形之一的，专利复审委员会可以停止优先审查程序，按普通程序处理，并及时通知优先审查请求人：①复审请求人延期答复；②优先审查请求获得同意后，无效宣告请求人补充证据和理由；③优先审查请求获得同意后，专利权人以删除以外的方式修改权利要求书；④专利复审或者无效宣告程序被中止；⑤案件审理依赖于其他案件的审查结论；⑥疑难案件，并经专利复审委员会主任批准。

### 4.4.2 专利申请优先审查请求书

专利申请优先审查请求书的模板如表 4-3 所示。

**表 4-3 专利申请优先审查请求书**[1]

请按照"注意事项"正确填写本表各栏

| ②专利申请信息 | 申请号 | | ①优先审查编号 | |
|---|---|---|---|---|
| | 优先审查类型 | □发明 | □实用新型 | □外观设计 |
| | 优先审查请求人 | | 国籍 | |
| | 联系人 | | 联系电话 | |
| | 联系地址及邮编 | | | |
| | 是否存在同日申请 □是 □否 | | 同日申请号 | |
| ③请求优先审查理由 | □涉及节能环保、新一代信息技术、生物、高端装备制造、新能源、新材料、新能源汽车、智能制造等国家重点发展产业。<br>□涉及各省级和设区的市人民政府重点鼓励的产业。<br>□涉及互联网、大数据、云计算等领域且技术或者产品更新速度快。<br>□专利申请人已经做好实施准备或者已经开始实施，或者有证据证明他人正在实施其发明创造。<br>□就相同主题首次在中国提出专利申请又向其他国家或地区提出申请的该中国首次申请。<br>□PCT 途径，国际申请号＿＿＿＿＿＿＿＿；□巴黎公约途径<br>□其他对国家利益或者公共利益具有重大意义需要优先审查。<br>□＿＿＿＿＿＿＿＿＿＿＿＿＿＿＿＿＿＿＿＿＿＿＿ | | | |

---

[1] 表格及后附说明文字源于国家知识产权局网站：http://www.cnipa.gov.cn/.

续表

| ④优先审查请求人声明 |
| --- |
| □优先审查请求人已认真阅读并同意遵守《专利优先审查管理办法》的各项规定。 |

| ⑤附件清单 |
| --- |
| □现有技术或者现有设计信息材料　　份　　页 |
| □相关证明文件　　份　　页 |
| □其他　　份　　页 |

⑥附件文件信息

| | 文献号 | 公开日期 | 相关的段落和/或图号 |
| --- | --- | --- | --- |
| 相关专利文献 | | | |
| | | | |
| | | | |
| | | | |

| | 书名/期刊/文摘名称（包括版本号/卷号/期号） | 出版日期/发行日期 | 作者姓名和文章标题 | 相关页数 |
| --- | --- | --- | --- | --- |
| 相关非专利文献 | | | | |
| | | | | |
| | | | | |
| | | | | |
| | | | | |

| ⑦优先审查请求人签章 |
| --- |
| |
| 　　　　　　　年　　　　月　　　　日 |

| ⑧国务院相关部门或省级知识产权局签署推荐意见 | ⑨国家知识产权局审核意见 |
| --- | --- |
| 　　　年　　　月　　　日 | 　　　年　　　月　　　日 |

## 注意事项

一、本表应当使用国家公布的中文简化汉字填写，表中文字应当打字或者印刷，字迹为黑色。（表格可在国家知识产权局网站 www.cnipa.gov.cn 下载）

二、填表说明

1. 本表第①、⑨栏由国家知识产权局填写。

2. 本表第②栏由优先审查请求人填写请求优先审查专利的基本信息，勾选优先审查类型。

3. 本表第③栏由优先审查请求人勾选并填写请求优先审理由。

4. 本表第④栏优先审查请求人应当勾选优先审查请求人声明。

《专利优先审查管理办法》可在国家知识产权局网站（www.cnipa.gov.cn）上查看。

5. 本表第⑤栏由优先审查请求人填写附件清单。

提交现有技术或者现有设计信息材料，应当勾选"现有技术或者现有设计信息材料"选项，并填写文件份数及页数；提交相关证明文件，应当勾选"相关证明文件"选项，并填写文件份数及页数；提交其他证明材料，应当勾选"其他"选项，并填写文件份数及页数。

其中，申请人已经做好实施准备或者已经开始实施的，需要提交的相关证明文件是指原型照片或证明、样本证明、工厂注册证书、产品目录、产品手册；申请人有证据证明他人正在实施其发明创造的，需提交的相关证明文件是指交易或销售证明（例如，买卖合同、产品供应协议、采购发票）。

向外提出申请的中国首次申请包含PCT途径和巴黎公约途径两种情形。对于通过PCT途径向其他国家或地区提出申请的，无需提交证明文件，仅在优先审查请求书中写明国际申请号即可；对于通过巴黎公约途径提交的，需要提交对应国家或地区专利审查机构的受理通知书。

6. 本表第⑥栏由优先审查请求人填写附件文件信息。

优先审查请求人提交的附件文件信息，涉及专利文献的，应当填写专利文献号、公开日期及涉及的相关段落和/或图号；涉及非专利文献的，应当填写非专利文献书名、期刊或文摘名称、出版日期及涉及的相关页数。若有多项附件文件信息，可另附页填写。

7. 本表第⑦栏由优先审查请求人签字或盖章。

涉及专利申请的优先审查，由全体申请人或本案专利代理机构盖章。

8. 本表第⑧栏由国务院相关部门或省级知识产权局签署推荐意见。

特别注意：优先审查请求人遇到下列情形，优先审查请求书第⑧栏可以不提供国务院相关部门或省级知识产权局签署推荐意见。

以《专利优先审查管理办法》第三条第五项"就相同主题首次在中国提出专利申请又向其他国家或地区提出申请的该中国首次申请"作为理由提出优先审查请求的。

9. 请求书邮寄地址：北京市海淀区蓟门桥西土城路6号，收件人名称：国家知识产权局专利局初审及流程管理部专利事务服务处（专利局初审部服务处），邮政编码：100088。

## 4.5 电子专利申请流程

### 4.5.1 新用户注册流程

新用户注册流程如图4-5至图4-15所示。

① 在浏览器中搜索"国家知识产权局官网"，点击进入。

图4-5 搜索国家知识产权局官网

② 进入官网，找到"中国专利电子申请网"，点击进入。

图 4-6 进入中国专利电子申请网

③ 进入注册。

图 4-7 进入注册系统

④ 进入之后，有一个注册协议，同意以上声明，提交。

第二条 乙方在核实甲方提供的注册信息后，应当给予与甲方身份和名称唯一对应的用户代码和用户密码。甲方应当对用户代码和用户密码的安全负责，因甲方泄漏密码而造成的损失，乙方不承担责任。

第三条 甲方应当充分了解并依照本协议使用乙方提供的专利电子申请系统。因甲方未按照本协议使用专利电子申请系统，造成甲方提交的电子文件不能被专利电子申请系统正确、完整接收的，或者甲方不能正确、完整接收乙方发出的电子文件的，由甲方承担责任。

第四条 甲方在获得用户代码和用户密码后可以登录中国专利电子申请网站（http://cponline.cnipa.gov.cn），下载电子申请系统客户端软件，申请数字证书和办理相关手续。以甲方的用户代码登录该网站所进行的一切操作均视为甲方行为。

第五条 数字证书用于电子签名和身份认证。甲方应当合法使用数字证书，妥善保管数字证书及其密码。甲方数字证书在有效期内损毁、丢失、泄漏或者面临可能丢失、泄漏及其他危及数字证书安全的，甲方应当及时自行注销或通知乙方撤销原数字证书并按照乙方规定的方式重新申请数字证书。

第六条 乙方有义务公布有关提交电子文件的标准，甲方应当按照乙方公布的标准提交电子文件。乙方收到甲方提交的符合上述标准的电子文件，应当向甲方发出电子回执。对于不符合上述标准的电子文件，乙方不予接收并提示甲方。

第七条 甲方向乙方提交电子文件的收到时间，为乙方专利电子申请系统完整收到文件的时间。电子文件的发出和接收记录以乙方数据库记载的为准，甲方可以登录中国专利电子申请网进行查询。甲方应当妥善保存所提交的电子文件及所收到的乙方发出的电子申请回执、电子文件。

第八条 自用户注册手续合格之日起满一年，甲方没有利用专利电子申请系统提出专利电子申请或者办理相关手续的，乙方可以注销甲方的用户代码。

第九条 本协议如有修订，乙方应当在中国专利电子申请网站上公布有关信息，并通知甲方。甲方如果不同意接受本协议修订文本，应当自收到上述通知之日起三十日内，向乙方提出注销用户代码的请求。期满未提出注销用户代码请求的，视为甲方同意接受本协议修订文本。

第十条 本协议在甲乙双方签署后即生效，有效期至本协议所指用户代码注销为止。

第十一条 本协议最终解释权归乙方所有。

甲方：　　　　　　　　　　　　乙方：国家知识产权局

年 月 日　　　　　　　　　　　　年 月 日

○ 不同意　◉ 同意以上声明

**图 4－8　注册协议**

⑤ 进入到信息注册界面，根据申请人类型和资料进行信息填写。

*请按照提示填写用户注册信息，红色为必填项目

*姓名：

*国籍或注册国家（地区）：中国

提示：提供身份证信息，可即时得到审批结果；提供其他证件信息，3个工作日后得到审批结果。

*证件类型：身份证

*证件号码：

*经常居所或营业所所在地：国内

*邮政编码：

*省/直辖市：

*市/区/县：

*详细地址：

*密码：

*确认密码：

*电子邮箱：

*手机号码：

固话号码：

提示方式：☐ 手机短信提示　☐ 电子邮箱提示

*数字证书方式：网上下载

《 返回　提交 》

**图 4－9　填写申请人信息**

⑥ 信息填写无误以后，提交，返回到电子申请网主页，用注册好的信息，登录到对外服务系统。

图 4－10　登录对外服务系统

⑦ 进入到对外服务系统里，找到证书管理。

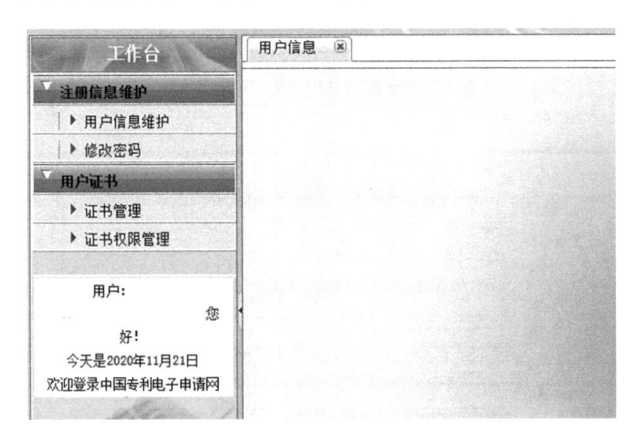

图 4－11　证书管理系统

⑧ 下载证书。

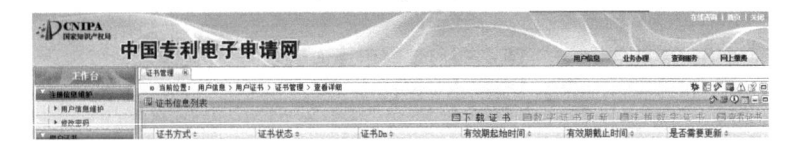

图 4－12　下载证书

⑨ 证书下载好以后需要回调证书。找到浏览器的工具（不一样的浏览器，工具栏不同），选 Internet 选项，点击进入。

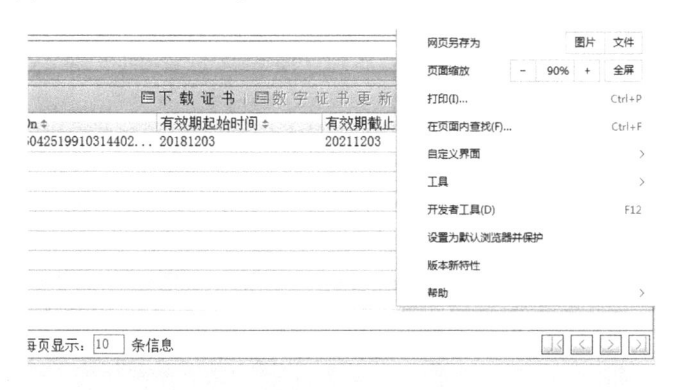

图 4-13　回调证书（1）

⑩ 进入后点击：内容——证书。

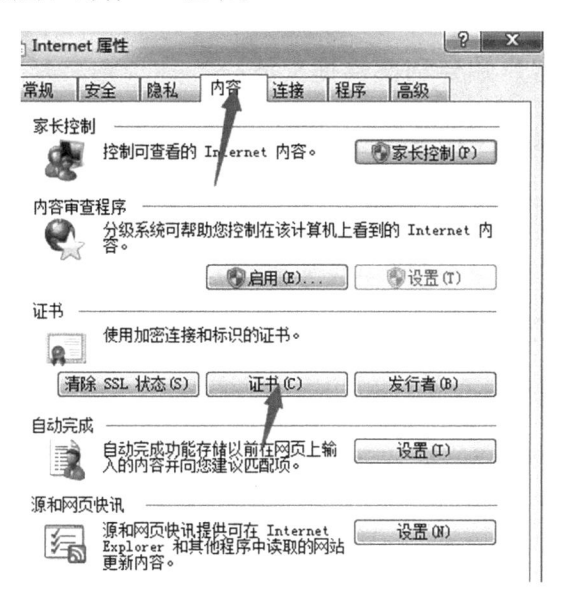

图 4-14　回调证书（2）

⑪ 找到下载好的证书，根据提示进行导出，保存在文件夹中，证书导出完成，之后用 CPC 客户端申请专利时就可以使用证书，至此完成了专利申请前的用户注册流程。

图 4-15　导出证书

## 4.5.2　CPC 客户端专利案件提交流程

CPC 客户端专利案件提交流程如图 4-16 至图 4-28 所示。

① 双击打开电脑上的 CPC 客户端，点击左上方的"申请专利"旁边的下拉菜单符号，再点击申请的专利类型，分为"发明专利""实用新型""外观设计"三类，下文以"发明专利"为例来说明。

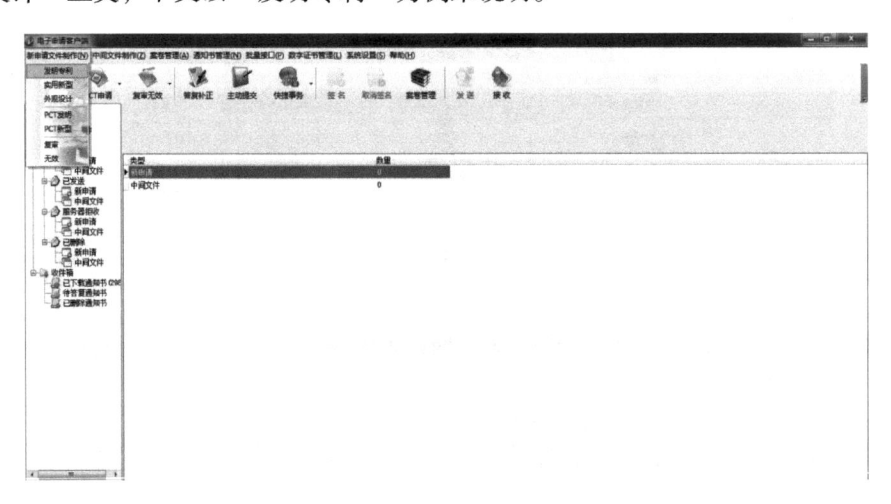

图 4-16　CPC 客户端

② 在新弹出来的电子申请编辑器中,可以看到左侧有"发明专利请求书""说明书""权利要求书"等内容,这是专利申请人在国家知识产权局办理专利申请时必须要提交的几项材料。现在只需要在电子文件上填写提交即可。

图 4-17　电子申请编辑器

③ 点击电子申请编辑器左侧的"发明专利请求书",则电子申请编辑器会弹出一个类似 word 的文档,请按照专利请求书的内容依次填写,填写完毕后,点击左上方的"保存"按钮。

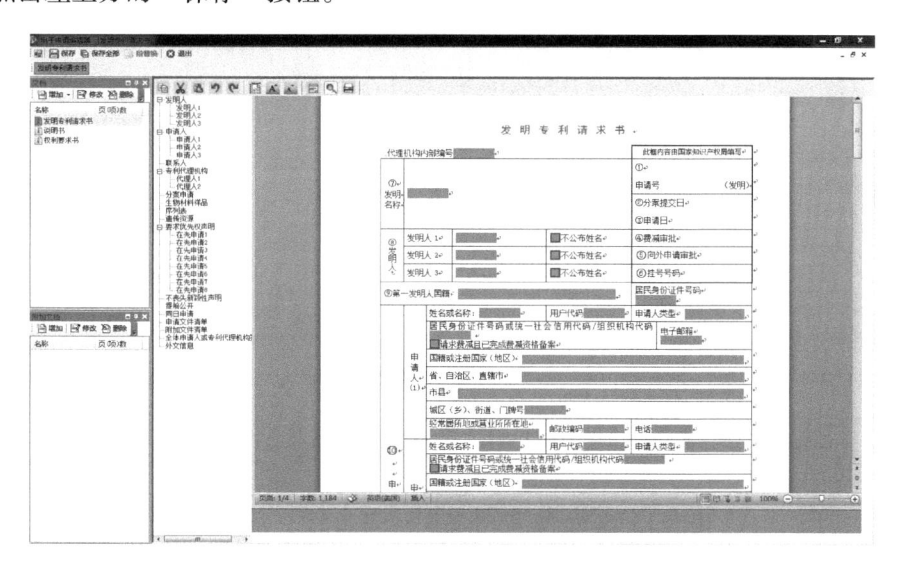

图 4-18　发明专利请求书

④ 点击电子申请编辑器左侧的"说明书",电子申请编辑器会弹出一个 word 文档,可将写好的专利说明书内容复制过来,填写完毕后点击左上方的"保存"按钮。

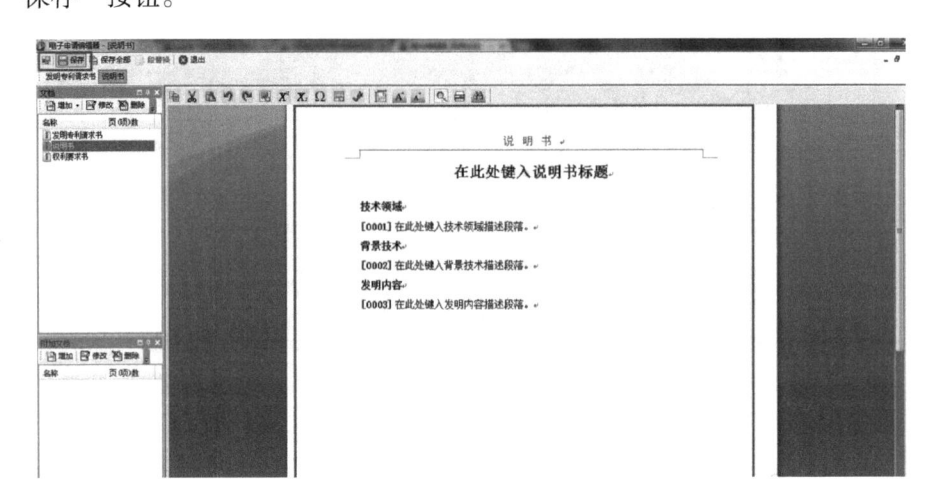

图 4-19 专利说明书

⑤ 完成上面两步操作后,再点击电子申请编辑器左侧的"权利要求书",在电子申请编辑器里会弹出一个 word 文档,可将写好的权利要求书内容复制过来,填写完毕后,点击左上方的"保存"按钮。

图 4-20 权利要求书

⑥ 至此,前面三项主要的表格已填写完成。对照申报专利所需要的材料要求,还需提交说明书摘要(有的专利可能还需提交说明书附图或者说明书

摘要附图)。因此,点击电子申请编辑器左侧的"增加"按钮,再点击需要增加的文件类型,左边的菜单显示栏就会出现相对应的文件类型,再按照与上面三个步骤相同的方法,将专利申请所需的电子材料全部补充完毕即可。

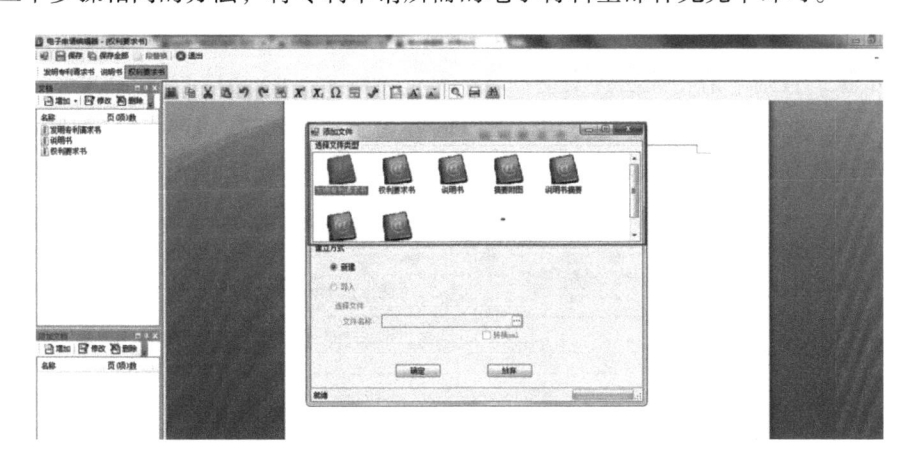

图 4-21　说明书摘要

⑦ 需要注意的是,目前部分个人和单位申请专利可以减免一部分申请费、审查费。因此,若符合费用减免条件,点击电子申请编辑器左侧下方的"增加"按钮,选择"费用减缓申请书",并依照要求填写,再点击"保存"按钮。

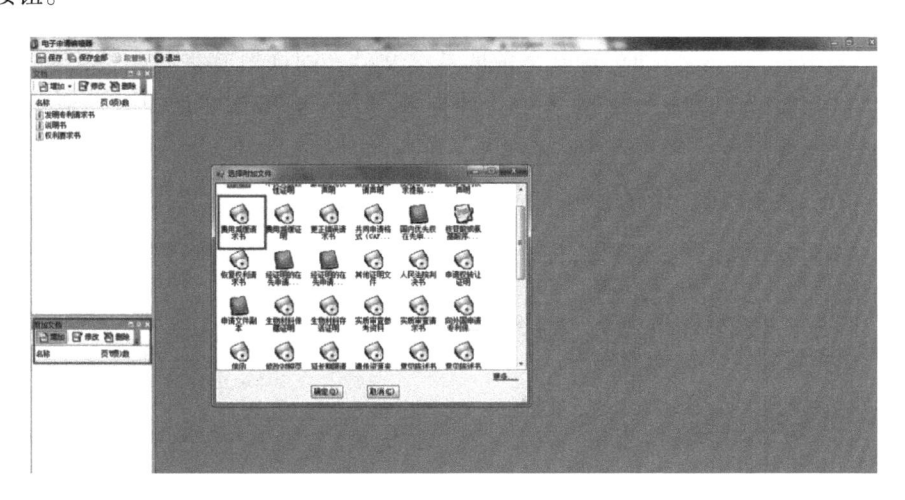

图 4-22　费用减缓申请书

⑧ 当所有的电子材料全部填写完成和保存之后,点击电子申请编辑器左

上方的"保存全部"按钮,再点击"退出"按钮。完成以上操作后,回到电子申请 CPC 客户端的主界面,还需完成一个重要的"签名"步骤。点击左边草稿箱的"新申请"按钮,在右边空白处会出现刚填写的专利文件,对其进行勾选,再点击上方的"签名",则系统会自动给出申请签名,必须要经过这一步骤,否则申请将无法提交。

注:此截图由于没有新申请,所以内容为空白。同时,若所填写的申请文件存在填写不规范的问题,此签名操作将无法完成,需要返回编辑器重新填写。

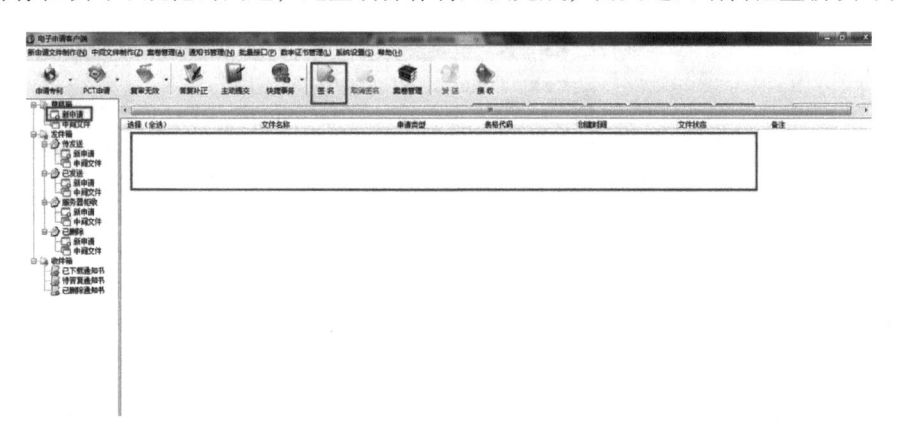

图 4-23  填写签名

⑨ 签名完成之后,草稿箱中的文件会自动转到待发送中,点击待发送中的"新申请"按钮,即可看到之前的签名文件,同样对其进行勾选,再点击上方的"发送"按钮,等待申请文件发送成功,此操作完成。发送成功后,申请文件会出现在下方的已发送列表,可以随时点击查看。

注:此截图由于没有新申请,所以内容为空白。

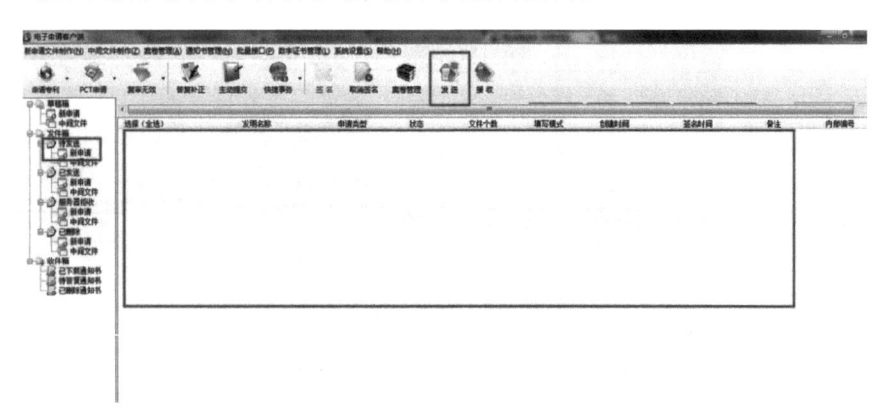

图 4-24  发送申请文件

⑩ 一般新申请发送后，等待几分钟，CPC客户端就可以收到国家知识产权局发送的申请回执。

具体接收回执的方法：点击客户端上方的"接收"按钮，即可自动收取回执。确认收到国家知识产权局发出的申请回执，标志着申请文件已经发送成功。随后，只需等待国家知识产权局对其进行审查。后续的缴费通知书或者补正通知书等，都需申请人通过CPC客户端进行接收。

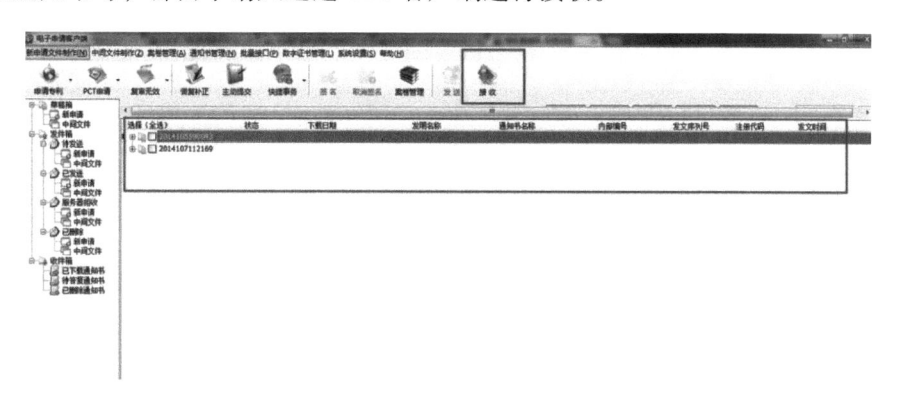

图4-25　回执接收

## 4.5.3　专利费用减缴申请流程

专利费用减缴申请流程如图4-26～图4-28所示。

① 在费减备案页面，点击左下方的费减备案请求，再点击右上方的业务办理，出现一个新的页面声明，选择同意和提交，即进入真正的费减流程页面，根据实际情况选择不同类型的备案人。如个人，则出现以下个人费减资料的页面，根据个人实际情况填写所有信息，填写完成后，再单击预览。

图4-26　个人费减资料填写

② 进入预览界面后，可以看到之前填写的所有信息，将页面往下拉，即可看到受理的知识产权代办处的信息以及所需准备的费减纸质文件材料。同时，核对信息是否有错误。若无错误，则点击"提交"按钮，即可完成费减操作。若有错误，则修改后再提交。

图 4-27　提交费减申请

③ 至此，网上的费减申请已基本完成，随后将费减的纸质文件材料邮寄到或者送到对应的代办处审核即可。审核通过后在费减系统里会显示合格，合格之后在当年内申报的专利都可以直接费减。

图 4-28　费减完成

## 4.5.4　专利电子申请网上缴费

专利电子申请网上缴费流程如图 4-29 至图 4-38 所示。

① 打开"中国专利电子申请网",输入用户账号、密码、验证码,最后点击"登录对外服务"。

图 4-29 登录缴费系统

② 点击"网上缴费",再点击"以国家申请号缴费"。

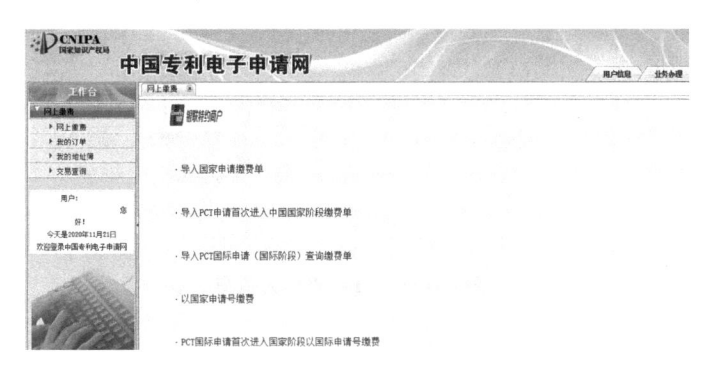

图 4-30 选择缴费

③ 输入申请号,点击"查询"。

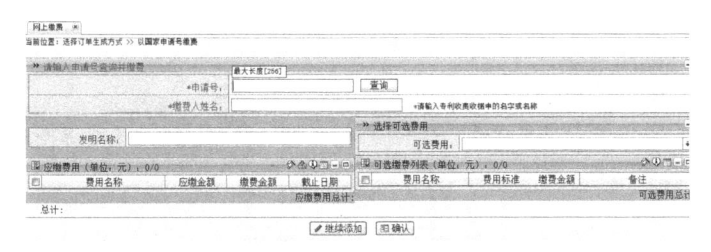

图 4-31 查询缴费专利

④ 确认申请号所对应的发明名称与缴费清单是否正确（清单中需要选择的缴费内容以具体收到的缴费通知书为准），随后填写缴费人姓名。若只有一个专利需要缴费，则点击"确认"即可。若还有其他专利需要一起缴费，则点击"继续添加"。

图4-32 选择缴费专利

⑤ 若有常用收件人信息，则选择常用收件人信息；若没有，则填写收件人信息即可，主要是用来接收缴费发票。最后点击"生成订单"。

图4-33 填写收件人信息

⑥ 确认订单信息，点击"确认交款"。

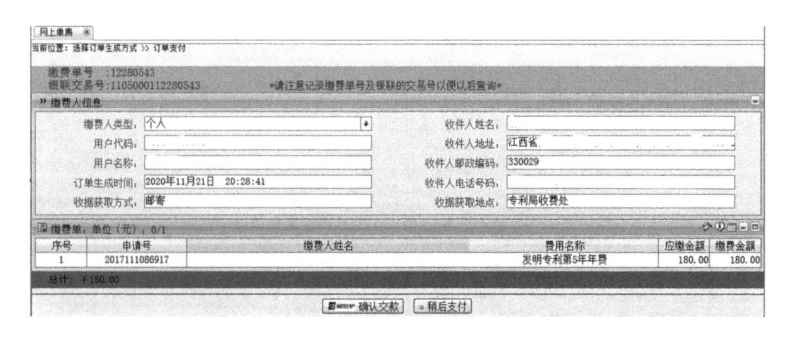

图4-34 确认交款

⑦ 进入网上支付页面，选择付款方式。

图 4 – 35　付款方式

⑧ 最后根据实际情况点击"支付已完成"或"付款遇到问题"。

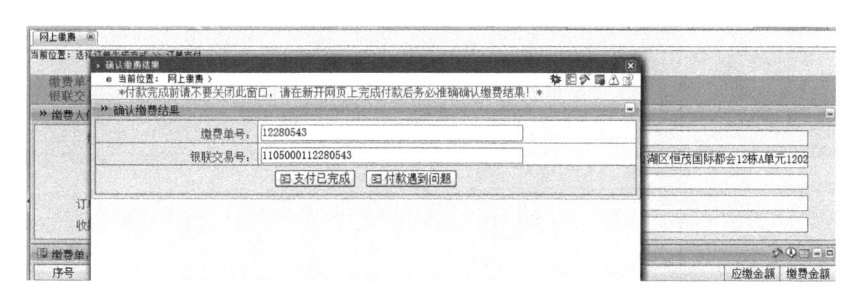

图 4 – 36　实际支付情况

⑨ 若为"付款遇到问题"，选择"我的订单"，在订单状态中选择"支付失败"，点击"查询"，即可看到当前支付失败的订单。若支付失败，则订单无法继续支付，需要重新进行缴费。

图 4 – 37　支付失败

⑩ 若为"支付已完成",选择"我的订单",在订单状态中选择"已支付",点击"查询",即可看到当前支付成功的订单。至此,缴费已经完成,等待邮局邮寄发票即可。

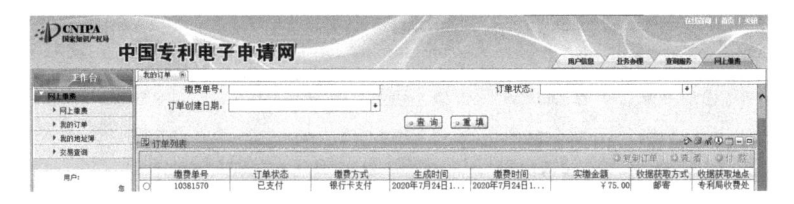

图 4-38 支付成功

# 第 5 章
# 专利审查意见答复流程与方法

## 5.1 专利审查意见通知书的答复原则与策略

### 5.1.1 审查意见通知书的答复原则

在答复审查意见通知书时，发明人不仅要从《专利法》《专利法实施细则》和《专利审查指南2010》的相关规定出发克服审查意见中指出的各种缺陷，使申请尽快获得授权，而且还要考虑如何争取稳定并且尽可能大的保护范围，使发明得到更好的专利保护。具体来说，发明人在答复审查意见通知书时应当遵循下述四个答复原则。

(1)《专利法》《专利法实施细则》和《专利审查指南2010》原则

专利申请的审查和批准以及专利权的保护均以《专利法》和《专利法实施细则》为依据，因此在答复审查意见通知书时，应当以《专利法》和《专利法实施细则》规定的内容为依据进行争辩，指出专利申请符合《专利法》和《专利法实施细则》有关规定的理由。此外，《专利审查指南2010》是国家知识产权局的部门规章，其对《专利法》和《专利法实施细则》各条款的内容作出了进一步具体的规定，是国家知识产权局和专利复审委员会依法行政的依据和标准，也是有关当事人在上述各个阶段应当遵循的规章。因此，在撰写意见陈述书时，发明人也可以借助《专利审查指南2010》规定的内容作为争辩的依据。

(2) 全面答复原则

对于那些不属于无授权前景的申请案，审查员将依据程序节约原则，在发出的审查意见通知书中指出申请文件中所存在的各种缺陷。例如，在同一份审查意见通知书中，会同时指出相同权利要求或不同权利要求不具备新颖性、创造性的问题，权利要求得不到说明书支持的问题及权利要求不清楚的问题等，甚至还会指出申请文件所存在的形式缺陷。在针对这样的审查意见通知书进行答复时，发明人应当遵循全面答复原则，即针对指出的所有缺陷，特别是针对驳回条款所对应的缺陷逐一进行答复。这样，既有助于专利审查程序向前推进，使专利申请尽早获得专利权，又可以避免该专利申请在作出答复后，因仍然存在审查意见通知书中指出的实质性缺陷而被驳回。

在对审查意见通知书中所指出的申请文件的缺陷进行答复时，对于发明人同意的意见，应当对申请文件进行修改，并在意见陈述书中写明为克服该缺陷对申请文件作出了哪些修改，对其中的实质性缺陷还应当说明修改后的权利要求如何克服了这些缺陷；对于发明人不同意的意见，则应当在意见陈述书中充分论述理由，必要时提供对比实验数据、相关的现有技术或者其他证明文件作为论述证据，不要只给出主观断言或者简单地指出审查意见的观点不成立。

（3）维护申请人利益原则

在答复审查意见通知书时，发明人要充分考虑自身的利益，在修改申请文件和陈述意见时必须要慎重，既要争取早日授权，又要争取稳定并且尽可能宽的保护范围，使发明能够受到更好的专利保护。

有时审查意见通知书中虽然初步指出了一些实质性缺陷，如说明书未充分公开发明、权利要求书未以说明书为依据、权利要求未清楚限定专利保护的范围等；但这并不是对该申请最终的审查结论，发明人应当通过提交意见陈述书或修改申请文件的方式，来澄清相关技术内容或者克服上述缺陷，以便后续审查。因此，发明人在答复审查意见通知书时，不要盲目地完全按照通知书的内容对申请文件进行修改，而应当认真研究审查意见通知书及专利申请文件的内容，对审查意见的正确性进行判断。若经过仔细分析，确实认为申请的权利要求可以获得比审查意见通知书中明示或暗示的修改结果更宽一些的保护范围，则应当积极争取，并在意见陈述书中充分论述理由，不必单纯地追求加快审查进程而导致发明得不到更恰当的保护范围。

此外，对于审查意见通知书中指出的权利要求的单一性缺陷，发明人也要根据申请说明书的内容进行充分的分析，将尽可能多的发明在同一件专利申请中获得保护，而不要完全按照审查意见通知书中认定的事实盲目地对权利要求进行修改和分案，造成经济上或者时间上的损失。

（4）适度原则

发明人在答复实质审查意见通知书的过程中，不仅要立足于实质审查程序，完成答复通知书的任务，使专利申请获得授权，还要综合考虑授权的权利要求的保护范围大小及稳定性。例如，要考虑到答复通知书过程中的各种行为对将来在维权阶段司法机关对最终权利要求范围解释的影响，确保自身的答复和修改行为适度，既维护了当前利益，又兼顾了长远的考虑。

根据该原则，在专利申请审查过程中对权利要求书所进行的限制其保护范围的修改及在意见陈述书中所作的限制性解释均会成为专利侵权诉讼中确定其专利权保护范围的依据，在专利侵权诉讼中就不能再对其作出与此相反的扩大性解释。因此，在专利申请的审查过程中，发明人在答复审查意见通知书时一定要把握适度的原则，不要为了急于获得授权而过度地限制权利要求的保护范围，并且注意在陈述意见时不要作出不必要的限制性解释。

## 5.1.2 对各类审查意见的答复策略

发明人应当认真阅读国家知识产权局发出的审查意见通知书，全面、准确地理解审查意见通知书的内容及其所引用的对比文件的技术内容，理解专利申请的内容及其要求保护的主题，针对具体情形作出正确的前景判断，在此基础上确定答复审查意见通知书的策略。

为了正确拟定答复审查意见通知书的策略，需要注意以下两点：

（1）按照两步法来理解和分析审查意见

在理解审查意见并分析其是否正确时，应当采用符合逻辑分析的判断过程和思路。推荐的判断过程和思路可以归纳为两步法：第一步，先核实"事实认定"；第二步，在"事实认定"基础上判断其"法律适用"是否正确。

推荐采用这样的两步判断方法是因为审查意见的作出通常采用这两个步骤。前文中提到"理解审查意见"，实质上理解的就是审查意见的论据、论点和论证过程。审查意见的内容都涉及本申请的某项或某些事实不符合《专利法》和《专利法实施细则》的相关规定，所以其判断过程必然包括对事实的查明和认定及在此基础上适用《专利法》和《专利法实施细则》的相关规定，最后得出审查结论。因此，采用上述"事实认定"和"法律适用"的两步法判断审查意见是否正确，将有助于发明人在针对该审查意见陈述意见时有理有据地针对争议焦点说明己方的观点，以提高工作效率和陈述意见的说服力。具体说来，在上述两步法判断中，如果分析后认为审查意见通知书中的"事实认定"有误，则可以在意见陈述书重点说明审查意见通知书中所认定的事实与客观事实不符；如果分析后认为审查意见通知书中的"法律适用"不当，则在意见陈述书中重点论述本申请符合法律有关规定的理由。

（2）针对不同分析结果灵活运用答复手段

在答复审查意见通知书时，可供采用的答复手段通常有三种：意见陈述书、修改申请文件和提供证据。在答复时，可以根据分析结果仅采用意见陈述书的答复方式，也可以采用修改申请文件并提交意见陈述书的答复方式；必要时，还可以在采用上述两种答复方式的同时提供证据或证明材料来支持意见陈述书中的主张。

发明人可以在意见陈述书中进行充分的解释、说明或论证，但在意见陈述时需要注意前面提到的"适度原则"，不要对发明内容作出一些不必要的限制性说明和解释。

修改申请文件也是答复审查意见时通常采用的手段，尤其分析结果认为该审查意见正确或基本正确时，只能通过修改申请文件来克服通知书中所指出的缺陷。对申请文件的修改同样需要注意前文提到的"适度原则"，不要为了急于获得授权而过度地限制权利要求的保护范围。

提供证据包括提供现有技术证据、公知常识证据、对比实验数据、商业销售数据等。

在实践中，发明人可以根据具体情况来确定单独或者综合采用上述答复手段。

## 5.2 涉及新颖性的答复意见

针对涉及申请文件新颖性的审查意见，首先进行"事实认定"，分析审查意见通知书中引用的对比文件的形式要件是否满足用于评述新颖性的要求，即判断对比文件是否满足构成现有技术或抵触申请的形式要件；如果形式要件满足，则进一步按照单独对比原则将权利要求中要求保护的一个技术方案作为整体与对比文件中公开的一个方案进行比较。比较时，通常要对构成权利要求的技术特征进行分解，逐一比较权利要求中的每一个技术特征是否确实在对比文件的同一个方案中被公开，以确定该权利要求保护的技术方案是否被对比文件公开。

然后进行"法律适用"，如果确定该权利要求保护的技术方案被对比文件公开，再判断对比文件公开的方案能否适用于与权利要求的技术方案相同的技术领域，能否解决相同的技术问题，获得相同的技术效果。如果能够适用于与权利要求的技术方案相同的技术领域，能解决相同的技术问题，获得相同的技术效果，则权利要求的技术方案不具备新颖性。

## 5.3 涉及创造性的答复意见

针对涉及创造性的审查意见，在分析审查意见是否正确或者是否有可商榷之处时，也应当从"事实认定"和"法律适用"两个方面加以考虑。

### 5.3.1 事实认定

对于审查意见中所作的"事实认定"，需要对两方面的内容进行核实：其一，核实审查意见通知书中引用的对比文件的形式要件是否满足评述创造性的要求，即判断对比文件是否为现有技术，尤其要注意满足构成抵触申请形式要件的申请在先、公开在后的中国专利申请文件不能用来评述创造性；其二，引用的对比文件满足构成现有技术的形式要件时，需要核实审查意见通知书中对本发明和对比文件中有关实质内容的认定是否正确，即核实通知书中认定的对比文件所披露的内容是否在这些对比文件公开（如通知书中所认定的公开的技术特征是否被相应的对比文件披露，通知书中对某对比文件所公开的区别技术特征在该对比文件中所起作用的认定是否正确等），核实通知书中对本发明技术方案的认定是否正确（如通知书中是否正确理解权利要求中的技术特征，通知书中对区别技术特征在本发明中所起作用的认定是否正确，通知书中对本发明技术效果的认定是否正确等）。

### 5.3.2 法律适用

对于涉及创造性的审查意见，在分析审查意见所作出的"事实认定"是否正确之后，就需要在此基础上进一步考虑其"法律适用"是否合适。就"法律适用"错误来说，主要包括两方面的情况：其一，审查意见中存在由"事实认定"错误导致其"法律适用"错误的情况；其二，审查意见中的"事实认定"虽然正确，但由于其对《专利法》第二十二条第三款的法律条文理解不正确而导致"法律适用"错误。

按照《专利法》第二十二条第三款的规定，创造性是指该发明与现有技术相比具有突出的实质性特点和显著的进步。《专利审查指南2010》第二部分

第四章3.1审查原则中明确了创造性的判断方法与新颖性的单独对比原则不同，可采用组合对比的方式，即将一份或者多份现有技术中不同的技术内容组合在一起与要求保护的权利要求的技术方案进行比较。《专利审查指南2010》第二部分第四章3.2.1又给出了创造性中"具有突出的实质性特点"的判断方法，明确了通常采用三步法进行判断：第一步，确定与本发明最接近的现有技术（通常是对比文件1）；第二步，找出权利要求的技术方案中与最接近的现有技术之间的区别特征，以确定该权利要求保护的技术方案实际要解决的技术问题；第三步，判断现有技术中是否存在结合启示，即判断要求保护的发明对本领域技术人员来说是否显而易见，以确定权利要求的技术方案是否具有突出的实质性特点。

对于由"事实认定"错误导致的"法律适用"错误，通常在给出正确的"事实认定"的基础上说明审查意见不符合相关法律法规规定，或者本申请符合相关法律法规规定，由此得出"法律适用"错误的结论。例如，经核实认定通知书中用于否定本申请创造性的对比文件相对于本申请是申请在先、公开在后的中国专利文件，就可认定该对比文件不属于《专利法》第二十二条第三款中规定的可用于评价本申请创造性的现有技术，由此得知以该对比文件来否定本申请创造性的审查意见的"法律适用"错误；又如，通知书中认定本申请的区别技术特征所起的作用不正确，从而错误地认定该区别特征在另一篇对比文件中所起的作用与其在本申请中的作用相同，则就可在正确认定本申请中的这一区别特征在本发明中所起作用的基础上，依据《专利审查指南2010》第二部分第四章3.2.1的规定，说明现有技术未给出将此区别特征应用到最接近的现有技术中而得到本申请要求保护的技术方案的结合启示，以此证明本申请具有突出的实质性特点，符合《专利法》第二十二条第三款的规定，在此基础上说明审查意见的"法律适用"错误。

通知书中因法律理解错误而得出的"法律适用"错误，多半是未正确理解《专利审查指南2010》的规定造成的。例如，对于一件能产生有益技术效果的申请，审查意见通知书中仅从本发明未能产生预料不到的技术效果得出本申请不具有突出的实质性特点和显著的进步，从而认定本申请不具备创造性，就属于"法律适用"错误的情况。因为按照《专利法》第二十二条第三款的规定，对于一件发明，只要具有突出的实质性特点和显著的进步就具备创造性；按照《专利审查指南2010》第二部分第四章3.2.2和6.3中的规定，如果一项发明具有突出的实质性特点，其相对于现有技术具有有益技术效果就可以认定其具有显著的进步，并不要求其具有预料不到的技术效果。由此可知，该通知书未能正确理解《专利审查指南2010》相关章节对《专利法》第二十二条第三款作出的进一步规定，导致出现"法律适用"错误。

## 5.3.3 创造性审查意见举例

有关创造性的审查意见中，通常会按照《专利审查指南2010》第二部分第四章3.2.1.1中（3）所规定的几种不具备创造性的典型情形进行分析：

① 区别特征为公知常识，例如，本领域中解决该重新确定的技术问题的惯用手段，或教科书或工具书等中披露的解决该重新确定的技术问题的技术手段。

② 区别特征为与最接近的现有技术相关的技术手段，例如，同一份对比文件其他部分披露的技术手段，该技术手段在该其他部分所起的作用与该区别特征在要求保护的发明中为解决该重新确定的技术问题所起的作用相同。

③ 区别特征为另一份对比文件中披露的相关技术手段，该技术手段在该对比文件中所起的作用与该区别特征在要求保护的发明中为解决该重新确定的技术问题所起的作用相同。

在答复审查意见通知书时，对于有关构成现有技术的形式要件不存在"事实认定"错误的情况下，此处仅针对上述①②两种情形分别作如下处理。

① 对于区别特征为公知常识的情形，即对比文件结合公知常识的情形，需要判断审查意见中认定的公知常识或惯用技术手段是否确实是本领域解决该技术问题的公知常识或惯用技术手段。如果审查意见中认定的事实正确，则只能修改权利要求，甚至删除权利要求，在修改权利要求时还应当在意见陈述书中论述修改后的权利要求具备创造性的理由；如果审查意见中对公知常识或惯用技术手段的认定不正确（包括未充分举证），则在答复时可以不修改权利要求，此时最好充分说明该区别特征不是公知常识的理由（包括必要的举证），甚至可以要求审查员对区别特征是公知常识进行举证。

② 区别特征为与最接近的现有技术相关的技术手段的情形，需要确认在该对比文件的另一个技术方案中是否披露了该区别特征，以及该区别特征在该技术方案中所起的作用是否与其在本发明中为解决该技术问题所起的作用相

同。如果审查意见中认定的事实正确，只能修改权利要求，甚至删除权利要求，在修改权利要求时还应当在意见陈述书中论述修改后的权利要求具备创造性的理由；如果审查意见中对上述事实的认定错误，则在答复时可以不修改权利要求，而在意见陈述书中充分论述原权利要求具备创造性的理由。

## 5.4 专利审查意见中创造性的评判技巧

评价发明有无创造性，应当以《专利法》第二十二条第三款为基准。为有助于申请人正确掌握该基准，下面分别叙述突出的实质性特点的一般性判断方法和显著的进步的判断标准。

### 5.4.1 突出的实质性特点的判断方法

判断发明是否具有突出的实质性特点，就是要判断对本领域的技术人员来说，要求保护的发明相对于现有技术是否显而易见。

如果要求保护的发明相对于现有技术是显而易见的，则不具有突出的实质性特点；反之，如果对比的结果表明要求保护的发明相对于现有技术是非显而易见的，则具有突出的实质性特点。

判断要求保护的发明相对于现有技术是否显而易见，通常可按照以下三个步骤进行。

（1）确定最接近的现有技术

最接近的现有技术，是指现有技术中与要求保护的发明最密切相关的一个技术方案，它是判断发明是否具有突出的实质性特点的基础。最接近的现有技术可以是，与要求保护的发明技术领域相同，所要解决的技术问题、技术效果或者用途最接近和/或公开发明的技术特征最多的现有技术；或者虽然与要求保护的发明技术领域不同，但能够实现发明的功能，并且公开发明的技术特征最多的现有技术。应当注意的是，在确定最接近的现有技术时，应首先考虑技术领域相同或相近的现有技术。

（2）确定发明的区别特征和发明实际解决的技术问题

在审查中应当客观分析并确定发明实际解决的技术问题。为此，首先应当分析要求保护的发明与最接近的现有技术相比有哪些区别特征，然后根据该区别特征所能达到的技术效果确定发明实际解决的技术问题。从这个意义上说，发明实际解决的技术问题，是指为获得更好的技术效果而需对最接近的现有技术进行改进的技术任务。

审查过程中，由于审查员所认定的最接近的现有技术可能不同于申请人在说明书中所描述的现有技术，因此，基于最接近的现有技术重新确定的该发明实际解决的技术问题，可能不同于说明书中所描述的技术问题；在这种情况下，应当根据审查员所认定的最接近的现有技术重新确定发明实际解决的技术问题。

重新确定的技术问题可能要依据每项发明的具体情况而定。作为一个原则，发明的任何技术效果都可以作为重新确定技术问题的基础，只要本领域的技术人员从该申请说明书中所记载的内容能够得知该技术效果即可。

（3）判断要求保护的发明对本领域的技术人员来说是否显而易见

在该步骤中，要从最接近的现有技术和发明实际解决的技术问题出发，判断要求保护的发明对本领域的技术人员来说是否显而易见。判断过程中，要确定的是现有技术整体上是否存在某种技术启示，即现有技术中是否给出将上述区别特征应用到该最接近的现有技术以解决其存在的技术问题（即发明实际解决的技术问题）的启示，这种启示会使本领域的技术人员在面对所述技术问题时，有动机改进该最接近的现有技术并获得要求保护的发明。如果现有技术存在这种技术启示，则发明是显而易见的，不具有突出的实质性特点。

下述情况，通常被认为现有技术中存在上述技术启示：

① 所述区别特征为公知常识。例如，本领域中解决该重新确定的技术问题的惯用手段，或教科书或者工具书等中披露的解决该重新确定的技术问题的技术手段。

例如，要求保护的发明是一种用铝制造的建筑构件，其要解决的技术问题是减轻建筑构件的重量。一份对比文件公开了相同的建筑构件，同时说明建筑构件是轻质材料，但未提及使用铝材。而在建筑标准中，已明确指出铝作为一种轻质材料，可作为建筑构件。该要求保护的发明明显应用了铝材轻质的公知性质。因此可认为现有技术中存在上述技术启示。

② 所述区别特征为与最接近的现有技术相关的技术手段。例如，同一份对比文件其他部分披露的技术手段，该技术手段在该其他部分所起的作用与该区别特征在要求保护的发明中为解决该重新确定的技术问题所起的作用相同。

例如，要求保护的发明是一种氦气检漏装置，其包括：检测真空箱是否有整体泄漏的整体泄漏检测装置；对泄漏氦气进行回收的回收装置；和用于检测具体漏点的氦质谱检漏仪，所述氦质谱检漏仪包括有一个真空吸枪。

对比文件1的某一部分公开了一种全自动氦气检漏系统，该系统包括：检测真空箱是否有整体泄漏的整体泄漏检测装置和对泄漏的氦气进行回收的回收装置。该对比文件1的另一部分公开了一种具有真空吸枪的氦气漏点检测装置，其中指明该漏点检测装置可以是检测具体漏点的氦质谱检漏仪，此处记载的氦质谱检漏仪与要求保护的发明中的氦质谱检漏仪的作用相同。根据对比文件1中另一部分的教导，本领域的技术人员能容易地将对比文件1中的两种技术方案结合成发明的技术方案。因此可认为现有技术中存在上述技术启示。

③ 所述区别特征为另一份对比文件中披露的相关技术手段，该技术手段在该对比文件中所起的作用与该区别特征在要求保护的发明中为解决该重新确定的技术问题所起的作用相同。

例如，要求保护的发明是设置有排水凹槽的石墨盘式制动器，所述凹槽用以排除为清洗制动器表面而使用的水。发明要解决的技术问题是如何清除制动器表面上因摩擦产生的妨碍制动的石墨屑。对比文件1记载了一种石墨盘式制动器。对比文件2公开了在金属盘式制动器上设有用于冲洗其表面上附着的灰尘而设置的排水凹槽。

要求保护的发明与对比文件1的区别在于发明在石墨盘式制动器表面上设置了凹槽，而该区别特征已被对比文件2所披露。由于对比文件1所述的石墨盘式制动器会因为摩擦而在制动器表面产生磨屑，从而妨碍制动。对比文件2所述的金属盘式制动器会因表面上附着灰尘而妨碍制动，为了解决妨碍制动的技术问题，前者必须清除磨屑，后者必须清除灰尘，这是性质相同的技术问题。为了解决石墨盘式制动器的制动问题，本领域的技术人员按照对比文件2的启示，容易想到用水冲洗，从而在石墨盘式制动器上设置凹槽，把冲洗磨屑的水从凹槽中排出。由于对比文件2中凹槽的作用与发明要求保护的技术方案中凹槽的作用相同，因此本领域的技术人员有动机将对比文件1和对比文件2相结合，从而得到发明所述的技术方案。因此可认为现有技术中存在上述技术启示。

### 5.4.2 显著的进步的判断标准

在评价发明是否具有显著的进步时，主要应当考虑发明是否具有有益的技术效果。以下情况，通常应当认为发明具有有益的技术效果，具有显著的进步：

① 发明与现有技术相比具有更好的技术效果，例如，质量改善、产量提高、节约能源、防治环境污染等；

② 发明提供了一种技术构思不同的技术方案，其技术效果能够基本上达到现有技术的水平；

③ 发明代表某种新技术发展趋势；

④ 尽管发明在某些方面有负面效果，但在其他方面具有明显积极的技术效果。

## 5.5 专利审查意见答复要点及其模板

### 5.5.1 审查意见答复修改的原则

（1）修改时机

《专利法实施细则》第五十一条规定：发明专利申请人在提出实质审查请求时及在收到国务院专利行政部门发出的发明专利申请进入实质审查阶段通知书之日起的3个月内，可以对发明专利申请主动提出修改。实用新型或者外观设计专利申请人自申请日起2个月内，可以对实用新型或者外观设计专利申请主动提出修改。

（2）修改范围

《专利法》第三十三条规定：申请人可以对其专利申请文件进行修改，但是，对发明和实用新型专利申请文件的修改不得超出原说明书和权利要求书记载的范围，对外观设计专利申请文件的修改不得超出原图片或者照片表示的范围。

《专利法实施细则》第五十一条第三款规定：申请人在收到国务院专利行政部门发出的审查意见通知书后对专利申请文件进行修改的，应当针对通知书中指出的缺陷进行修改。

《专利法实施细则》第六十一条第一款规定：请求人在提出复审请求或者在对专利复审委员会的复审通知书作出答复时，可以修改专利申请文件；但是，修改应当仅限于消除驳回决定或者复审通知书指出的缺陷。

### 5.5.2 审查意见答复模板

审查意见答复的模板如下所示（括号内为说明性文字）。

尊敬的审查员：

申请人认真阅读了审查员于_____年____月____日发出的第____次审查意见书和对比文件，申请人对申请文件进行了修改，陈述意见如下。

**一、修改说明**（修改针对审查员指出的缺陷，通常为新颖性、创造性，也可能是权利要求书不清楚，另外审查员未指出的形式缺陷仍需修改）

1. 对权利要求 1 _____ 进行了修改，修改的依据为_____

2. ……

上述修改没有超出原说明书和权利要求书记载的范围，也没有扩大权利要求保护的范围。符合《专利法》及《专利法实施细则》对修改的要求。

**二、关于新颖性**（单独对比原则）

修改后的权利要求 1 所要求保护的技术方案中"_____"技术特征没有被对比文件 1 所披露，所以修改后的权利要求 1 所要求保护的技术方案相对于对比文件 1 具备《专利法》第二十二条第二款所要求的新颖性。

修改后的权利要求 1 所要求保护的技术方案中"_____"技术特征没有被对比文件_____所披露。所以修改后的权利要求 1 所要求保护的技术方案相对于对比文件_____具备新颖性。

**三、关于创造性**（常用三步法）

在审查员提供的_____份对比文件中，对比文件_____与本发明的技术领域相同，且公开技术特征最多，所以对比文件_____是最接近的现有技术。

修改后的权利要求 1 所要求保护的技术方案与对比文件_____相比，区别特征是"_____"。

该区别特征没有被其他对比文件所披露。也不是本领域的公知常识，因此修改后的权利要求 1 所要求保护的技术方案对于本领域技术人员而言是非显而易见的，具有突出的实质性特点（如果是实用新型，则为此处为"具有实质性特点"）。

修改后的权利要求 1 所要求保护的技术方案，通过"_____"特征。取得了"_____"（誊抄说明书相关内容）有益效果，具有显著的进步（如果是实用新型，则为"具有进步"）。

> 综上所述，修改后的权利要求 1 所要求保护的技术方案相对于对比文件_____及其组合具有突出的实质性特点和显著的进步，具备《专利法》第二十二条第三款所要求的创造性。
>
> 权利要求 2~n 是独立权利要求 1 的从属权利要求，独立权利要求 1 具备创造性，其从属权利要求必然具备创造性。
>
> **四、其他缺陷**（例如权利要求不清楚）
>
> 修改后的权利要求_____符合《专利法》第____条第____款的规定。
>
> 申请人相信，修改后的权利要求书克服了审查员所指出的全部缺陷，符合《专利法》及《专利法实施细则》的规定。如果审查员不同意上述意见。请给予再次修改或者答复的机会。申请人将全力配合审查员的工作，以使本申请早日获得授权。
>
> 申请人：_____<br>_____年____月____日

## 5.6 专利审查意见答复注意事项

### 5.6.1 答复沟通中常见错误

能否与审查员清楚的沟通是案件能否授权的关键环节，在与审查员沟通中常见的错误通常有以下五种。

（1）错认对比对象

对比文件应该与权利要求所保护的方案进行对比，而不是与其他文件进行对比。因为，根据《专利法》的规定，权利要求所保护的方案是审查员在进行审查过程中的审查重点，也是判断该申请是否具有创造性的针对对象。申请人在与审查员的沟通中，应当针对自己的权利要求所具有的创造性进行详细的阐述，而不是对申请的说明书中的最佳实施例具有的创造性进行论述。因为，仅仅记载在说明书中，而没有记载在原权利要求或经修改的权利要求中，不能用于限定权利要求的保护范围，也不会对有关权利要求创造性缺陷的审查意见产生影响。

(2) 错认对比文件或错认对比文件中的事实

例如，申请人指出对比文件没有公开权利要求中某个技术特征，但实际上对比文件中已经明确记载了该技术特征。因此，会使得答复意见没有说服力，那么审查员在查看申请人的意见陈述书时，极可能给出与先前一样的审查意见，导致审查的时间增加或者该意见陈述书被驳回。

(3) 理由叙述不充分

有的申请人不认同审查员所给出的审查意见，但是在给出理由时，却又没有对其进行充分的说明，只是进行简单的论述，所以审查员不会接受该理由。

(4) 无法将理由加以结合

有的申请人在反驳审查员的审查意见时，仅仅简单地论述这些对比文件"领域不同"，或者技术方案"差别较大"，并不能很好地说明本方案具有新颖性和创造性。审查思路是基于最接近的现有技术，为了某些发明目的、要解决某些实际技术问题，而引入其他对比文件中记载的现有技术中的某些技术手段，改进对比文件1所描述的技术方案，因而形成了专利申请所述技术方案。倘若申请人无法论述发明的技术方案并非现有技术方案的简单叠加，现有技术中不存在进行发明和创造的动机，不存在加以结合或改进的启示，则答复意见不会被审查员所接受。

(5) 不针对审查意见来陈述意见

申请人仅按照自己的思路分析申请的创造性。虽然，审查员会阅读申请人递交的意见陈述书，也有可能同意申请人的陈述意见，但这样的答复意见无法起到有效沟通的作用，是一种答非所问的做法。现实中的答复实践，很多的第 $N(N \geq 2)$ 次审查意见与第 $N-1(N \geq 2)$ 次审查意见基本相同，问题就出在这里。

总之，在与审查员进行讨论和沟通的过程中，应养成认真研究审查意见的工作习惯，不单单是对审查员工作的尊重，更有利于提高审查效率，节约审查时间。

### 5.6.2 答复技巧

针对发明人答复国家知识产权局发出的所有权利要求都不具备创造性的审查意见通知书，本节中给出几点建议，具体如下。

(1) 正确认识发明实质审查程序

答复审查意见的过程是与审查员进行书面沟通的过程，发明人必须非常重视这个过程。能否与审查员进行有效的书面沟通，是答复工作能否圆满完成的前提。对于专利权人来说，专利申请是否真的具有授权的实质性条件是至关重要的。发明专利的保护期限可达 20 年，如果通过了一项没有实际价值的专利，会对专利权人的专利战略产生不利的影响。因此，发明人应当注重这个沟通的过程，而不是仅仅重视授权结果。与审查员沟通的过程，虽然会花费大量的时间，但这对权利要求获得最恰当的保护范围非常有益。如果申请人能够认识到审查意见是审查员从另一个角度帮助申请人探寻发明对现有技术所作出的实质贡献的过程，则有助于其平和与审查员对立的心态，圆满地完成实质审查程序。

(2) 擅于同审查员沟通

一个优秀的发明人，应该能够高效地完成与审查员的意见沟通。在收到所有权利要求都不具备创造性的审查意见后，倘若认同审查员所提出的意见，且还想要继续申请该专利，则申请人在提交意见陈述书的同时，还要根据审查员提出的意见对自己的权利要求书进行相应的修改，且修改的内容必须满足《专利法》第三十三条的相关规定，以及通过什么样的方法或采用什么样的手段来克服不具备创造性的缺陷。若认同审查员所提出的意见，但放弃该专利申请，则可不必进行上述操作。若对审查员所提出的意见持不认同或部分认同的观点，则需要提交意见陈述书。

为了能够更好地与审查员交流，减少审批时间，在提交意见陈述书之前，申请人必须要在充分理解审查意见、思路的基础上，有针对性地提出自己的意见陈述。需要强调的是：反对的内容一定要针对审查意见。反对的内容除了包括审查结论之外，还应当具有对审查意见所针对的事实和所提供的证据进行反驳说理的过程。

(3) 掌握创造性答复的内在规律

一般来说，审查员都是按照"三步法"的步骤进行审查、撰写审查意见及判断权利要求请求保护的技术方案是否具有创造性。针对审查员运用"三步法"作出的审查意见应该怎样来进行答复的问题，在此节给出以下建议。

首先，专利申请人必须对审查员给出的审查意见进行充分的理解，特别是其中的事实与证据部分，此部分包含了审查意见中给出的对比文件是否真的满足了《专利法》对现有技术的规定，以及其内容是否真实。倘若，审查意见中还包含了外文文献，则申请人必须检查其翻译是否完全正确，以及根据翻译所得出的结论是否恰当。

其次，审查员把对比文件中的某些技术特征与发明权利要求中的某些特征进行一一对应，其目的是证明权利要求中相应技术特征已经被对比文件所公开。申请人应分析上述特征对应的结果是否准确、妥当。倘若申请人不认同该部分的意见，那么申请人可以提出自己的意见并且对其进行充分阐述。

再次，审查员会指出权利要求所述方案与最接近的现有技术的区别技术特征。专利申请人必须对审查员所指出的区别技术特征进行核查，判断其是否准确、无误。倘若申请人没有正确理解审查员所指出的区别技术特征，那么会使申请要解决的技术问题不同于审查意见中实际要解决的技术问题，从而导致申请相对于现有技术是否显而易见的结论也不相同。因此，专利申请人必须仔细核查审查员所指出的区别技术特征。随后，审查员会在区别技术特征的基础上，对权利要求所要求保护的技术方案实际要解决的技术问题进行概括。专利申请人必须对审查员概括的技术问题进行核实，确认其是否表述妥当。倘若，申请人不认同审查员给出的技术问题的概括，那么申请人可以对其进行反驳并且将自己的理由进行充分阐述。

最后，在概括了技术问题后，审查员会引入新的对比文件或采用公知常识，来论述找到的区别技术特征属于现有技术，认为现有技术给出了将上述区别技术特征应用到最接近的现有技术以解决上述技术问题的技术启示。针对上述内容，专利申请人必须对审查员所给出的理由进行核实，并判断该理由是否符合常理及技术事实。在专利申请人已明确了该技术问题的情况下，申请人要把握的重点是审查员提供的对比文件2等现有技术中是否确实存在相应技术启示，核实对比文件2是否公开了区别技术特征，判断所公开相应技术特征的作用是否与申请中相应技术特征的作用相同。

目前为止，"三步法"在评价一件发明专利申请或实用新型专利申请是否具备创造性的领域，具有非常大的作用，是应用范围最广且最常用的方法。但这并不意味着该方法是唯一的方法，在《专利审查指南2010》中指出了评价创造性的一些其他方法，如："发明克服了技术偏见""发明在商业上获得成功""发明取得了预料不到的技术效果"等。在实际操作中，可以根据自己对方法的掌握情况，选择最熟练的方法进行作答。

# 第6章
# 发明专利申请及答复案例

## 6.1 发明案例1：一种密封式试剂瓶

### 6.1.1 专利申请相关文件[1]

（1）说明书

**技术领域**

[0001] 本发明涉及一种试剂瓶，尤其涉及一种密封式试剂瓶。

**背景技术**

[0002] 试剂瓶的使用在化学化工、环境监测、食品检验、国家安全、国防建设等领域中有重要的作用，但是纵观国内、国际各大实验室、研发中心、生产车间在对试剂瓶的使用上始终存在着"跑、冒、滴、漏"的现象，这些现象是许多重大实验室、工程事故的起源。虽然科技工作者们在试剂瓶的使用操作上做了不少防止试剂倾倒过程中漏液的措施，但是仍然不能从本质上解决这一问题。同时在对我国的大专院校化学化工类专业的师生、相关机关、企事业单位科技研发人员、一线生产工人的调研过程中发现，试剂瓶倾倒液体洒出的情况在每一次的实验中均会不同程度的发生，并且经常有强酸、强碱腐蚀操作者衣物、皮肤的情况。因此研制出一种密封式试剂瓶对于改善我国的实验教学环境、生产研发条件是非常有必要的。

**发明内容**

[0003] 本发明的目的在于提供一种密封式试剂瓶，解决了试剂瓶的使用上始终存在着"跑、冒、滴、漏"的现象，这些现象是许多重大实验室、工程事

---

[1] 本章各案例相关文件内容源于国家知识产权局网站：http://www.cnipa.gov.cn/.

故的起源的问题。

[0004] 本发明是这样实现的，它包括大瓶盖、小瓶盖、漏斗活塞、基瓶、基瓶外螺纹、基瓶内螺纹、大瓶盖内螺纹、小瓶盖内螺纹、漏斗下口外螺纹、漏斗上口外螺纹，其特征在于，所述基瓶的瓶口从上到下设有基瓶外螺纹和基瓶内螺纹，所述基瓶外螺纹设在基瓶外壁上，所述基瓶内螺纹设在基瓶内壁上，所述基瓶通过基瓶内螺纹和漏斗下口外螺纹的配合螺纹连接漏斗活塞，所述漏斗活塞上端设有漏斗上口外螺纹，所述漏斗活塞下端设有漏斗下口外螺纹，所述漏斗活塞通过漏斗上口外螺纹和小瓶盖内螺纹的配合螺纹连接小瓶盖，所述小瓶盖内壁上设有小瓶盖内螺纹，所述基瓶通过基瓶外螺纹和大瓶盖内螺纹的配合螺纹连接大瓶盖。

[0005] 所述大瓶盖、小瓶盖、漏斗活塞和基瓶同轴。

[0006] 本发明的技术效果是：本发明通过大瓶盖和小瓶盖对试剂瓶进行双重密封，基瓶瓶口的倒置漏斗，可以有效地防止实验操作过程中的"跑、冒、滴、漏"的现象，同时可以减缓强酸、强碱等腐蚀性物质对基瓶瓶口的腐蚀，其操作安全、结构简单、使用方便，是一种安全、有效、便捷试剂瓶。

**附图说明**

[0007] 图1为本发明的结构示意图。

[0008] 图2为基瓶的结构示意图。

[0009] 图3为漏斗活塞的结构示意图。

[0010] 图4为大瓶盖的结构示意图。

[0011] 图5为小瓶盖的结构示意图。

**具体实施方式**

[0013] 下面将结合图1—图5来详细说明本发明所具有的有益效果，旨在帮助阅读者更好地理解本发明的实质，但不能对本发明的实施和保护范围构成任何限定。

[0014] 所述基瓶（4）的瓶口从上到下设有基瓶外螺纹（5）和基瓶内螺纹（6），所述基瓶外螺纹（5）设在基瓶（4）外壁上，所述基瓶内螺纹（6）设在基瓶（4）内壁上，所述基瓶（4）通过基瓶内螺纹（6）和漏斗下口外螺纹（9）的配合螺纹连接漏斗活塞（3），所述漏斗活塞（3）上端设有漏斗上口外螺纹（10），所述漏斗活塞（3）下端设有漏斗下口外螺纹（9），所述漏斗活塞（3）通过漏斗上口外螺纹（10）和小瓶盖内螺纹（8）的配合螺纹连接小

瓶盖（2），所述小瓶盖（2）内壁上设有小瓶盖内螺纹（8），所述基瓶（4）通过基瓶外螺纹（5）和大瓶盖内螺纹（7）的配合螺纹连接大瓶盖（1）。

[0015] 所述大瓶盖（1）、小瓶盖（2）、漏斗活塞（3）和基瓶（4）同轴。

[0016] 使用时，先将试剂倒入基瓶（4），然后通过漏斗下口外螺纹（9）与基瓶内螺纹（6）旋合盖上漏斗活塞（3），接着通过漏斗上口外螺纹（10）与小瓶盖内螺纹旋合（8）盖上小瓶盖（2），最后通过旋合大瓶盖内螺纹（7）与基瓶外螺纹（5）盖上大瓶盖（1），即可实现试剂的密封，并且通过大瓶盖（1）和小瓶盖（2）进行双重密封，其密封效果更好。在倾倒试剂的时候，只需要通过大瓶盖内螺纹（7）与基瓶外螺纹（5）旋开来打开大瓶盖（1），然后通过将漏斗上口外螺纹（10）与小瓶盖内螺纹（8）的旋开来打开小瓶盖（2），即可实现试剂的倾倒，并且试剂不易倾洒。

[0017] 以上所述的实施例仅仅是对本发明的优选实施方式进行描述，并非对本发明的范围进行限定，在不脱离本发明设计精神的前提下，本领域普通技术人员对本发明的技术方案作出的各种变形和改进，均应落入本发明权利要求书确定的保护范围内。

（2）说明书附图

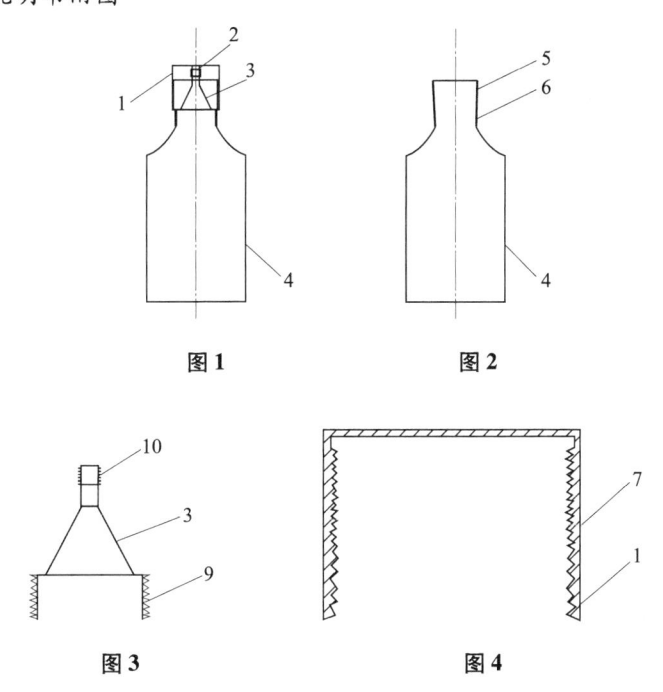

图1

图2

图3

图4

图 5

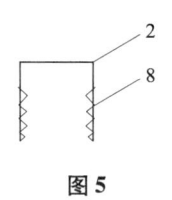

(3) 权利要求书

① 一种防洒密封试剂瓶，包括基瓶（4），漏斗活塞（3），小瓶盖（2），大瓶盖（1），其特征是：如图 1 所示，在基瓶（4）上面的是漏斗活塞（3），通过漏斗下口外螺纹（9）与基瓶内螺纹（6）旋合连接，在漏斗活塞（3）上面的是小瓶盖（2），通过漏斗上口外螺纹（10）与小瓶盖内螺纹（8）连接，大瓶盖（1）与基瓶（4）通过大瓶盖内螺纹（7）与基瓶外螺纹（5）旋合连接。

② 根据权利要求 1 所述的一种防洒密封试剂瓶，其特征是：如图 2 所示，在基瓶（4）瓶口的内侧下部设有基瓶内螺纹（6），在基瓶（4）瓶口的外侧上部设有基瓶外螺纹（5）。如图 3 所示，在漏斗活塞（3）的小口端的外侧设有漏斗上口外螺纹（10），在漏斗活塞（3）的大口端的外侧设有漏斗下口外螺纹（9）。如图 4 所示，在大瓶盖（1）的内侧设有大瓶盖内螺纹（7）。如图 5 所示，在小瓶盖（2）内侧设有小瓶盖内螺纹。

## 6.1.2 专利答复

(1) 审查意见通知书

国家知识产权局发出的审查意见通知书如附件 1 所示。

## 中华人民共和国国家知识产权局

### 第一次审查意见通知书

申请号：2015

本申请涉及一种密封式试剂瓶，经审查，具体意见如下。

1、权利要求1不具备专利法第二十二条第三款规定的创造性。对比文件1（CN203402491U）公开了一种防漏瓶及瓶盖，该瓶盖用于盖装在瓶口上，防止瓶内液体的外漏，包括上盖1（相当于本申请中的大瓶盖）和下盖2，所述上盖1具有内螺纹12（相当于本申请中的大瓶盖内螺纹），所述下盖2与瓶口卡接密封，上盖1的内螺纹12与下盖2的外螺纹23螺纹密封，下盖2内一体设置有锥形倾倒口25（相当于本申请中的漏斗活塞）（参见对比文件1的说明书第2,3页、附图1-5），所以权利要求1与对比文件1的区别是：一、所述基瓶（4）的瓶口从上到下设有基瓶外螺纹（5）和基瓶内螺纹（6），所述基瓶外螺纹（5）设在基瓶（4）外壁上，所述基瓶内螺纹（6）设在基瓶（4）内壁上，所述基瓶（4）通过基瓶内螺纹（6）和漏斗下口外螺纹（9）的配合螺纹连接漏斗活塞（3），所述基瓶（4）通过基瓶外螺纹（5）和大瓶盖内螺纹（7）的配合螺纹连接大瓶盖（1）；二、所述漏斗活塞（3）上端设有漏斗上口外螺纹（10），所述漏斗活塞（3）下端设有漏斗下口外螺纹（9），所述小瓶盖（2）内壁上设有小瓶盖内螺纹（8），所述漏斗活塞（3）通过漏斗上口外螺纹（10）和小瓶盖内螺纹（8）的配合螺纹连接小瓶盖（2）。对于区别技术特征一，在对比文件1公开的技术内容的基础上，本领域技术人员容易想到将下盖2与瓶设置为一体，而将锥形倾倒口设置为与瓶内壁螺纹连接，也是可行的，其技术效果是可以预料的，未产生任何预料不到的技术效果；对于区别技术特征二，由于本申请中的锥形倾倒口25是相对于水平面倾斜的，所以可以不设置瓶盖，但是如果不需要将其设置为利于液体倾倒的倾斜面，而将其设置为水平的瓶口表面，那么本领域技术人员容易想到设置一个小瓶盖将该倾倒口密封能起到更好的防漏作用，而采用内螺纹的小瓶盖与具有外螺纹的倾倒口螺纹连接也是本领域中的常用技术手段，其技术效果是可以预料的，未产生任何预料不到的技术效果，本领域技术人员容易依据需要选用。所以在对比文件1的基础上结合本领域中的公知常识，本领域技术人员容易得出该权利要求所要求保护的技术方案，所以该权利要求的技术方案相对于现有技术是显而易见的，不具备突出的实质性特点和显著的进步，不符合专利法第二十二条第三款规定的创造性。

2、权利要求2，对比文件1已经公开了上盖1和下盖2以及瓶同轴（参见对比文件1的说明书第2,3页、附图1-5），在该技术内容的基础上本领域技术人员容易得出该权利要求的附加技术特征，所以在其引用的权利要求不具备创造性的情况下，该权利要求也不具备专利法第二十二条第三款规定的创造性。

基于上述理由，本申请的独立权利要求以及从属权利要求都不具备创造性，同时说明书中也没有记载其他任何可以授予专利权的实质性内容，因而即使申请人对权利要求进行重新组合和/或根据说明书记载的内容作进一步的限定，本申请也不具备被授予专利权的前景。如果申请人不能在本通知书规定的答复期限内提出表明本申请具有创造性的充分理由，本申请将被驳回。

审查员姓名：
审查员代码：

210401　　纸件申请，回函请寄：100088 北京市海淀区蓟门桥西土城路6号　国家知识产权局专利受理处收
2010.2　　电子申请，应当通过电子专利申请系统以电子文件形式提交相关文件。除另有规定外，以纸件等其他形式提交的文件视为未提交。

**附件1　发明案例1审查意见通知书**

(2) 审查意见答复

审查意见的具体答复如下所示。

尊敬的审查员：

　　首先感谢您在百忙之中对本申请提出的宝贵意见，本申请人已详细阅读。本意见陈述是针对国家知识产权局对申请号为"2015××××××ｘ．ｘ"专利申请所发出的第一次审查意见通知书中的审查意见进行答复。申请人认真研读了第一次审查意见，申请人对您的审查意见进行了认真考虑，对申请文件做出了修改，并提出以下意见陈述：

　　权利要求书修改：将原权利要求1和原权利要求2合并。与对比文件相比，本发明具有创造性，理由为如下三点：

　　1. 本发明具有防止有毒液体挥发的效果，理由如下：公知，强酸、强碱等腐蚀性物质若发生泄露，则会造成重大危害，对试剂瓶进行两层盖子进行密封，显得尤为重要，"小瓶盖（2）"的设计，很好地通过小瓶盖（2）将瓶内和瓶盖隔成了两个空间，使得瓶内空余空间变小。

　　以上结构设计有两个优点：

　　①减少有毒易挥发物质的挥发空间。对比文件中的结构设计，当瓶盖打开时容易造成有毒气体挥发严重。

　　②很好地通过小瓶盖（2）的防护，减少化学试剂对大瓶盖的腐蚀，从而保证安全，此外，可以防止试剂瓶不小心倾倒过程中造成的化学试剂洒出，从而对瓶盖进行腐蚀。该结构是针对强酸、强碱及易挥发的化学试剂专用设计的。

　　2. 本发明锥形倾倒口的设计有防止液体滴洒的效果。理由如下：本发明和对比方案相比，都是防止液体的滴洒，但是实现的技术方案却不同，本发明是将漏斗活塞设计成小口，类似漏斗的功能，从结构的设计上减少液体的倾洒，对比文件是通过"凹形回流面28"等结构实现回流，容易造成瓶口的试剂再次回流，造成二次污染。所以本发明锥形倾倒口的设计从根源上防止液体滴洒，并且避免二次污染。

　　3. 本发明采用一体设计，减少漏洒环节。理由如下：对比文件中采用"防漏瓶盖分为上盖和下盖两部分，下盖的下部主要是与瓶连接（扣接）"的技术方案，下盖与瓶连接（扣接），强酸、强碱等腐蚀性物质容易对连接处产生腐蚀从而存在风险隐患。本发明采取的方案为"基瓶（4）通过基瓶内螺纹（6）和漏斗下口外螺纹（9）的配合螺纹连接漏斗活塞（3）"，使得螺纹连接始终处于内环境中（即将漏斗活塞的螺纹设计在瓶口内），可避免这种隐患，大大提高了本装置的安全性。本技术方案的瓶子是一个整体，避免了连接过程中的滴漏环节，是通过一定的实验得到的结论，并非本领域的技术人员的简单组合，并且也有较好的技术效果，具有创造性。

综上所述，申请人相信经过上述修改和阐述，克服了第一次审查意见中指出的缺陷，请审查员先生/女士在以上的基础上继续对本申请进行审查。如果仍不同意上述陈述的内容，恳请审查员先生/女士再给一次修改文件/陈述意见/会晤的机会。

## 6.2 发明案例2：一种钢轨磨损检测仪

### 6.2.1 专利申请相关文件

（1）说明书

**技术领域**

[0001] 本发明涉及钢轨磨损检测装置，尤其是涉及一种钢轨磨损检测仪。

**背景技术**

[0002] 随着铁路的快速发展，重载列车和高速列车在铁路运输业中的地位越来越重要，而重载列车和高速列车的存在使得钢轨受到磨损、形变增大，当线路上使用的钢轨达到了重伤程度，就会影响行车安全。按部位分可将钢轨磨损分为轨头顶面的垂直磨耗和轨头侧面的侧向磨耗，应当定期地对钢轨进行磨损检测，以保证列车的安全行驶。

[0003] 现有技术中，通常采用纯机械卡尺测量方式对钢轨进行检测，纯机械卡尺测量方式的测量仪器根据不同的钢轨型号进行配置，将测量仪器卡紧轨底，然后将仪器顶部和侧面指针压下顶住钢轨表面，此时读出测量数据，然而纯机械卡尺测量方式的测量仪器对工人能力要求较高，工作量大，工作效率低，受人为因素影响较大，长时间使用会使卡尺磨损，导致测量精度下降，且不能连续检测整段钢轨的磨损程度。

## 发明内容

[0004] 为了解决上述问题，本发明的目的在于提供一种钢轨磨损检测仪，其目的在于将钢轨磨损检测仪安放在钢轨上沿着钢轨运动，通过安装在钢轨磨损检测仪上的摄像头、测距传感器分别对钢轨的轨头顶面和轨头侧面进行检测，并将检测到的数据和图像与标准钢轨进行对比，确定钢轨被磨损的程度，当检测到钢轨磨损达到了重伤程度，则仪器主动提醒用户，同时存储采集到的数据以备后用。钢轨磨损检测仪属于非接触式自动检测，因此只需将它放到钢轨上即可自动循迹检测，不会对仪器的检测部分产生磨损，且能连续检测整段钢轨的磨损程度。

[0005] 为实现上述目的，本发明提供的钢轨磨损检测仪是这样实现的：

[0006] 一种钢轨磨损检测仪，特征是：包括液晶显示屏、主动轮、电机、外侧随动轮、第二撑杆、外侧金属挡板、电源开关、顶部金属挡板、蓄电池、第二光源、第二摄像头、第二红外测距传感器、SD卡存储模块、主控板、第一光源、第一红外测距传感器、内侧金属挡板、第一摄像头、第一撑杆、内侧随动轮，外侧金属挡板、顶部金属挡板、内侧金属挡板组合成"U"型框架，液晶显示屏镶嵌在顶部金属挡板正表面，用于显示检测到的钢轨磨损值，主动轮与电机的转轴连接后安装在顶部金属挡板的内表面，用于拖动钢轨磨损检测仪在钢轨上运动，第二撑杆的一端与外侧随动轮的轴承连接在一起，另一端焊接在外侧金属挡板下部的中间，电源开关镶嵌在外侧金属挡板外表面的中上部，用于控制钢轨磨损检测仪的工作状态，蓄电池、SD卡存储模块、主控板安装在顶部金属挡板中间，蓄电池用于为液晶显示屏、电机、第二光源、第二摄像头、第二红外测距传感器、SD卡存储模块、主控板、第一光源、第一红外测距传感器、第一摄像头供电，SD卡存储模块用于存储第一红外测距传感器、第一摄像头、第二摄像头、第二红外测距传感器采集到的钢轨磨损信息，以便相应的机构收集这些数据，第二光源、第二摄像头、第二红外测距传感器镶嵌在顶部金属挡板内表面，第二光源为第二摄像头提供光源，便于第二摄像头拍摄钢轨轨头顶面，第二红外测距传感器用于测量顶部金属挡板内表面距轨头顶面的距离是否发生变化，第一光源、第一摄像头、第一红外测距传感器镶嵌在内部金属挡板内表面，第一光源为第一摄像头提供光源，便于第一摄像头拍摄钢轨轨头顶面，第一红外测距传感器用于测量内部金属挡板内表面距轨头侧面的距离是否发生变化，第一撑杆的一端与内侧随动轮的轴承连接在一起，另一

端焊接在内侧金属挡板下部的中间，外侧随动轮和内侧随动轮用于辅助主动轮推动钢轨磨损检测仪在钢轨上运动。

[0007] 本发明的主动轮采用长板轮子，钢轨磨损检测仪工作时，由主动轮在轨头顶面滚动从而带动钢轨磨损检测仪在钢轨上运动。

[0008] 本发明的第一摄像头和第一红外测距传感器的位置由主控板调节，确保第一摄像头和第一红外测距传感器检测到轨头侧面的位置处于钢轨顶面下16厘米处。

[0009] 本发明的主控板内预设不同类型标准钢轨的轨头顶面和侧面的图像、不同类型标准钢轨的轨头顶面距钢轨磨损检测仪的顶部金属挡板内表面距离值、不同类型标准钢轨的轨头侧面距内侧金属挡板内表面的距离值，使用时，用户根据所需检测的钢轨型号在液晶显示屏上选择对应的标准轨类型作为基准，由主控板对第一摄像头采集到的轨头侧面的图像和第一红外测距传感器到轨头侧面的距离数据进行处理分析，并与相应预设的标准轨的轨头侧面图像、相应的标准钢轨的轨头侧面距内侧金属挡板内表面的距离值做对比，得出钢轨轨头侧面磨损程度；第二摄像头采集到的轨头顶面的图像和第二红外测距传感器到轨头顶面的距离数据进行处理分析，并与相应预设的标准轨的轨头顶面图像、相应的标准钢轨的轨头顶面距顶部金属挡板内表面的距离值做对比，得出钢轨轨头顶面磨损程度，只要钢轨轨头侧面磨损程度或轨头顶面磨损程度达到钢轨重伤程度时，液晶显示屏即向用户提供报警信息。

[0010] 本发明的第一光源和第二光源的组成结构相同，由塑料盒、LED21、凸透镜、凹透镜、菲涅尔透镜、有机玻璃片组成，LED灯放置在塑料盒左侧，LED灯采用白色高亮LED灯珠，用于为第一摄像头、第二摄像头提供照明，凸透镜、凹透镜、菲涅尔透镜竖直安装在塑料盒内部，有机玻璃片镶嵌在塑料盒右侧外表面，凸透镜、凹透镜、菲涅尔透镜、有机玻璃片组成散光镜，用于将LED灯的光强分为比较均匀的光源，且LED灯、凸透镜、凹透镜、菲涅尔透镜、有机玻璃片的中心点处于同一水平线，便于第一摄像头和第二摄像头采集到的图片更加清晰。

[0011] 本发明的主控板采用STM32F104作为内核。

[0012] 由于本发明将钢轨磨损检测仪安放在钢轨上沿着钢轨运动，通过安装在钢轨磨损检测仪上的摄像头、测距传感器分别对钢轨的轨头顶面和轨头侧面进行检测，并将检测到的数据和图像与标准钢轨做对比，确定钢轨被磨损的程

度，从而可以得到以下有益效果：

[0013] 1. 本发明只需将它放到钢轨上即可自动循迹检测，不会对仪器的检测部分产生磨损，且能连续检测整段钢轨的磨损程度。

[0014] 2. 本发明能节约大量的人力，工作效率低，受人为因素影响较小。

**附图说明**

[0015] 图1为本发明钢轨磨损检测仪的结构示意图；

[0016] 图2为本发明钢轨磨损检测仪在测试时的安装结构示意图；

[0017] 图3为本发明钢轨磨损检测仪的第一光源、第二光源的结构示意图；

[0018] 图4为本发明钢轨磨损检测仪的工作原理图。

[0019] 主要元件符号说明。

[0020]

| | | | | |
|---|---|---|---|---|
| 液晶显示屏 | 1 | 主动轮 | 2 | |
| 电机 | 3 | 外侧随动轮 | 4 | |
| 第二撑杆 | 5 | 外侧金属挡板 | 6 | |
| 电源开关 | 7 | 顶部金属挡板 | 8 | |
| 蓄电池 | 9 | 第二光源 | 10 | |
| 第二摄像头 | 11 | 第二红外测距传感器 | 12 | |
| SD卡存储模块 | 13 | 主控板 | 14 | |
| 第一光源 | 15 | 第一红外测距传感器 | 16 | |
| 内侧金属挡板 | 17 | 第一摄像头 | 18 | |
| 第一撑杆 | 19 | 内侧随动轮 | 20 | |
| 塑料盒LED灯 | 21 | 凸透镜 | 22 | |
| 凹透镜 | 23 | 菲涅尔透镜 | 24 | |
| 有机玻璃片 | 25 | | | |

**具体实施方式**

[0021] 为使本发明的目的、特征和优点能够更加明显易懂，下面结合附图对本发明的具体实施方式做详细的说明。附图中给出了本发明的若干实施例。但是，本发明可以以许多不同的形式来实现，并不限于本文所描述的实施例。相反地，提供这些实施例的目的是使对本发明的公开内容更加透彻全面。

[0022] 需要说明的是，当元件被称为"固设于"另一个元件，它可以直接在另一个元件上或者也可以存在居中的元件。当一个元件被认为是"连接"另一个元件，它可以是直接连接到另一个元件或者可能同时存在居中元件。本文所使用的术语"垂直的""水平的""左""右""上""下"以及类似的表述只是为了说明的目的，而不是指示或暗示所指的装置或元件必须具有特定的方位、以特定的方位构造和操作，因此不能理解为对本发明的限制。

[0023] 在本发明中，除非另有明确的规定和限定，"安装""相连""连接""固定"等术语应做广义理解，例如，可以是固定连接，也可以是可拆卸连接，或一体地连接；可以是机械连接，也可以是电连接；可以是直接相连，也可以通过中间媒介间接相连，可以是两个元件内部的连通。对于本领域的普通技术人员而言，可以根据具体情况理解上述术语在本发明中的具体含义。本文所使用的术语"及/或"包括一个或多个相关的所列项目的任意的和所有的组合。

[0024] 下面结合实施例并对照附图对本发明作进一步详细说明。

[0025] 请参阅图1至图4，所示为本发明第一实施例中的钢轨磨损检测仪，包括液晶显示屏1、主动轮2、电机3、外侧随动轮4、第二撑杆5、外侧金属挡板6、电源开关7、顶部金属挡板8、蓄电池9、第二光源10、第二摄像头11、第二红外测距传感器12、SD卡存储模块13、主控板14、第一光源15、第一红外测距传感器16、内侧金属挡板17、第一摄像头18、第一撑杆19、内侧随动轮20。

[0026] 如图1所示，所述的外侧金属挡板6、顶部金属挡板8、内侧金属挡板17组合成"U"型框架，液晶显示屏1镶嵌在顶部金属挡板8正表面，用于显示第一摄像头18、第一红外测距传感器16检测到的轨头侧面磨损值以及第二摄像头11、第二红外测距传感器12检测到的轨头顶面磨损值，主动轮2与电机3的转轴连接后安装在顶部金属挡板8的内表面，用于拖动钢轨磨损检测仪在钢轨上运动，第二撑杆5的一端与外侧随动轮4的轴承连接在一起，另一端焊接在外侧金属挡板6下部的中间，电源开关7镶嵌在外侧金属挡板6外表面的中上部，用于控制钢轨磨损检测仪的工作状态，蓄电池9、SD卡存储模块13、主控板14安装在顶部金属挡板8中间，蓄电池9用于为液晶显示屏1、电机3、第二光源10、第二摄像头11、第二红外测距传感器12、SD卡存储模块13、主控板14、第一光源15、第一红外测距传感器16、第一摄像头18供电，

SD卡存储模块13用于存储第一红外测距传感器16、第一摄像头18、第二摄像头11、第二红外测距传感器12采集到的钢轨磨损信息，以便相应的机构收集这些数据，第二光源10、第二摄像头11、第二红外测距传感器12镶嵌在顶部金属挡板8内表面，第二光源10为第二摄像头11提供光源，便于第二摄像头11拍摄钢轨轨头顶面，第二红外测距传感器12用于测量顶部金属挡板8内表面距轨头顶面的距离是否发生变化，第一光源15、第一摄像头18、第一红外测距传感器16镶嵌在内部金属挡板17内表面，第一光源15为第一摄像头18提供光源，便于第一摄像头18拍摄钢轨轨头顶面，第一红外测距传感器16用于测量内部金属挡板17内表面距轨头侧面的距离是否发生变化，第一撑杆19的一端与内侧随动轮20的轴承连接在一起，另一端焊接在内侧金属挡板17下部的中间。

[0027] 所述的主动轮2采用长板轮子，钢轨磨损检测仪工作时，由主动轮2在轨头顶面滚动从而带动钢轨磨损检测仪在钢轨上运动。

[0028] 所述的外侧随动轮4和内侧随动轮20采用相同的4寸橡胶静音轮，外侧随动轮4和内侧随动轮20夹在钢轨轨腰中部随主动轮滚动，用于辅助主动轮2推动钢轨磨损检测仪在钢轨上运动。

[0029] 所述的第一摄像头18和第一红外测距传感器16的位置由主控板14调节，确保第一摄像头18和第一红外测距传感器16检测到轨头侧面的位置处于钢轨顶面下16厘米处，即第二摄像头11、第二红外测距传感器12检测到轨头顶面发生磨损时，主控板14控制第一摄像头18和第一红外测距传感器16往上移动。

[0030] 所述的主控板14内预设不同型号标准钢轨尺寸、轨头顶面和侧面的图像、不同类型标准钢轨的轨头顶面距钢轨磨损检测仪的顶部金属挡板8内表面距离值、不同类型标准钢轨的轨头侧面距内侧金属挡板17内表面的距离值。使用时，用户根据所需检测的钢轨型号在液晶显示屏1上选择对应的标准轨类型作为基准，由主控板14对第一摄像头18采集到的轨头侧面的图像和第一红外测距传感器16到轨头侧面的距离数据进行处理分析，并与相应预设的标准轨的轨头侧面图像、相应的标准钢轨的轨头侧面距内侧金属挡板内17表面的距离值做对比，得出钢轨轨头侧面磨损程度；对第二摄像头11采集到的轨头顶面的图像和第二红外测距传感器12到轨头顶面的距离数据进行处理分析，并与相应预设的标准轨的轨头顶面图像、相应的标准钢轨的轨头顶面距顶部金

属挡板 8 内表面的距离值做对比，得出钢轨轨头顶面磨损程度，只要钢轨轨头侧面磨损程度或轨头顶面磨损程度达到钢轨重伤程度时，液晶显示屏即向用户提供报警信息。

[0031] 所述的外侧金属挡板 6、顶部金属挡板 8、内侧金属挡板 17 组合成的"U"型框架能变换"U"型口尺寸，即用户在液晶显示屏 1 上选定所需检测的钢轨型号，主控板 14 控制外侧金属挡板 6 和内侧金属挡板 17 水平移动使得外侧随动轮 4 和内侧随动轮 20 刚好接触该型号的标准钢轨的轨腰。

[0032] 如图 3 所示，所述的第一光源 15 和第二光源 10 的组成结构相同，由塑料盒 26、LED 灯 21、凸透镜 22、凹透镜 23、菲涅尔透镜 24、有机玻璃片 25 组成，LED 灯 21 放置在塑料盒 26 左侧，LED 灯 21 采用白色高亮 LED 灯珠，用于为第一摄像头 18、第二摄像头 11 提供照明，凸透镜 22、凹透镜 23、菲涅尔透镜 24 竖直安装在塑料盒 26 内部，有机玻璃片 25 镶嵌在塑料盒 26 右侧外表面，凸透镜 22、凹透镜 23、菲涅尔透镜 24、有机玻璃片 25 组成散光镜，用于将 LED 灯 21 的光强分为比较均匀的光源，且 LED 灯 21、凸透镜 22、凹透镜 23、菲涅尔透镜 24、有机玻璃片 25 的中心点处于同一水平线，便于第一摄像头 18 和第二摄像头 11 采集到的图片更加清晰。

[0033] 所述的主控板 14 采用 STM32F104 作为内核。

[0034] 本发明的工作原理与工作过程如下：

[0035] 如图 4 所示，主控板 14 控制电机 3 带动主动轮 2 转动，从而拖动钢轨磨损检测仪在钢轨上运动，控制 LED 灯 21 为第一摄像头 18 提供光源、第二摄像头 11 提供光源，便于第一摄像 18 头拍摄钢轨轨头顶面、第二摄像头 11 拍摄钢轨轨头侧面，同时主控板 14 对第一摄像头 18 采集到的轨头侧面的图像和第一红外测距传感器 16 到轨头侧面的距离数据进行处理分析，并与相应预设的标准轨的轨头侧面图像、相应的标准钢轨的轨头侧面距内侧金属挡板 17 内表面的距离值做对比，得出钢轨轨头侧面磨损程度；对第二摄像头 11 采集到的轨头顶面的图像和第二红外测距传感器 12 到轨头顶面的距离数据进行处理分析，并与相应预设的标准轨的轨头顶面图像、相应的标准钢轨的轨头顶面距顶部金属挡板 8 内表面的距离值做对比，得出钢轨轨头顶面磨损程度，只要钢轨轨头侧面磨损程度或轨头顶面磨损程度达到钢轨重伤程度时，液晶显示屏 1 向用户提供报警信息。

[0036] 以上所述实施例仅表达了本发明的几种实施方式，其描述较为具体和

详细，但并不能因此而理解为对本发明专利范围的限制。应当指出的是，对于本领域的普通技术人员来说，在不脱离本发明构思的前提下，还可以做出若干变形和改进，这些都属于本发明的保护范围。因此，本发明专利的保护范围应以所附权利要求为准。

[0037] 在本说明书的描述中，参考术语"一个实施例""一些实施例""示例""具体示例"或"一些示例"等的描述意指结合该实施例或示例描述的具体特征、结构、材料或者特点包含于本发明的至少一个实施例或示例中。在本说明书中，对上述术语的示意性表述不一定指的是相同的实施例或示例。而且，描述的具体特征、结构、材料或者特点可以在任何的一个或多个实施例或示例中以合适的方式结合。

[0038] 以上所述实施例仅表达了本发明的几种实施方式，其描述较为具体和详细，但并不能因此而理解为对本发明专利范围的限制。应当指出的是，对于本领域的普通技术人员来说，在不脱离本发明构思的前提下，还可以做出若干变形和改进，这些都属于本发明的保护范围。因此，本发明专利的保护范围应以所附权利要求为准。

[0039] 本发明还包括以下内容：

[0040] A1. 一种钢轨磨损检测仪，特征是：包括液晶显示屏、主动轮、电机、外侧随动轮、第二撑杆、外侧金属挡板、电源开关、顶部金属挡板、蓄电池、第二光源、第二摄像头、第二红外测距传感器、SD卡存储模块、主控板、第一光源、第一红外测距传感器、内侧金属挡板、第一摄像头、第一撑杆、内侧随动轮，外侧金属挡板、顶部金属挡板、内侧金属挡板组合成"U"型框架，液晶显示屏镶嵌在顶部金属挡板正表面，用于显示检测到的钢轨磨损值，主动轮与电机的转轴连接后安装在顶部金属挡板的内表面，用于拖动钢轨磨损检测仪在钢轨上运动，第二撑杆的一端与外侧随动轮的轴承连接在一起，另一端焊接在外侧金属挡板下部的中间，电源开关镶嵌在外侧金属挡板外表面的中上部，用于控制钢轨磨损检测仪的工作状态，蓄电池、SD卡存储模块、主控板安装在顶部金属挡板中间，蓄电池用于为液晶显示屏、电机、第二光源、第二摄像头、第二红外测距传感器、SD卡存储模块、主控板、第一光源、第一红外测距传感器、第一摄像头供电，SD卡存储模块用于存储第一红外测距传感器、第一摄像头、第二摄像头、第二红外测距传感器采集到的钢轨磨损信息，以便相应的机构收集这些数据，第二光源、第二摄像头、第二红外测距传感器

镶嵌在顶部金属挡板内表面，第二光源为第二摄像头提供光源，便于第二摄像头拍摄钢轨轨头顶面，第二红外测距传感器用于测量顶部金属挡板内表面距轨头顶面的距离是否发生变化，第一光源、第一摄像头、第一红外测距传感器镶嵌在内部金属挡板内表面，第一光源为第一摄像头提供光源，便于第一摄像头拍摄钢轨轨头顶面，第一红外测距传感器用于测量内部金属挡板内表面距轨头侧面的距离是否发生变化，第一撑杆的一端与内侧随动轮的轴承连接在一起，另一端焊接在内侧金属挡板下部的中间，外侧随动轮和内侧随动轮用于辅助主动轮推动钢轨磨损检测仪在钢轨上运动。

[0041] A2. 根据权利要求 A1 所述的钢轨磨损检测仪，其特征在于：主控板内预设不同型号标准钢轨尺寸、轨头顶面和侧面的图像、不同类型标准钢轨的轨头顶面距钢轨磨损检测仪的顶部金属挡板内表面距离值、不同类型标准钢轨的轨头侧面距内侧金属挡板内表面的距离值，使用时，用户根据所需检测的钢轨型号在液晶显示屏上选择对应的标准轨类型作为基准，由主控板对第一摄像头采集到的轨头侧面的图像和第一红外测距传感器到轨头侧面的距离数据进行处理分析，并与相应预设的标准轨的轨头侧面图像、相应的标准钢轨的轨头侧面距内侧金属挡板内表面的距离值进行对比，得出钢轨轨头侧面磨损程度；对第二摄像头采集到的轨头顶面的图像和第二红外测距传感器到轨头顶面的距离数据进行处理分析，并与相应预设的标准轨的轨头顶面图像、相应的标准钢轨的轨头顶面距顶部金属挡板内表面的距离值做对比，得出钢轨轨头顶面磨损程度，只要钢轨轨头侧面磨损程度或轨头顶面磨损程度达到钢轨重伤程度时，液晶显示屏即向用户提供报警信息。

[0042] A3. 根据权利要求 A1 所述的钢轨磨损检测仪，其特征在于：第一光源和第二光源的组成结构相同，由塑料盒、LED21、凸透镜、凹透镜、菲涅尔透镜、有机玻璃片组成，LED 灯放置在塑料盒左侧，LED 灯采用白色高亮 LED 灯珠，用于为第一摄像头、第二摄像头提供照明，凸透镜、凹透镜、菲涅尔透镜竖直安装在塑料盒内部，有机玻璃片镶嵌在塑料盒右侧外表面，凸透镜、凹透镜、菲涅尔透镜、有机玻璃片组成散光镜，用于将 LED 灯的光强分为比较均匀的光源，且 LED 灯、凸透镜、凹透镜、菲涅尔透镜、有机玻璃片的中心点处于同一水平线，便于第一摄像头和第二摄像头采集到的图片更加清晰。

[0043] A4. 根据权利要求 A1 所述的钢轨磨损检测仪，其特征在于：第一摄

像头和第一红外测距传感器的位置由主控板调节，确保第一摄像头和第一红外测距传感器检测到轨头侧面的位置处于钢轨顶面下16厘米处。

（2）说明书附图

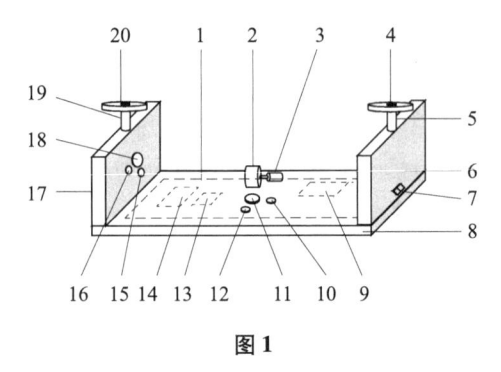

图1

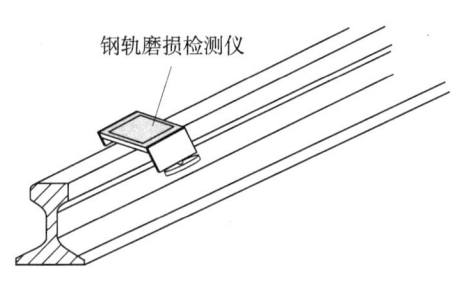

图2

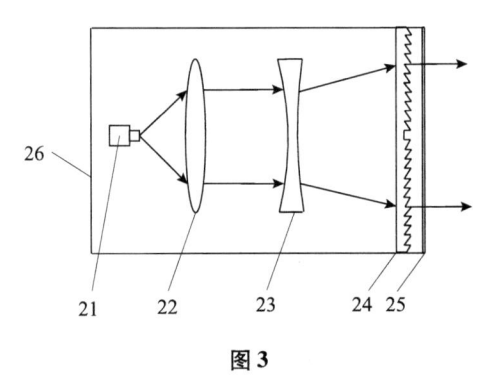

图3

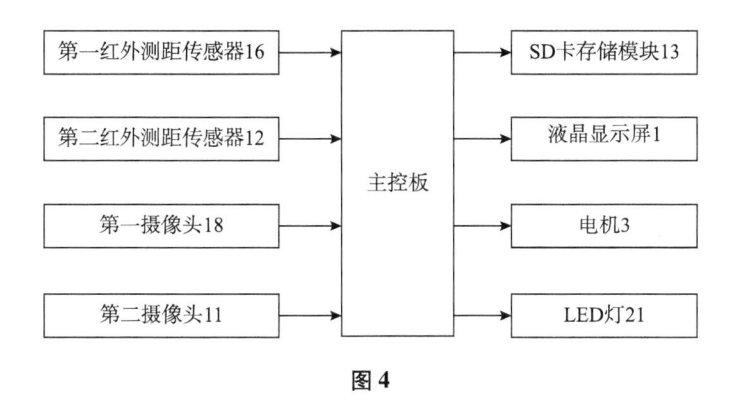

```
┌─────────────────────┐        ┌─────────────────────┐
│ 第一红外测距传感器16 │──────▶│                     │──────▶│ SD卡存储模块13 │
└─────────────────────┘        │                     │        └─────────────────────┘
┌─────────────────────┐        │                     │        ┌─────────────────────┐
│ 第二红外测距传感器12 │──────▶│                     │──────▶│ 液晶显示屏1         │
└─────────────────────┘        │      主控板         │        └─────────────────────┘
┌─────────────────────┐        │                     │        ┌─────────────────────┐
│ 第一摄像头18         │──────▶│                     │──────▶│ 电机3                │
└─────────────────────┘        │                     │        └─────────────────────┘
┌─────────────────────┐        │                     │        ┌─────────────────────┐
│ 第二摄像头11         │──────▶│                     │──────▶│ LED灯21              │
└─────────────────────┘        └─────────────────────┘        └─────────────────────┘
```

**图 4**

（3）权利要求书

① 一种钢轨磨损检测仪，特征是：包括液晶显示屏、主动轮、电机、外侧随动轮、第二撑杆、外侧金属挡板、电源开关、顶部金属挡板、蓄电池、第二光源、第二摄像头、第二红外测距传感器、SD卡存储模块、主控板、第一光源、第一红外测距传感器、内侧金属挡板、第一摄像头、第一撑杆、内侧随动轮，外侧金属挡板、顶部金属挡板、内侧金属挡板组合成"U"型框架，液晶显示屏镶嵌在顶部金属挡板正表面，用于显示检测到的钢轨磨损值，主动轮与电机的转轴连接后安装在顶部金属挡板的内表面，用于拖动钢轨磨损检测仪在钢轨上运动，第二撑杆的一端与外侧随动轮的轴承连接在一起，另一端焊接在外侧金属挡板下部的中间，电源开关镶嵌在外侧金属挡板外表面的中上部，用于控制钢轨磨损检测仪的工作状态，蓄电池、SD卡存储模块、主控板安装在顶部金属挡板中间，蓄电池用于为液晶显示屏、电机、第二光源、第二摄像头、第二红外测距传感器、SD卡存储模块、主控板、第一光源、第一红外测距传感器、第一摄像头供电，SD卡存储模块用于存储第一红外测距传感器、第一摄像头、第二摄像头、第二红外测距传感器采集到的钢轨磨损信息，以便相应的机构收集这些数据，第二光源、第二摄像头、第二红外测距传感器镶嵌在顶部金属挡板内表面，第二光源为第二摄像头提供光源，便于第二摄像头拍摄钢轨轨头顶面，第二红外测距传感器用于测量顶部金属挡板内表面距轨头顶面的距离是否发生变化，第一光源、第一摄像头、第一红外测距传感器镶嵌在内部金属挡板内表面，第一光源为第一摄像头提供光源，便于第一摄像头拍摄钢轨轨头顶面，第一红外测距传感器用于测量内部金属挡板内表面距轨头侧面的距离是否发生变化，第一撑杆的一端与内侧随动轮的轴承连接在一起，另一端焊接在内侧金属挡板下部的中间，外侧随动轮和内侧随动轮用于辅助主动轮

推动钢轨磨损检测仪在钢轨上运动。

②根据权利要求1所述的钢轨磨损检测仪，其特征在于：主控板内预设不同型号标准钢轨尺寸、轨头顶面和侧面的图像、不同类型标准钢轨的轨头顶面距钢轨磨损检测仪的顶部金属挡板内表面距离值、不同类型标准钢轨的轨头侧面距内侧金属挡板内表面的距离值。使用时，用户根据所需检测的钢轨型号在液晶显示屏上选择对应的标准轨类型作为基准，由主控板对第一摄像头采集到的轨头侧面的图像和第一红外测距传感器到轨头侧面的距离数据进行处理分析，并与相应预设的标准轨的轨头侧面图像、相应的标准钢轨的轨头侧面距内侧金属挡板内表面的距离值进行对比，得出钢轨轨头侧面磨损程度；对第二摄像头采集到的轨头顶面的图像和第二红外测距传感器到轨头顶面的距离数据进行处理分析，并与相应预设的标准轨的轨头顶面图像、相应的标准钢轨的轨头顶面距顶部金属挡板内表面的距离值做对比，得出钢轨轨头顶面磨损程度，只要钢轨轨头侧面磨损程度或轨头顶面磨损程度达到钢轨重伤程度时，液晶显示屏即向用户提供报警信息。

③根据权利要求1所述的钢轨磨损检测仪，其特征在于：第一光源和第二光源的组成结构相同，由塑料盒、LED21、凸透镜、凹透镜、菲涅尔透镜、有机玻璃片组成，LED灯放置在塑料盒左侧，LED灯采用白色高亮LED灯珠，用于为第一摄像头、第二摄像头提供照明，凸透镜、凹透镜、菲涅尔透镜竖直安装在塑料盒内部，有机玻璃片镶嵌在塑料盒右侧外表面，凸透镜、凹透镜、菲涅尔透镜、有机玻璃片组成散光镜，用于将LED灯的光强分为比较均匀的光源，且LED灯、凸透镜、凹透镜、菲涅尔透镜、有机玻璃片的中心点处于同一水平线，便于第一摄像头和第二摄像头采集到的图片更加清晰。

④根据权利要求1所述的钢轨磨损检测仪，其特征在于：第一摄像头和第一红外测距传感器的位置由主控板调节，确保第一摄像头和第一红外测距传感器检测到轨头侧面的位置处于钢轨顶面下16厘米处。

### 6.2.2 专利答复

（1）审查意见通知书

国家知识产权局发出的审查意见通知书如附件2所示。

# 国家知识产权局
## 第一次审查意见通知书

申请号:2017██████

本申请涉及一种钢轨磨损检测仪。经审查,现提出如下的审查意见。

权利要求1-4不具备专利法第22条第3款规定的创造性。

1. 权利要求1请求保护一种钢轨磨损检测仪,对比文件1(CN202320395U)公开了一种钢轨磨损检测装置,并具体公开了(说明书第21-30段):包括:发射光信号并接收钢轨表面的反射光信号,根据该反射光信号得到电信号后输出的光传感器11,连接光传感器11、将光传感器11输出的电信号转换为数字信号后输出的模数转换电路12;连接模数转换电路12、根据模数转换电路12输出的数字信号分析 得到相应的钢轨表面磨损度后输出的单片机13;连接单片机13、显示单片机13输出的钢轨表面磨损度的显示单元14,其中,光传感器11可以是点阵式光敏二极管传感器、激光位移传感器、激光二维扫描传感器或其它现有技术提供的能够应用于磨损检测的光传感器。

由上可知,对比文件1公开了权利要求1中的摄像头,红外测距传感器,主控板,显示屏,存储模块。

权利要求1与对比文件1的区别技术特征是:(1)权利要求1中包括主动轮、电机、外侧随动轮、第二撑杆、外侧金属挡板、电源开关、顶部金属挡板、蓄电池、内侧金属挡板、第一撑杆、内侧随动轮,外侧金属挡板、顶部金属挡板、内侧金属挡板组合成"U"型框架,液晶显示屏镶嵌在顶部金属挡板正表面上,主动轮与电机的转轴连接后安装在顶部金属挡板的内表面,用于拖动钢轨磨损检测仪在钢轨上运动,第二撑杆的一端与外侧随动轮的轴承连接在一起,另一端焊接在外侧金属挡板下部的中间,电源开关镶嵌在外侧金属挡板外表面的中上部,用于控制钢轨磨损检测仪的工作状态,蓄电池、SD卡存储模块、主控板安装在顶部金属挡板中间,蓄电池用于为液晶显示屏、电机、第二光源、第二摄像头、第二红外测距传感器、SD卡存储模块、主控板、第一光源、第一红外测距传感器、第一摄像头供电,SD卡存储模块用于存储第一红外测距传感器、第一摄像头、第二摄像头、第二红外测距传感器采集到的钢轨磨损信息,以便相应的机构收集这些数据;(2)第二光源、第二摄像头、第二红外测距传感器镶嵌在顶部金属挡板内表面,第二光源为第二摄像头提供光源,便于第二摄像头拍摄钢轨头顶面,第二红外测距传感器用于测量顶部金属挡板内表面距轨头顶面的距离是否发生变化,第一光源、第一摄像头、第一红外测距传感器镶嵌在内侧金属挡板内表面,第一光源为第一摄像头提供光源,便于第一摄像头拍摄钢轨头侧面,第一红外测距传感器用于测量内部金属挡板内表面距轨头侧面的距离是否发生变化,第一撑杆的一端与内侧随动轮的轴承连接在一起,另一端焊接在内侧金属挡板下部的中间,外侧随动轮和内侧随动轮用于辅助主动轮推动钢轨磨损检测仪在钢轨上运动。基于区别技术特征权利要求1实际解决的技术问题是:如何实现自动循迹检测节约人力。

针对区别技术特征(1),对比文件2(CN103693072 A)公开了一种金属磁记忆钢轨温度应力检测装置,并具体公开了(说明书第25-28段及附图1-7):包括探伤小车1和手持显示器2,所示探伤小车1由车身3、行程车轮4、辅助车臂5组成,车身3内部固定有电机8、AD数据采集器、存储卡、第一单片机,行程车轮4由两个前从动车轮9和两个后主动车轮10组成,有利于装置在钢轨上滚动前进,后主动车轮10的连接车轴与电机8相连接,固定车臂11中间置有若干滚轮16,滚轮16与轨头侧面紧贴,手持显示器2表面包括一块显示屏和多个按键开关,当采集得到的数据超出一定范围时,显示屏14上便会做出警报。可知,对比文件2公开检测小车,而且该特征在对比文件2中所起的作用与其在本发明中为解决其技术问题所起的作用相同,都是用于自动循迹检测,也就是说对比文件2给出了将该技术特征用于对比文件1以解决其技术问题的启示。且内外侧金属挡板,液晶显示屏镶嵌在顶部金属挡板正表面,第一二撑杆连接从动轮,电源开关镶嵌在外侧金属挡板外表面的中上部,蓄电池,SD存储卡,主控板安装在顶部金属板中间,都是本领域的惯用手段,不需要付出创造性的劳动。

针对区别技术特征(2),对比文件1已经公开了通过激光位移传感器、激光二维扫描传感器检测钢轨磨损,因此设置两组摄像头及红外测距传感器分别检测钢轨顶面和侧面的磨损是本领域技术人员容易想到的,不需要付出创造性的劳动。

由此可知,在对比文件1的基础上结合对比文件2以及本领域的公知常识,得出该权利要求的技术方案,对本技术领域的技术人员来说是显而易见的,因此该权利要求所要求保护的技术方案不具有突出的实质性特点和显著的进步,因而不具备创造性。

---

210401　纸件申请,回函请寄:100088 北京市海淀区蓟门桥西土城路6号　国家知识产权局专利局受理处收
2018.10　电子申请,应当通过电子专利申请系统以电子文件形式提交相关文件。除另有规定外,以纸件等其他形式提交的文件视为未提交。

## 国家知识产权局

2、权利要求2是对权利要求1的进一步限定，对比文件1中公开了（说明书第21-30段）：所述单片机还将所述钢轨表面磨损度与预设的磨损度比较，并当所述磨损度超过预设的磨损度时，输出报警信号。且主控板内具体存储不同型号标准钢轨尺寸、轨头顶面和侧面的图像、不同类型标准钢轨的轨头顶面距钢轨磨损检测仪的顶部金属挡板内表面距离值、不同类型标准钢轨的轨头侧面距内侧金属挡板内表面的距离值是本领域技术人员容易想到的，不需要付出创造性的劳动，因此在其引用的权利要求不具备创造性的基础上，也不具备创造性。

3、权利要求3是对权利要求1的进一步限定，对比文件3（CN102691892 A）公开了一种LED光源，并具体公开了（说明书第5-8段及附图1）：由LED发光阵列、色温补偿器、光学均光镜、光线汇聚器、光线汇聚罩、汇聚后的光线、目标地光斑组成，其中光线汇聚器由光学平面镜、菲涅尔透镜、光学凸透镜和光学凹透镜组成。实现了拍摄对象的照明达到光照均匀、光斑清晰、光斑大小可调，不会产生眩光的效果。且凸透镜，凹透镜，菲涅尔透镜的组合及塑料盒都是本领域的惯用手段。因此在其引用的权利要求不具备创造性的基础上，也不具备创造性。

4、权利要求4是对权利要求1的进一步限定，第一摄像头和第一红外测距传感器的位置由主控板调节，确保第一摄像头和第一红外测距传感器检测到轨头侧面的位置处于钢轨顶面下16厘米处，这是本领域的惯用手段，不需要付出创造性的劳动，因此在其引用的权利要求不具备创造性的基础上，也不具备创造性。

基于上述理由，本申请的独立权利要求以及从属权利要求都不具备创造性，同时说明书中也没有记载其他任何可以授予专利权的实质性内容，因而即使申请人对权利要求进行重新组合和/或根据说明书记载的内容作进一步的限定，本申请也不具备被授予专利权的前景。如果申请人不能在本通知书规定的答复期限内提出表明本申请具有创造性的充分理由，本申请将被驳回。

根据国家知识产权局《关于停征和调整部分专利收费的公告》（第272号），从2018年8月1日起，对符合条件的发明专利申请，在第一次审查意见通知书答复期限届满前（已提交答复意见的除外），主动申请撤回的，退还50%的专利申请实质审查费。

审查员姓名：
审查代码：

210401　纸件申请，回函请寄：100088 北京市海淀区蓟门桥西土城路6号　国家知识产权局专利局受理处收
2018.10　电子申请，应当通过电子专利申请系统以电子文件形式提交相关文件。除另有规定外，以纸件等其他形式提交的文件视为未提交。

**附件2　发明案例2 审查意见通知书**

## (2) 审查意见答复

审查意见的具体答复如下所示。

尊敬的审查员：

首先感谢您在百忙之中对本申请提出的宝贵意见，本申请人已详细阅读。本意见陈述是针对国家知识产权局对申请号为"2017×××××××.×"专利申请所发出的第一次审查意见通知书中的审查意见进行答复。申请人认真研读了第一次审查意见，申请人对您的审查意见进行了认真考虑，对申请文件做出了修改，并提出以下意见陈述：

**一、修改说明**

本次修改是在申请日提交的原始申请文件的基础上进行的。

申请人将原权利要求2的技术内容并入至原权利要求1中形成新的权利要求1，并删除了原权利要求2，调整了后续权利要求的编号。

以上修改均未超出原始说明书和权利要求书所记载的范围，符合《专利法》第三十三条的规定；同时，上述修改是针对审查意见通知书所指出的缺陷或本申请存在的缺陷进行的，符合《专利法实施细则》第五十一条第三款的规定，具体的修改请参见修改对照页及修改替换页。

**二、关于修改后的权利要求1及其从属权利要求的创造性**

本案修改后的权利要求1相对于对比文件1至少具有以下区别技术特征：

本申请的钢轨磨损检测仪包括主动轮、电机、外侧随动轮、第二撑杆、外侧金属挡板、电源开关、顶部金属挡板、第二光源、第二摄像头、第二红外测距传感器、第一光源、第一红外测距传感器、内侧金属挡板、第一摄像头、第一撑杆、内侧随动轮，且具体限定了上述各个部件的结构；此外，本申请具体限定了如何通过上述钢轨磨损检测仪对钢轨轨头侧面和钢轨轨头顶面的磨损程度分别进行检测。

针对上述区别技术特征，本申请修改后的权利要求1实际解决的技术问题是：如何通过仪器实现自动检测轨道的磨损情况，尤其是对钢轨轨头侧面和钢轨轨头顶面的磨损程度分别进行检测。

对比文件1、对比文件2、对比文件3均未公开上述区别技术特征，具体阐述如下：

对比文件1公开了一种钢轨磨损检测装置，具体公开了"所述装置包括：发射光信号并接收钢轨表面的反射光信号、根据所述反射光信号得到电信号后输出的光传感器；连接所述光传感器、将所述光传感器输出的所述电信号转换为数字信号后输出的模数转换电路；连接所述模数转换电路、根据所述模数转换电路输出的所述数字信号分析得到钢轨表面磨损度后输出的单片机；以及 连接所述单片机、显示所述单片机输出的所述钢轨表面磨损度的显示单元；所述光传感器、单片机以及显示单元电连接"。但对比文件 1 并未公开钢轨磨损检测装置的任何物理结构，且对比文件 1 只公开了"钢轨磨损检测装置通过光传感器接收钢轨表面的反射光信号并得到电信号，之后由单片机根据该电信号分析得到钢轨磨损度后，通过显示单元显示"，但如何通过该钢轨磨损检测装置分别对钢轨轨头侧面和钢轨轨头顶面的磨损程度进行检测，对比文件 1 并未给出相应的技术方案，因此，对比文件 1 没有公开上述区别技术特征。

对比文件 2 公开了一种金属磁记忆钢轨温度应力检测装置，虽然其公开了探伤小车，但根据对比文件 2 公开的技术内容（说明书第 0025 至 0031 段），"如图 1、图 2、图 3 所示探伤小车 1 由车身 3、行程车轮 4、辅助车臂 5、若干第一测磁传感器 6 以及温度传感器 7 组成，行程车轮 4 通过车轴置于车身 3 前后两侧，固定车臂 11 固定于车身 3 前后左右四侧；若干第一测磁传感器 6 并排等距置于车身 3 车头外部；若干温度传感器 7 置于车身 3 底部；如图 2、图 7 所示手持显示器 2 与探伤小车 1 可通过无线信号传输数据，手持显示器 2 可置于探伤小车 1 的顶部"。首先从物理结构上，对比文件 2 中的探伤小车与本申请的钢轨磨损检测仪明显不同，对比文件 2 没有公开"外侧随动轮、第二撑杆、外侧金属挡板、顶部金属挡板、第二光源、第二摄像头、第二红外测距传感器、第一光源、第一红外测距传感器、内侧金属挡板、第一摄像头、第一撑杆、内侧随动轮"，以及上述各组件的结构关系；其次，关于对比文件 2 的探伤小车的工作方式，对比文件 2 只记载了"电机 8 使后主动车轮 10 以一定速度前进，并触发行程传感器，测磁传感器 6 和温度传感器 7 开始运行，AD 数据采集器开始采集数据，并保存在存储卡中，再通过无线信号将数据传输至手持显示器 2，直到第一单片机收到停止运行的指令为止"，可见，对比文件 2 未公开如何通过探伤小车分别对钢轨轨头侧面和钢轨轨头顶面的磨损程度进行检测的技术方案。

此外，需要特别说明的是：钢轨应力的检测和磨损的检测原理是不相同的，对比文件2中是利用测磁传感器和温度传感器对钢轨的应力和温度进行测量，但是本发明是测定钢轨的磨损，两者检测的对象不同，对行走装置的要求也不相同。本团队华东交通大学长期从事铁路检测研究，发现在实际工况中，钢轨受到轮对的磨损后，截面是不对称的，若采用对比文件2中的装置，若钢轨的磨损左侧磨损大，右侧磨损小，则行程车轮会沿着磨损最小的右侧前进；若钢轨的磨损左侧磨损小，右侧磨损大，则行程车轮会沿着磨损最小的左侧前进。该情况使得检测装置位置不断高低切换，使得基准变换，无法应用于本发明，因为该装置不能用于本发明中，此外，对比文件2也并未公开行程车轮的具体结构。本发明采用顶部设置主动轮，两端设置内侧随动轮，主动轮使得装置往前行走，内侧随动轮对车体进行限位，使得本装置可以沿着轨面的中心线行走，从而不会改变基准，该结构的设计是为了更好地保证对磨损量的检测，如图1所示，为钢轨截面图。因此，对比文件2没有公开上述区别技术特征。

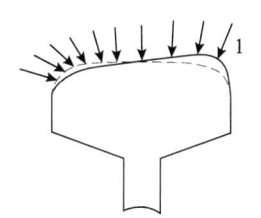

**图1　钢轨截面图**

反之，本申请中，由主控板对第一摄像头采集到的轨头侧面的图像和第一红外测距传感器到轨头侧面的距离数据进行处理分析，并与相应预设的标准轨的轨头侧面图像、相应的标准钢轨的轨头侧面距内侧金属挡板内表面的距离值进行对比，得出钢轨轨头侧面磨损程度；对第二摄像头采集到的轨头顶面的图像和第二红外测距传感器到轨头顶面的距离数据进行处理分析，并与相应预设的标准钢轨的轨头顶面图像、相应的标准钢轨的轨头顶面距顶部金属挡板内表面的距离值做对比，得出钢轨轨头顶面磨损程度，因此，通过本申请的钢轨磨损检测仪实现了对钢轨轨头侧面和钢轨轨头顶面的磨损程度分别进行检测。

团队在实验中也发现,在轮轨上有一些特殊的划痕或者磨损,无法通过激光位移传感器检测,此时需要配合相机配合进行检测,这是根据实际工况的需要来进行设计的,如图2所示为钢轨裂纹示意图。本发明通过上述的技术手段,可以很好地解决上述铁轨裂纹的技术问题。

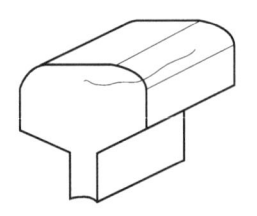

**图2 位钢轨裂纹示意图**

对比文件3公开了一种LED照明光源,对比文件3所属的技术领域,采用的技术方案,解决的技术问题,实现的技术效果与本申请明显不同,因此,对比文件3没有公开上述区别技术特征。

此外,也没有证据表明上述区别技术特征属于本领域技术人员的公知常识,因此,本申请修改后的权利要求1相对于对比文件1、对比文件2、对比文件3以及本领域技术人员的公知常识的结合是非显而易见的,修改后的权利要求1具有突出的实质性特点和显著的进步,具备创造性,符合《专利法》第二十二条第三款的规定。

在修改后独立权利要求1具备创造性的情况下,对其进行进一步限定的修改后的从属权利要求也具备创造性,符合《专利法》第二十二条第三款的规定。

综上所述,申请人相信经过上述修改和阐述,克服了第一次审查意见中指出的缺陷,请审查员先生/女士在以上的基础上继续对本申请进行审查。如果仍不同意上述陈述的内容,恳请审查员先生/女士再给一次修改文件/陈述意见/会晤的机会。

## 6.3 发明案例3：一种铁路道岔尖轨与基本轨冰、雪检测与融化装置

### 6.3.1 专利申请相关文件

(1) 说明书

**技术领域**

[0001] 本发明涉及铁路道岔冰雪自动检测、快速融冰设备，尤其是涉及一种铁路道岔尖轨和基本轨冰雪检测与融化装置。

**背景技术**

[0002] 道岔是铁路轨道的重要组成部分，是铁道车辆由一股轨线转入另一股轨线所不可缺少的重要设备，在铁道运输业务中有着不可或缺的地位。进入冬季，铁路道岔容易结冰，尤其是尖轨、尖轨与基本轨相接的地方，一旦结冰，会导致尖轨和基本轨相接的地方缝隙过大，从而引发列车脱轨事故。

[0003] 现有技术中，常见的有两种方法处理铁路道岔结冰，1、通过员工沿线检查道岔是否有冰雪，当检测到冰雪时，通过人工扫雪；2、用喷灯处理的方式是用喷灯，带着小煤气罐，用火烧，将水蒸发干。然而，这两种方法存在以下问题和缺点：1、员工沿线检查和扫雪是比较传统的方法，但是需要人员较多，作业效率低，而且不适用于雪融化后又结冰的情况；2、用喷灯处理的方式是用喷灯，带着小煤气罐，用火烧，将水蒸发干，但这种方法作业效率也较较低，所需人员多，负重大。

**发明内容**

[0004] 为了解决上述问题，本发明的目的在于提供一种铁路道岔尖轨和基本轨冰雪检测与融化装置，其目的在于检测到铁路道岔上有冰雪信息时，利用热风快速冰雪融化，即通过安装在左右尖轨内侧带滑床台铁垫板上、与左右尖轨相平的左右基本轨内侧的冰雪传感器分别自动检测相应位置的冰雪情况，当检测到左右尖轨、与左右尖轨相平的左右基本轨有冰雪时，装置自动启动热风箱融化该处的冰雪，无需工作人员实时沿线检测和扫雪，即可完成铁路道岔尖轨和基本轨的冰雪检测与融化，大大地降低了人力的损耗。

[0005] 为实现上述目的，本发明提供的铁路道岔尖轨和基本轨冰雪检测与融化装置是这样实现的：

[0006] 一种铁路道岔尖轨和基本轨冰雪检测与融化装置，特征是：包括第一冰雪传感器、第一风箱、第二冰雪传感器、第三冰雪传感器、第二风箱、第四冰雪传感器、第三风箱，第一冰雪传感器安装在右基本轨内侧的道床上且紧贴右基本轨内侧，用于检测右基本轨上是否存在冰雪，第一风箱安装在与尖轨平齐的右基本轨外侧的轨枕上，用于融化右基本轨上的冰雪，第二冰雪传感器安装在带滑床台铁垫板上且紧贴右尖轨内侧，用于检测右尖轨上是否存在冰雪，第三冰雪传感器安装在带滑床台铁垫板上且紧贴左尖轨内侧，用于检测左尖轨上是否存在冰雪，第四冰雪传感器安装在左基本轨内侧的道床上且紧贴左基本轨内侧，用于检测左基本轨上是否存在冰雪，第二风箱安装在与尖轨平齐的左基本轨外侧的轨枕上，用于融化左基本轨上的冰雪，第三风箱安装在尖轨前的道床上，用于融化尖轨、尖轨和基本轨相接的地方的冰雪。

[0007] 本发明的第一冰雪传感器、第四冰雪传感器的结构和组成一致，由第一塑料盒、第一温度传感器、第一雨雪传感器、第一湿度传感器、第一控制电路板组成，第一温度传感器、第一雨雪传感器、第一湿度传感器镶嵌在第一塑料盒的正表面，第一控制电路板安装在第一塑料盒内部，由第一温度传感器检测基本轨内侧的温度信息、第一雨雪传感器检测基本轨内侧的雨雪状态信息、第一湿度传感器检测基本轨内侧的湿度信息传递给第一控制电路板加以处理，当第一温度传感器检测到近地表温度低于0度，第一湿度传感器检测到空间中的相对湿度达到百分之百时，第一控制电路板即判断该基本轨内侧已经结冰，当第一雨雪传感器检测到对应的基本轨内侧有雨雪时，第一控制电路板即判断该处存在雪。

[0008] 本发明的第二冰雪传感器、第三冰雪传感器的结构和组成一致，由第二塑料盒、第二温度传感器、第二雨雪传感器、第二湿度传感器、第二控制电路板组成，第二温度传感器、第二雨雪传感器、第二湿度传感器镶嵌在第二塑料盒的正表面，第二控制电路板安装在第二塑料盒内部，由第二温度传感器检测尖轨内侧的温度信息、第二雨雪传感器检测尖轨内侧的雨雪状态信息、第二湿度传感器检测尖轨内侧的湿度信息传递给第二控制电路板加以处理，当第二温度传感器检测到近地表温度低于0度，第二湿度传感器检测到空间中的相对湿度达到百分之百时，第二控制电路板即判断该尖轨内侧已经结冰，当第二雨雪传感器检测到对应的尖轨内侧有冰雪时，第二控制电路板即判断该处存在雪。

[0009] 本发明的第一风箱、第二风箱的结构和组成一致，由第一排风管、第

一金属铝盒、第一电热丝、第一陶瓷支架、第一风扇组成，第一金属铝盒的右侧开出百叶窗，用于为第一风扇提供空气，第一排风管镶嵌在第一金属铝盒的左侧，第一电热丝均匀排布在第一陶瓷支架上，第一陶瓷支架、第一风扇安装在第一金属铝盒内部，且第一排风管、第一陶瓷支架、第一风扇的中心轴处于同一水平线，由第一风扇将第一电热丝的热量经第一排风管排出，用于融化为基本轨除冰雪。

[0010] 本发明的第三风箱由第二排风管、第二金属铝盒、第二电热丝、第二陶瓷支架、第二风扇、第三风扇、第三电热丝、第三陶瓷支架、第三排风管、继电器、第三控制电路板组成，第二金属铝盒的后侧中部开出百叶窗，用于为第二风扇、第三风扇提供空气，第二排风管、第三排风管分别镶嵌在第二金属铝盒左右两侧，且第二排风管、第三排风管均往上翘起30度，第二电热丝均匀排布在第二陶瓷支架上，第三电热丝均匀排布在第三陶瓷支架上，第二风扇、第三风扇、第二陶瓷支架、第三陶瓷支架、继电器、第三控制电路板均放在第二金属铝盒内，且第二排风管入口、第二电热丝、第二陶瓷支架、第二风扇、第三风扇、第三电热丝、第三陶瓷支架、第三排风管入口的中心轴处于同一水平线，由第二风扇将第二电热丝的热量经第二排风管排出，用于融化为左尖轨除冰雪，第三风扇将第三电热丝的热量经第三排风管排出，用于融化为右尖轨除冰雪，第三控制电路板接收第一冰雪传感器、第二冰雪传感器、第三冰雪传感器、第四冰雪传感器发送来的结冰信息，进而通过控制继电器来分别控制第一风扇、第一电热丝、第二风扇、第二电热丝、第三风扇、第三电热丝工作。

[0011] 本发明的第一风箱去除第一冰雪传感器检测到的右基本轨上的冰雪，第二风箱去除第四冰雪传感器检测到的左基本轨上的冰雪，第三风箱分别去除第二冰雪传感器、第三冰雪传感器检测到的左右尖轨上的冰雪。

[0012] 由于本发明通过安装在左右尖轨内侧带滑床台铁垫板上、与左右尖轨相平的左右基本轨内侧的冰雪传感器分别自动检测相应位置的冰雪情况，当检测到左右尖轨、与左右尖轨相平的左右基本轨有冰雪时，装置自动启动热风箱融化该处的冰雪，从而可以得到以下有益效果：

[0013] 1. 本发明能自动检测铁路道岔尖轨和基本轨的冰雪信息，无需工作人员实时沿线检测即可知道该处的冰雪信息。

[0014] 2. 本发明能自动加热后融化铁路道岔尖轨和基本轨的冰雪，大大地降低了人力的损耗。

[0015] 3. 本发明能替代员工实时检测与融化冰雪，大大地提高了除冰雪效率。

附图说明

[0016] 图1为本发明的安装示意图；

[0017] 图2为本发明的第一冰雪传感器和第四冰雪传感器结构图；

[0018] 图3为本发明的第二冰雪传感器和第三冰雪传感器结构图；

[0019] 图4为本发明的第一风箱和第二风箱结构图；

[0020] 图5为本发明的第三风箱结构图；

[0021] 图6为本发明的工作原理图。

[0022] 主要元件符号说明。

[0023]

| 第一冰雪传感器 | 1 | 第一风箱 | 2 |
| --- | --- | --- | --- |
| 第二冰雪传感器 | 3 | 第三冰雪传感器 | 4 |
| 第二风箱 | 5 | 第四冰雪传感器 | 6 |
| 第三风箱 | 7 | 第一塑料盒 | 8 |
| 第一温度传感器 | 9 | 第一雨雪传感器 | 10 |
| 第一湿度传感器 | 11 | 第一控制电路板 | 12 |
| 第二塑料盒 | 13 | 第二温度传感器 | 14 |
| 第二雨雪传感器 | 15 | 第二湿度传感器 | 16 |
| 第二控制电路板 | 17 | 第一排风管 | 18 |
| 第一金属铝盒 | 19 | 第一电热丝 | 20 |
| 第一陶瓷支架 | 21 | 第一风扇 | 22 |
| 第二排风管 | 23 | 第二金属铝盒 | 24 |
| 第二电热丝 | 25 | 第二陶瓷支架 | 26 |
| 第二风扇 | 27 | 第三风扇 | 28 |
| 第三电热丝 | 29 | 第三陶瓷支架 | 30 |
| 第三排风管 | 31 | 继电器 | 32 |
| 第三控制电路板 | 33 | | |

具体实施方式

[0024] 为使本发明的目的、特征和优点能够更加明显易懂，下面结合附图对本发明的具体实施方式做详细的说明。附图中给出了本发明的若干实施例。但是，本发明可以以许多不同的形式来实现，并不限于本文所描述的实施例。相

[0025] 需要说明的是，当元件被称为"固设于"另一个元件，它可以直接在另一个元件上或者也可以存在居中的元件。当一个元件被认为是"连接"另一个元件，它可以是直接连接到另一个元件或者可能同时存在居中元件。本文所使用的术语"垂直的""水平的""左""右""上""下"以及类似的表述只是为了说明的目的，而不是指示或暗示所指的装置或元件必须具有特定的方位、以特定的方位构造和操作，因此不能理解为对本发明的限制。

[0026] 在本发明中，除非另有明确的规定和限定，"安装""相连""连接""固定"等术语应做广义理解，例如，可以是固定连接，也可以是可拆卸连接，或一体地连接；可以是机械连接，也可以是电连接；可以是直接相连，也可以通过中间媒介间接相连，可以是两个元件内部的连通。对于本领域的普通技术人员而言，可以根据具体情况理解上述术语在本发明中的具体含义。本文所使用的术语"及/或"包括一个或多个相关的所列项目的任意的和所有的组合。

[0027] 下面结合实施例并对照附图对本发明作进一步详细说明。

[0028] 请参阅图1至图6，所示为本发明第一实施例中的铁路道岔尖轨和基本轨冰雪检测与融化装置，包括第一冰雪传感器1、第一风箱2、第二冰雪传感器3、第三冰雪传感器4、第二风箱5、第四冰雪传感器6、第三风箱7。

[0029] 如图1所示，所述的第一冰雪传感器1安装在右基本轨内侧的道床上且紧贴右基本轨内侧，用于检测右基本轨上是否存在冰雪，第一风箱2安装在与尖轨平齐的右基本轨外侧的轨枕上，用于融化右基本轨上的冰雪，第二冰雪传感器3安装在带滑床台铁垫板上且紧贴右尖轨内侧，用于检测右尖轨上是否存在冰雪，第三冰雪传感器4安装在带滑床台铁垫板上且紧贴左尖轨内侧，用于检测左尖轨上是否存在冰雪，第四冰雪传感器6安装在左基本轨内侧的道床上且紧贴左基本轨内侧，用于检测左基本轨上是否存在冰雪，第二风箱5安装在与尖轨平齐的左基本轨外侧的轨枕上，用于融化左基本轨上的冰雪，第三风箱7安装在尖轨前的道床上，用于融化尖轨、尖轨和基本轨相接的地方的冰雪。

[0030] 如图2所示，所述的第一冰雪传感器1、第四冰雪传感器6的结构和组成一致，由第一塑料盒8、第一温度传感器9、第一雨雪传感器10、第一湿度传感器11、第一控制电路板12组成，第一温度传感器9、第一雨雪传感器10、第一湿度传感器11镶嵌在第一塑料盒8的正表面，第一控制电路板12安

装在第一塑料盒 8 内部，由第一温度传感器 9 检测基本轨内侧的温度信息、第一雨雪传感器 10 检测基本轨内侧的雨雪状态信息、第一湿度传感器 11 检测基本轨内侧的湿度信息传递给第一控制电路板 12 加以处理，当第一温度传感器 9 检测到近地表温度低于 0 度，第一湿度传感器 11 检测到空间中的相对湿度达到百分之百时，第一控制电路板 12 即判断该基本轨内侧已经结冰，当第一雨雪传感器 10 检测到对应的基本轨内侧有雨雪时，第一控制电路板 12 即判断该处存在雪。

[0031] 如图 3 所示，所述的第二冰雪传感器 3、第三冰雪传感器 4 的结构和组成一致，由第二塑料盒 13、第二温度传感器 14、第二雨雪传感器 15、第二湿度传感器 16、第二控制电路板 17 组成，第二温度传感器 14、第二雨雪传感器 15、第二湿度传感器 16 镶嵌在第二塑料盒 13 的正表面，第二控制电路板 17 安装在第二塑料盒 13 内部，由第二温度传感器 14 检测尖轨内侧的温度信息、第二雨雪传感器 15 检测尖轨内侧的雨雪状态信息、第二湿度传感器 16 检测尖轨内侧的湿度信息传递给第二控制电路板 17 加以处理，当第二温度传感器 14 检测到近地表温度低于 0 度，第二湿度传感器 16 检测到空间中的相对湿度达到百分之百时，第二控制电路板 17 即判断该尖轨内侧已经结冰，当第二雨雪传感器 15 检测到对应的尖轨内侧有冰雪时，第二控制电路板 15 即判断该处存在雪。

[0032] 如图 4 所示，所述的第一风箱 2、第二风箱 5 的结构和组成一致，由第一排风管 18、第一金属铝盒 19、第一电热丝 20、第一陶瓷支架 21、第一风扇 22 组成，第一金属铝盒 19 的右侧开出百叶窗，用于为第一风扇 22 提供空气，第一排风管 18 镶嵌在第一金属铝盒 19 的左侧，第一电热丝 20 均匀排布在第一陶瓷支架 21 上，第一陶瓷支架 21、第一风扇 22 安装在第一金属铝盒 19 内部，且第一排风管 18、第一陶瓷支架 21、第一风扇 22 的中心轴处于同一水平线，由第一风扇 22 将第一电热丝 20 的热量经第一排风管 18 排出，用于融化为基本轨除冰雪。

[0033] 如图 5 所示，所述的第三风箱 8 由第二排风管 23、第二金属铝盒 24、第二电热丝 25、第二陶瓷支架 26、第二风扇 27、第三风扇 28、第三电热丝 29、第三陶瓷支架 30、第三排风管 31、继电器 32、第三控制电路板 33 组成，第二金属铝盒 24 的后侧中部开出百叶窗，用于为第二风扇 27、第三风扇 28 提供空气，第二排风管 23、第三排风管 31 分别镶嵌在第二金属铝盒 24 左右两侧，且第二排风管 23、第三排风管 31 均往上翘起 30 度，第二电热丝 25 均匀

排布在第二陶瓷支架 27 上，第三电热丝 29 均匀排布在第三陶瓷 30 支架上，第二风扇 27、第三风扇 28、第二陶瓷支架 26、第三陶瓷支架 30、继电器 32、第三控制电路板 33 均放在第二金属铝盒 24 内，且第二排风管 23 入口、第二电热丝 25、第二陶瓷支架 26、第二风扇 27、第三风扇 28、第三电热丝 29、第三陶瓷支架 30、第三排风管 31 入口的中心轴处于同一水平线，由第二风扇 27 将第二电热丝 25 的热量经第二排风管 23 排出，用于融化为左尖轨除冰雪，第三风扇 28 将第三电热丝 29 的热量经第三排风管 31 排出，用于融化为右尖轨除冰雪，第三控制电路板 33 接收第一冰雪传感器 1、第二冰雪传感器 3、第三冰雪传感器 4、第四冰雪传感器 6 发送来的结冰信息，进而通过控制继电器 32 来分别控制第一风扇 22、第一电热丝 20、第二风扇 27、第二电热丝 25、第三风扇 28、第三电热丝 29 工作。

[0034] 如图 6 所示，所述的第一冰雪传感器 1 检测到右基本轨内侧有冰或雪时，第一冰雪传感器 1 的第一控制电路板 12 向第三控制电路板 33 发送该处存在冰或雪的信息，由第三控制电路板 33 控制继电器 32 进而控制第一电热丝 20 迅速加热，再经第一风扇 22 将第一电热丝 20 的热量由第一排风管 18 吹到右基本轨上进行除冰或雪。

[0035] 所述的第四冰雪传感器 6 检测到左基本轨内侧有冰或雪时，第四冰雪传感器 6 的第一控制电路板 12 向第三控制电路板 33 发送该处存在冰或雪的信息，由第三控制电路板 33 控制继电器 32 进而控制第一电热丝 20 迅速加热，再经第一风扇 22 将第一电热丝 20 的热量由第一排风管 18 吹到左基本轨上进行除冰或雪。

[0036] 所述的第二冰雪传感器 3 检测到右尖轨内侧有冰或雪时，第二冰雪传感器 3 的第二控制电路板 17 向第三控制电路板 33 发送该处存在冰或雪的信息，由第三控制电路板 33 控制继电器 32 进而控制第三电热丝 29 迅速加热，再经第三风扇 28 将第三电热丝 29 的热量由第三排风管 31 吹到右尖轨上进行除冰或雪。

[0037] 所述的第三冰雪传感器 4 检测到左尖轨内侧有冰或雪时，第三冰雪传感器 4 的第二控制电路板 17 向第三控制电路板 33 发送该处存在冰或雪的信息，由第三控制电路板 33 控制继电器 32 进而控制第二电热丝 25 迅速加热，再经第二风扇 27 将第二电热丝 25 的热量由第二排风管 23 吹到左尖轨上进行除冰或雪。

[0038] 本发明的工作原理与工作过程如下：

[0039] 本发明通过安装在左右尖轨内侧垫板上、与左右尖轨相平的左右基本轨内侧的冰雪传感器分别自动检测相应位置的冰雪情况，当检测到左右尖轨、与左右尖轨相平的左右基本轨有冰雪时，装置自动启动热风箱融化该处的冰雪。第一冰雪传感器1检测到右基本轨内侧有冰或雪时，第一冰雪传感器1的第一控制电路板12向第三控制电路板33发送该处存在冰或雪的信息，由第三控制电路板33控制继电器32进而控制第一电热丝20迅速加热，再经第一风扇22将第一电热丝20的热量由第一排风管18吹到右基本轨上进行除冰或雪；第四冰雪传感器6检测到左基本轨内侧有冰或雪时，第四冰雪传感器6的第一控制电路板12向第三控制电路板33发送该处存在冰或雪的信息，由第三控制电路板33控制继电器32进而控制第一电热丝20迅速加热，再经第一风扇22将第一电热丝20的热量由第一排风管18吹到左基本轨上进行除冰或雪；第二冰雪传感器3检测到右尖轨内侧有冰或雪时，第二冰雪传感器3的第二控制电路板17向第三控制电路板33发送该处存在冰或雪的信息，由第三控制电路板33控制继电器32进而控制第三电热丝29迅速加热，再经第三风扇28将第三电热丝29的热量由第三排风管31吹到右尖轨上进行除冰或雪；第三冰雪传感器4检测到左尖轨内侧有冰或雪时，第三冰雪传感器4的第二控制电路板17向第三控制电路板33发送该处存在冰或雪的信息，由第三控制电路板33控制继电器32进而控制第二电热丝25迅速加热，再经第二风扇27将第二电热丝25的热量由第二排风管23吹到左尖轨上进行除冰或雪。

[0040] 以上所述实施例仅表达了本发明的几种实施方式，其描述较为具体和详细，但并不能因此而理解为对本发明专利范围的限制。应当指出的是，对于本领域的普通技术人员来说，在不脱离本发明构思的前提下，还可以做出若干变形和改进，这些都属于本发明的保护范围。因此，本发明专利的保护范围应以所附权利要求为准。

[0041] 在本说明书的描述中，参考术语"一个实施例""一些实施例""示例""具体示例"或"一些示例"等的描述意指结合该实施例或示例描述的具体特征、结构、材料或者特点包含于本发明的至少一个实施例或示例中。在本说明书中，对上述术语的示意性表述不一定指的是相同的实施例或示例。而且，描述的具体特征、结构、材料或者特点可以在任何的一个或多个实施例或示例中以合适的方式结合。

[0042] 以上所述实施例仅表达了本发明的几种实施方式，其描述较为具体和详细，但并不能因此而理解为对本发明专利范围的限制。应当指出的是，对于

本领域的普通技术人员来说，在不脱离本发明构思的前提下，还可以做出若干变形和改进，这些都属于本发明的保护范围。因此，本发明专利的保护范围应以所附权利要求为准。

(2) 说明书附图

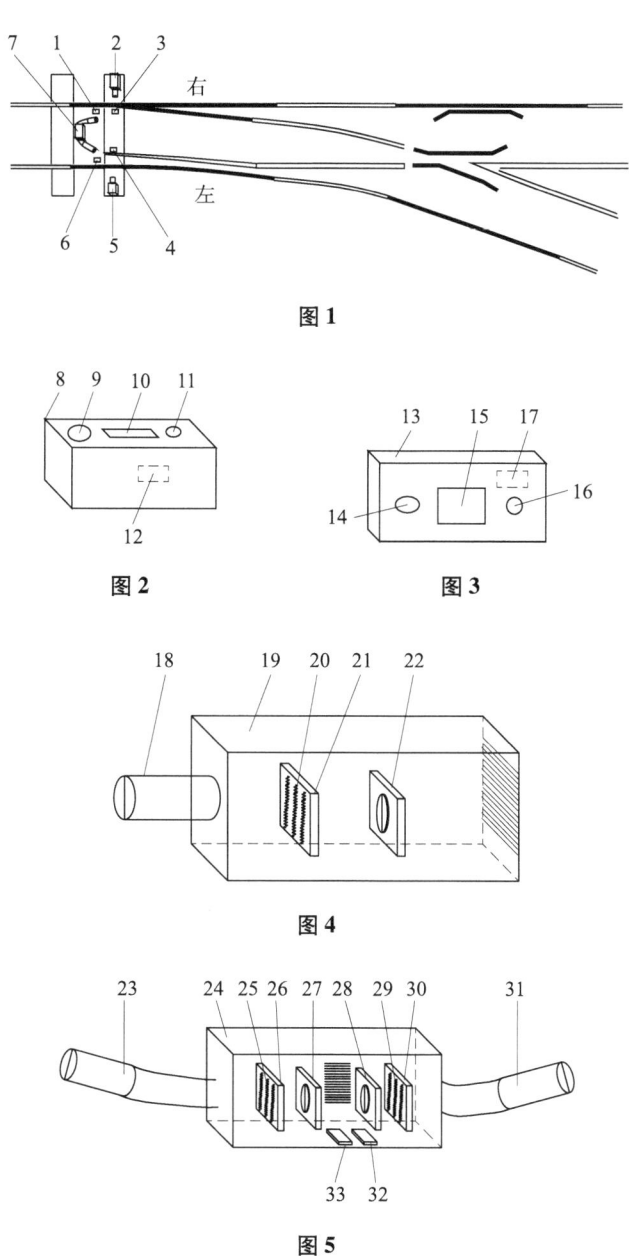

图 1

图 2

图 3

图 4

图 5

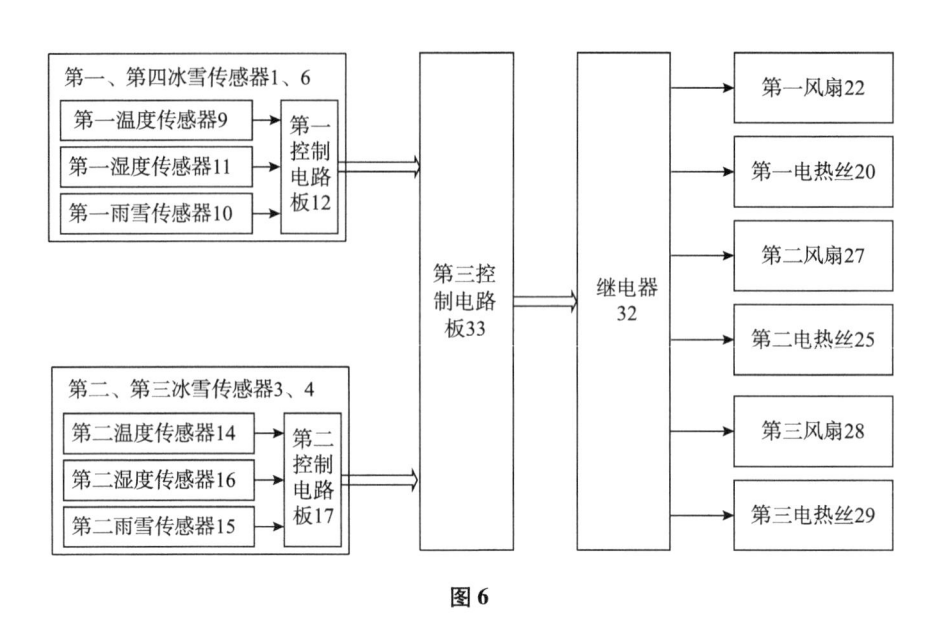

```
┌─────────────────────────┐
│ 第一、第四冰雪传感器1、6  │
│  ┌──────────────┐       │       ┌──────────────┐
│  │第一温度传感器9│  ┌──┐ │       │  第一风扇22   │
│  └──────────────┘  │第│ │       └──────────────┘
│  ┌──────────────┐  │一│ │       ┌──────────────┐
│  │第一湿度传感器11│ │控│ │       │  第一电热丝20 │
│  └──────────────┘  │制│ │       └──────────────┘
│  ┌──────────────┐  │电│ │       ┌──────────────┐
│  │第一雨雪传感器10│ │路│ │       │  第二风扇27   │
│  └──────────────┘  │板│ │       └──────────────┘
└─────────────────────│12│─┘ 第三  继
                      └──┘   控制  电    ┌──────────────┐
                             电路  器    │  第二电热丝25 │
                             板33  32    └──────────────┘
┌─────────────────────────┐            ┌──────────────┐
│ 第二、第三冰雪传感器3、4  │            │  第三风扇28   │
│  ┌──────────────┐  ┌──┐ │            └──────────────┘
│  │第二温度传感器14│ │第│ │            ┌──────────────┐
│  └──────────────┘  │二│ │            │  第三电热丝29 │
│  ┌──────────────┐  │控│ │            └──────────────┘
│  │第二湿度传感器16│ │制│ │
│  └──────────────┘  │电│ │
│  ┌──────────────┐  │路│ │
│  │第二雨雪传感器15│ │板│ │
│  └──────────────┘  │17│ │
└─────────────────────└──┘─┘
```

图 6

（3）权利要求书

① 一种铁路道岔尖轨和基本轨的冰雪检测与融化装置，特征是：包括第一冰雪传感器、第一风箱、第二冰雪传感器、第三冰雪传感器、第二风箱、第四冰雪传感器、第三风箱，第一冰雪传感器安装在右基本轨内侧的道床上且紧贴右基本轨内侧，用于检测右基本轨上是否存在冰雪，第一风箱安装在与尖轨平齐的右基本轨外侧的轨枕上，用于融化右基本轨上的冰雪，第二冰雪传感器安装在带滑床台铁垫板上且紧贴右尖轨内侧，用于检测右尖轨上是否存在冰雪，第三冰雪传感器安装在带滑床台铁垫板上且紧贴左尖轨内侧，用于检测左尖轨上是否存在冰雪，第四冰雪传感器安装在左基本轨内侧的道床上且紧贴左基本轨内侧，用于检测左基本轨上是否存在冰雪，第二风箱安装在与尖轨平齐的左基本轨外侧的轨枕上，用于融化左基本轨上的冰雪，第三风箱安装在尖轨前的道床上，用于融化尖轨、尖轨和基本轨相接的地方的冰雪。

② 根据权利要求1所述的铁路道岔尖轨和基本轨的冰雪检测与融化装置，其特征在于：第一冰雪传感器、第四冰雪传感器的结构和组成一致，由第一塑料盒、第一温度传感器、第一雨雪传感器、第一湿度传感器、第一控制电路板组成，第一温度传感器、第一雨雪传感器、第一湿度传感器镶嵌在第一塑料盒的正表面，第一控制电路板安装在第一塑料盒内部，由第一温度传感器检测基本轨内侧的温度信息、第一雨雪传感器检测基本轨内侧的雨雪状态信息、第一湿度传感

器检测基本轨内侧的湿度信息传递给第一控制电路板加以处理，当第一温度传感器检测到近地表温度低于0度，第一湿度传感器检测到空间中的相对湿度达到百分之百时，第一控制电路板即判断该基本轨内侧已经结冰，当第一雨雪传感器检测到对应的基本轨内侧有雨雪时，第一控制电路板即判断该处存在雪。

③ 根据权利要求1所述的铁路道岔尖轨和基本轨的冰雪检测与融化装置，其特征在于：第二冰雪传感器、第三冰雪传感器的结构和组成一致，由第二塑料盒、第二温度传感器、第二雨雪传感器、第二湿度传感器、第二控制电路板组成，第二温度传感器、第二雨雪传感器、第二湿度传感器镶嵌在第二塑料盒的正表面，第二控制电路板安装在第二塑料盒内部，由第二温度传感器检测尖轨内侧的温度信息、第二雨雪传感器检测尖轨内侧的雨雪状态信息、第二湿度传感器检测尖轨内侧的湿度信息传递给第二控制电路板加以处理，当第二温度传感器检测到近地表温度低于0度，第二湿度传感器检测到空间中的相对湿度达到百分之百时，第二控制电路板即判断该尖轨内侧已经结冰，当第二雨雪传感器检测到对应的尖轨内侧有冰雪时，第二控制电路板即判断该处存在雪。

④ 根据权利要求1所述的铁路道岔尖轨和基本轨的冰雪检测与融化装置，其特征在于：第一风箱、第二风箱的结构和组成一致，由第一排风管、第一金属铝盒、第一电热丝、第一陶瓷支架、第一风扇组成，第一金属铝盒的右侧开出百叶窗，用于为第一风扇提供空气，第一排风管镶嵌在第一金属铝盒的左侧，第一电热丝均匀排布在第一陶瓷支架上，第一陶瓷支架、第一风扇安装在第一金属铝盒内部，且第一排风管、第一陶瓷支架、第一风扇的中心轴处于同一水平线，由第一风扇将第一电热丝的热量经第一排风管排出，用于融化为基本轨除冰雪。

⑤ 根据权利要求1所述的铁路道岔尖轨和基本轨的冰雪检测与融化装置，其特征在于：第三风箱由第二排风管、第二金属铝盒、第二电热丝、第二陶瓷支架、第二风扇、第三风扇、第三电热丝、第三陶瓷支架、第三排风管、继电器、第三控制电路板组成，第二金属铝盒的后侧中部开出百叶窗，用于为第二风扇、第三风扇提供空气，第二排风管、第三排风管分别镶嵌在第二金属铝盒左右两侧，且第二排风管、第三排风管均往上翘起30度，第二电热丝均匀排布在第二陶瓷支架上，第三电热丝均匀排布在第三陶瓷支架上，第二风扇、第三风扇、第二陶瓷支架、第三陶瓷支架、继电器、第三控制电路板均放在第二金属铝盒内，且第二排风管入口、第二电热丝、第二陶瓷支架、第二风扇、第三风扇、第三电热丝、第三陶瓷支架、第三排风管入口的中心轴处于同一水平线，由第二风扇将第二电热丝的热量经第二排风管排出，用于融化为左尖轨除

冰雪，第三风扇将第三电热丝的热量经第三排风管排出，用于融化为右尖轨除冰雪，第三控制电路板接收第一冰雪传感器、第二冰雪传感器、第三冰雪传感器、第四冰雪传感器发送来的结冰信息，进而通过控制继电器来分别控制第一风扇、第一电热丝、第二风扇、第二电热丝、第三风扇、第三电热丝工作。

⑥ 根据权利要求1所述的铁路道岔尖轨和基本轨的冰雪检测与融化装置，其特征在于：第一冰雪传感器检测到右基本轨内侧有冰或雪时，第一冰雪传感器的第一控制电路板向第三控制电路板发送该处存在冰或雪的信息，由第三控制电路板控制继电器进而控制第一电热丝迅速加热，再经第一风扇将第一电热丝的热量由第一排风管吹到右基本轨上进行除冰或雪；第四冰雪传感器检测到左基本轨内侧有冰或雪时，第四冰雪传感器的第一控制电路板向第三控制电路板发送该处存在冰或雪的信息，由第三控制电路板控制继电器进而控制第一电热丝迅速加热，再经第一风扇将第一电热丝的热量由第一排风管吹到左基本轨上进行除冰或雪；第二冰雪传感器检测到右尖轨内侧有冰或雪时，第二冰雪传感器的第二控制电路板向第三控制电路板发送该处存在冰或雪的信息，由第三控制电路板控制继电器进而控制第三电热丝迅速加热，再经第三风扇将第三电热丝的热量由第三排风管吹到右尖轨上进行除冰或雪；第三冰雪传感器检测到左尖轨内侧有冰或雪时，第三冰雪传感器的第二控制电路板向第三控制电路板发送该处存在冰或雪的信息，由第三控制电路板控制继电器进而控制第二电热丝迅速加热，再经第二风扇将第二电热丝的热量由第二排风管吹到左尖轨上进行除冰或雪。

## 6.3.2 专利答复

（1）审查意见通知书

国家知识产权局发出的审查意见通知书如附件3所示。

## 国家知识产权局
### 第一次审查意见通知书

申请号：2017▇▇▇▇▇▇▇

本申请涉及一种铁路道岔尖轨与基本轨冰、雪检测与融化装置。经审查，现提出如下审查意见。

1、权利要求1不具备专利法第22条第3款规定的创造性。

权利要求1请求保护一种预防铁路道岔结冰的装置。对比文件1（JP 2015094660A）公开了一种预防铁路道岔结冰的装置，并具体公开了如下内容（参见说明书[0018]-[0052]段，附图1）：包括控制箱10，融雪器70，外部空气温度传感器30、轨道温度传感器60（即温度传感器），雨雪传感器20，轨道温度传感器设置于轨枕上，雨雪传感器设置于控制箱（即温度传感器用于检测铁路道岔周围的温度，雨雪传感器用于检测铁路道岔雨、雪状态），每个融雪器70具有加热器（即导热板）并加热需要融雪的轨道，加热器为电热加热器；在轨道线路的各道岔尖轨的侧面和底部及轨道周围设置电加热器（结合附图1可知，在基本轨、尖轨、导轨曲线的每个道床上铺设相同的导热板，且紧贴钢轨，用于给铁路道岔的钢轨加热），控制箱安装在基本轨外侧，由控制箱控制导热板加热，铁路上的每一处铁路道岔所铺设的导热板、温度传感器、雨雪传感器均有该处的控制箱控制。

权利要求1请求保护的技术方案与对比文件1公开的内容相比，其区别技术特征在于：温度传感器和雨雪传感器的设置位置不同；每一处铁路道岔上所有的温度传感器、雨雪传感器均采用并联方式；在翼轨和辙叉心下方的道床上也铺设有导热板。基于上述区别技术特征，其实际解决的技术问题是如何根据实际需要布设各传感器及导热板。

对于上述区别技术特征：在对比文件1已经公开了设置温度传感器和雨雪传感器的基础上，将温度传感器、雨雪传感器设置在铁路道岔的尖轨与基本轨水平的位置到辙叉心处，贴近左右基本轨外侧的每一根轨枕上、左右尖轨内侧的每一根轨枕上、两翼轨外侧轨枕上、辙叉心交叉口处以便于监测，将每一处铁路道岔上的所有温度传感器、雨雪传感器均采用并联方式连接是本领域常规设置；另外，在翼轨和辙叉心下方的道床上也铺设相同的导热板以便于对翼轨和辙叉心也进行融雪是本领域技术人员根据实际需要可以合理设置的。

由此可知，在对比文件1的基础上结合本领域常规技术手段得到该权利要求请求保护的技术方案对本领域技术人员来说是显而易见的，因此该权利要求不具备突出的实质性特点和显著的进步，不具备创造性。

2、权利要求2-5也不具备专利法第22条第3款规定的创造性。

权利要求2对权利要求1作了进一步限定。对比文件1公开了（参见说明书[0018]-[0052]段，附图1）：控制箱（包括控制电路板）用于接收轨道温度传感器和外部环境温度传感器及雨雪传感器发送来的雨雪信息，控制箱基于雨雪传感器和外部空气温度传感器的测量数据控制融雪器70是否开关，当回路断路器57接通，电力供应给控制箱电源，根据控制箱10的控制信号开关55导通，电力供应给接线盒50a，进而控制道岔融雪器的加热（即分析处理后控制总开关打开，将电力通向导热板，使导热板加热，导线用于连接电力供应单元和总开关，且根据上述内容可知，控制箱由总开关、控制电路板、导线组成）。另外，对比文件2（CN106638225

---

210401　纸件申请，回函请寄：100088 北京市海淀区蓟门桥西土城路6号　国家知识产权局专利局受理处收
2018.10　电子申请，应当通过电子专利申请系统以电子文件形式提交相关文件。除另有规定外，以纸件等其他形式提交的文件视为未提交。

A）公开了一种融雪化冰系统，并具体公开了如下内容（参见说明书[0013]-[0026]段）：适用于恶劣天气条件下的室外全自动或半自动加热系统，适用于那些将融雪化冰及清理路障作为必不可少的安全措施的场所，比如道路……铁路；一种融雪化冰系统，包括供电单元、控制单元和加热单元，供电单元分别给控制单元和加热单元供电，控制单元与加热单元相连并控制加热单元的启动与关闭；控制单元包括电子可编程控制器、冰雪探测器和开关单元，加热单元与开关单元电连接，开关单元包括电子可编程控制器和至少两个固态继电器，冰雪探测器、大气温度传感器和地面温度传感器接入电子可编程控制器的对应引脚；供电单元为配电柜，配电柜由电网供电（即市电），提供200V～380V的交流电。即对比文件2公开了在控制系统中设置继电器进行控制，并利用市电对融雪系统进行供电的技术手段，其在对比文件2中的作用与本申请相同，因此给出了技术启示，本领域技术人员有动机将其用于对比文件1，而设置总继电器，控制箱还包括金属铝盒，将总继电器、控制电路板均安装在金属铝盒的内部是本领域常规设置。

因此，在对比文件1的基础上结合对比文件2和本领域常规技术手段得到该权利要求请求保护的技术方案对本领域技术人员来说是显而易见的，因此该权利要求不具备突出的实质性特点和显著的进步，不具备创造性。

权利要求3对权利要求1作了进一步限定。在对比文件2公开了在开关单元设置至少两个固态继电器的教导下，在控制箱内设置总继电器是本领域技术人员可以得到的，而将总继电器由多个220V交流型中间继电器组成，每个220V交流小型中间继电器控制220V市电通向一块导热板是本领域常规设置。因此，在其引用的权利要求不具备创造性的情况下，该权利要求也不具备创造性。

权利要求4对权利要求1作了进一步限定。对比文件2公开了（参见说明书[0013]-[0026]段）：加热单元为加热带，加热带为室外用的非晶态合金加热带。而在此基础上，将导热板选择为由电热丝、导热硅胶、金属铜盒组成也是本领域常规设置，将金属铜盒采用黄铜铜板焊接而成，尺寸为长50厘米，宽20厘米，厚2厘米，电热丝均匀排布在金属铜盒内，用于加热，由导热硅胶将电热丝与金属铜盒内部的各面隔离开以形成绝缘，在金属铜盒一侧引出导线后，将金属铜盒密封起来，防止有水分进入金属铜盒内是本领域的常规设置形式。因此，在其引用的权利要求不具备创造性的情况下，该权利要求也不具备创造性。

权利要求5对权利要求1作了进一步限定。对比文件2公开了（参见说明书[0013]-[0026]段）：加热单元的启动或关闭条件为：一旦冰雪传感器探测到有飘雪，它就会向电子可编程控制器2反馈这个信息，电子可编程控制器立即给开关单元发送电信号，进而启动加热单元加热地面以防止积雪；雪停之后，地面温度传感器5将地面温度信号反馈给电子可编程控制器2。当地面温度为0℃或在零度以下时，电子可编程控制器2维持开关单元在开启状态，以保持加热单元持续加热地面，防止冰面的形成。在温度低于零度且湿度-由冰雪探测器4感应-足够大的情况下，即使没有下雪，电子可编程控制器2也可以启动加热地面以防止地面薄冰层的产生（即设定某个铁路的其中一处的温度传感器检测到该处的温度小于0℃、雨雪传感器检测到该处有雨

## 国 家 知 识 产 权 局

雪时,控制电路板即判断该处存在结冰情况,并通过控制电路板控制该处导热板加热)。而在此基础上,将设定温度设置为2摄氏度,以及将导热板设置为在温度传感器、雨雪传感器左右的两块是本领域常规设置。因此,在其引用的权利要求不具备创造性的情况下,该权利要求也不具备创造性。

  基于上述理由,本申请的独立权利要求以及从属权利要求都不具备创造性,同时说明书中也没有记载其他任何可以授予专利权的实质性内容,因而即使申请人对权利要求进行重新组合和/或根据说明书记载的内容作进一步的限定,本申请也不具备被授予专利权的前景。如果申请人不能在本通知书规定的答复期限内提出表明本申请具有创造性的充分理由,本申请将被驳回。对进入实质审查阶段的发明专利申请,在第一次审查意见通知书答复期限届满前(已提交答复意见的除外),主动申请撤回的,可以请求退还50%的专利申请实质审查费。

审查员姓名:███
审查员代码:█████

210401　纸件申请,回函请寄:100088 北京市海淀区蓟门桥西土城路6号　国家知识产权局专利局受理处收
2018.10　电子申请,应当通过电子专利申请系统以电子文件形式提交相关文件。除另有规定外,以纸件等其他形式提交的文件视为未提交。

**附件3　发明案例3 审查意见通知书**

(2) 审查意见答复

审查意见的具体答复如下所示。

尊敬的审查员：

首先感谢您在百忙之中对本申请提出的宝贵意见，本申请人已详细阅读。本意见陈述是针对国家知识产权局对申请号为"2017×××××××.×"专利申请所发出的第一次审查意见通知书中的审查意见进行答复。申请人认真研读了第一次审查意见，申请人对您的审查意见进行了认真考虑，对申请文件做出了修改，并提出以下意见陈述：

一、修改说明

本次修改是在申请日提交的原始申请文件的基础上进行的。

申请人将原说明书中第［0044］、［0047］、［0048］段的技术内容并入至原权利要求1中形成新的权利要求1，将原说明书中第［0045］段的技术内容并入至原权利要求2中形成新的权利要求2，将原说明书中第［0046］段的技术内容并入至原权利要求3中形成新的权利要求3，将原说明书中第［0049］段的技术内容并入至原权利要求4中形成新的权利要求4。

修改后的权利要求1如下：

1. 一种铁路道岔尖轨与基本轨冰、雪检测与融化装置，特征是：包括第一冰雪传感器、第一风箱、第二冰雪传感器、第三冰雪传感器、第二风箱、第四冰雪传感器、第三风箱，第一冰雪传感器安装在右基本轨内侧的道床上且紧贴右基本轨内侧，用于检测右基本轨上是否存在冰、雪，第一风箱安装在与尖轨平齐的右基本轨外侧的轨枕上，用于融化右基本轨上的冰、雪，第二冰雪传感器安装在带滑床台铁垫板上且紧贴右尖轨内侧，用于检测右尖轨上是否存在冰、雪，第三冰雪传感器安装在带滑床台铁垫板上且紧贴左尖轨内侧，用于检测左尖轨上是否存在冰、雪，第四冰雪传感器安装在左基本轨内侧的道床上且紧贴左基本轨内侧，用于检测左基本轨上是否存在冰、雪，第二风箱安装在与尖轨平齐的左基本轨外侧的轨枕上，用于融化左基本轨上的冰、雪，第三风箱安装在尖轨前的道床上，用于融化尖轨、尖轨和基本轨相接的地方的冰、雪，第一风箱、第二风箱的结构和组成一致，由第一排风管、第一金属铝盒、第一电热丝、第一陶瓷支架、第一风扇组成，第一金属铝盒的右侧开出百叶窗，用于为第一风扇提供空气，第一排风管镶嵌在第一金属铝盒的左侧，第一电热丝均匀排布在第一陶瓷支架上，第一陶瓷支架、第一风扇安装在第一金属铝盒内部，且第一排风管、第一陶瓷支架、第一风扇的中心轴处于同一水平线，由第一风扇将第一电热丝的热量经第一排风管排出，用于融化为基本轨除冰雪，第三风箱由第二排风管、第二金属铝盒、第二电热丝、第二陶瓷支架、第二风扇、第三风扇、第三电热丝、第三陶瓷支架、第三排风管、继电器、第三控制电路板组成，第二金属铝盒的后侧中部开出百叶窗，用于为第二风扇、第三风扇提供空气，第二排风管、第三排风管分别镶嵌在第二金属铝盒左右两侧，且第二排风管、第三排风管均往上翘起30度，第二电热丝均匀排布在第二陶瓷支架上，第三电热丝均匀排布在第三陶瓷支架上，第二风扇、第三风扇、第二陶瓷支架、第三陶瓷支架、继电器、第三控制电路板均放在第二金属铝盒内，且第二排风管入口、第二电热丝、第二陶瓷支架、第二风扇、第三风扇、第三电热丝、第三陶瓷支架、第三排风管入口的中心轴处于同一水平线，由第二风扇将第二电热丝的热量经第二排风管排出，用于融化为左尖轨除冰雪，第三风扇将第三电热丝的热量经第三排风管排出，用于融化为右尖轨除冰雪，第三控制电路板接收第一冰雪传感器、第二冰雪传感器、第三冰雪传感器、第四冰雪传感器发送来的结冰信息，进而通过控制继电器来分别控制第一风扇、第一电热丝、第二风扇、第二电热丝、第三风扇、第三电热丝工作。

以上修改均未超出原始说明书和权利要求书所记载的范围，符合《专利法》第三十三条的规定；同时，上述修改是针对审查意见通知书所指出的缺陷或本申请存在的缺陷进行的，符合《专利法实施细则》第五十一条第三款的规定，具体的修改请参见修改对照页及修改替换页。

**二、关于修改后的权利要求1及其从属权利要求的创造性**

本案修改后的权利要求1相对于对比文件1至少具有以下区别技术特征：

本申请具体限定了第一冰雪传感器、第一风箱、第二冰雪传感器、第三冰雪传感器、第二风箱、第四冰雪传感器、第三风箱的位置，并具体限定了第一风箱、第二风箱的结构，其中，第一风箱、第二风箱的结构和组成一致，由第一排风管、第一金属铝盒、第一电热丝、第一陶瓷支架、第一风扇组成，第一金属铝盒的右侧开出百叶窗，用于为第一风扇提供空气，第一排风管镶嵌在第一金属铝盒的左侧，第一电热丝均匀排布在第一陶瓷支架上，第一陶瓷支架、第一风扇安装在第一金属铝盒内部，且第一排风管、第一陶瓷支架、第一风扇的中心轴处于同一水平线，由第一风扇将第一电热丝的热量经第一排风管排出，用于融化为基本轨除冰雪，第三风箱由第二排风管、第二金属铝盒、第二电热丝、第二陶瓷支架、第二风扇、第三风扇、第三电热丝、第三陶瓷支架、第三排风管、继电器、第三控制电路板组成，第二金属铝盒的后侧中部开出百叶窗，用于为第二风扇、第三风扇提供空气，第二排风管、第三排风管分别镶嵌在第二金属铝盒左右两侧，且第二排风管、第三排风管均往上翘起30度，第二电热丝均匀排布在第二陶瓷支架上，第三电热丝均匀排布在第三陶瓷支架上，第二风扇、第三风扇、第二陶瓷支架、第三陶瓷支架、继电器、第三控制电路板均放在第二金属铝盒内，且第二排风管入口、第二电热丝、第二陶瓷支架、第二风扇、第三风扇、第三电热丝、第三陶瓷支架、第三排风管入口的中心轴处于同一水平线，由第二风扇将第二电热丝的热量经第二排风管排出，用于融化为左尖轨除冰雪，第三风扇将第三电热丝的热量经第三排风管排出，用于融化为右尖轨除冰雪，第三控制电路板接收第一冰雪传感器、第二冰雪传感器、第三冰雪传感器、第四冰雪传感器发送来的结冰信息，进而通过控制继电器来分别控制第一风扇、第一电热丝、第二风扇、第二电热丝、第三风扇、第三电热丝工作。

针对上述区别技术特征，本申请修改后的权利要求1实际解决的技术问题是：如何更好地实现对基本轨、左尖轨以及右尖轨进行冰雪。

对比文件1和对比文件2均未公开上述区别技术特征，具体来说：

对比文件1公开了一种预防铁路道岔结冰的装置，其只公开了将轨道温度传感器设置在轨枕上，雨雪传感器设置于控制箱，由控制箱控制导热板进行加热，但未公开多个冰雪传感器、多个风箱的具体设置位置，也未公开第一风箱、第二风箱的结构，相反，本申请通过具体限定第一风箱、第二风箱的结构，其中，第一风箱、第二风箱的结构和组成一致，由第一排风管、第一金属铝盒、第一电热丝、第一陶瓷支架、第一风扇组成，第一金属铝盒的右侧开出百叶窗，用于为第一风扇提供空气，第一排风管镶嵌在第一金属铝盒的左侧，第一电热丝均匀排布在第一陶瓷支架上，第一陶瓷支架、第一风扇安装在第一金属铝盒内部，且第一排风管、第一陶瓷支架、第一风扇的中心轴处于同一水平线，由第一风扇将第一电热丝的热量经第一排风管排出,用于融化为基本轨除冰雪,第三风箱由第二排风管、第二金属铝盒、第二电热丝、第二陶瓷支架、第二风扇、第三风扇、第三电热丝、第三陶瓷支架、第三排风管、继电器、第三控制电路板组成,第二金属铝盒的后侧中部开出百叶窗,用于为第二风扇、第三风扇提供空气,第二排风管、第三排风管分别镶嵌在第二金属铝盒左右两侧,且第二排风管、第三排风管均往上翘起30度,第二电热丝均匀排布在第二陶瓷支架上,第三电热丝均匀排布在第三陶瓷支架上,第二风扇、第三风扇、第二陶瓷支架、第三陶瓷支架、继电器、第三控制电路板均放在第二金属铝盒内,且第二排风管入口、第二电热丝、第二陶瓷支架、第二风扇、第三风扇、第三电热丝、第三陶瓷支架、第三排风管入口的中心轴处于同一水平线,由第二风扇将第二电热丝的热量经第二排风管排出,用于融化为左尖轨除冰雪,第三风扇将第三电热丝的热量经第三排风管排出,用于融化为右尖轨除冰雪,第三控制电路板接收第一冰雪传感器、第二冰雪传感器、第三冰雪传感器、第四冰雪传感器发送来的结冰信息,进而通过控制继电器来分别控制第一风扇、第一电热丝、第二风扇、第二电热丝、第三风扇、第三电热丝工作。因此,使得本申请能够更好地实现对基本轨、左尖轨以及右尖轨进行冰雪。对比文件1没有给出解决上述技术问题的、具有启示性的技术方案。

对比文件2公开了一种融雪化冰系统,其主要涉及供电单元、控制单元和加热单元的逻辑结构,因此,其没有公开上述区别技术特征,也没有给出解决上述技术问题的、具有启示性的技术方案。

此外,也没有证据表明上述区别技术特征属于本领域的公知常识,因此,本申请修改后的权利要求1相对于对比文件1以及本领域的公知常识的结合是非显而易见的,修改后的权利要求1具有突出的实质性特点和显著的进步,具备创造性,符合《专利法》第二十二条第三款的规定。

在修改后独立权利要求1具备创造性的情况下,对其进行进一步限定的修改后的从属权利要求也具备创造性,符合《专利法》第二十二条第三款的规定。

综上所述,申请人相信经过上述修改和阐述,克服了第一次审查意见中指出的缺陷,请审查员先生/女士在以上的基础上继续对本申请进行审查。如果仍不同意上述陈述的内容,恳请审查员先生/女士再给一次修改文件/陈述意见/会晤的机会。

## 6.4 发明案例4：一种汽车轮毂轴承损坏检测与报警系统

### 6.4.1 专利申请相关文件

（1）说明书

**技术领域**

[0001] 本发明涉及轴承的损坏检测与报警装置，尤其是涉及一种汽车轮毂轴承损坏检测与报警系统。

**背景技术**

[0002] 轴承是汽车驱动装置的一部分，汽车在行驶过程中，轮毂轴承是最容易出故障的零部件，高速转动的轴承由于长期重负荷行驶，极易发生表面剥离、疲劳、裂纹等故障，严重影响了汽车在行驶过程中的安全性，尤其是在高速公路上行驶的汽车，当它的轮毂轴承损坏时极易导致汽车发生侧翻、失控等事故。

[0003] 现有技术中，常见的检测汽车轮毂轴承损坏的方法是架起车辆，挂挡使车轮转动，仔细听是否有嗡嗡的响声，这种方法存在一定的缺陷，1. 汽车有的是前驱、有的是后驱、有的是全驱，所以这种方法只能判断驱动轮的轴承是否损坏；2. 这种方法不具有实时监测性，导致无法知道轮毂轴承是否出现故障。

**发明内容**

[0004] 为了解决上述问题，本发明的目的在于提供一种汽车轮毂轴承损坏检测与报警系统，其目的在于在汽车的每个轮毂轴承的轴承密封圈上分别安装无线轴承损坏探测器实时检测轮毂轴承的异常变化，当轮毂轴承发生异常变化时，将该异常信息通过无线发射装置发送到汽车仪表板上的杂物箱内的无线接收模块，通过控制器将无线接收模块接收到的信息显示在液晶显示屏上，同时语音报警器为司机提供轮毂轴承异常的信息。

[0005] 为实现上述目的，本发明提供的汽车轮毂轴承损坏检测与报警系统是这样实现的：

[0006] 一种汽车轮毂轴承损坏检测与报警系统，特征是：包括液晶显示屏、控制器、语音报警器、ZigBee路由器、无线轴承损坏探测器，液晶显示屏安装在汽车仪表板上的杂物箱上，用于显示轮毂轴承异常的信息，控制器、语音报

警器、ZigBee 路由器安装在汽车仪表板上的杂物箱内，控制器用于处理 ZigBee 路由器接收到的信息，同时控制液晶显示屏显示该信息和语音报警器为司机提供轮毂轴承损坏的报警信息，ZigBee 路由器用于接收无线轴承损坏探测器探测到的轮毂轴承被损坏的信息，无线轴承损坏探测器与轴承密封圈上紧紧黏合在一起，用于实时监测轮毂轴承被损坏的情况。

[0007] 本发明的控制器采用 STM32F104 作为内核。

[0008] 本发明的无线轴承损坏探测器由温度探测器、红外传感器、控制电路板、橡胶环、ZigBee 终端节点组成，温度探测器、红外传感器、控制电路板、ZigBee 终端节点均集成在橡胶环内部，由温度探测器、红外传感器配合探测轴承损坏情况，降低误检率，控制电路板用于处理温度探测器、红外传感器探测到的轴承损坏信息，控制电路板控制 ZigBee 终端节点将该信息发送给 ZigBee 路由器，采用强力胶水将橡胶环与轴承密封圈紧紧黏在一起，便于温度探测器、红外传感器能够很好地探测轴承损坏情况。

[0009] 本发明采的红外传感器采用热释电红外传感器。

[0010] 本发明采用 SMT 生产线将温度探测器、控制电路板、ZigBee 终端节点做成小型化电子产品，便于集成在橡胶环内。

[0011] 本发明的温度探测器上设有麦克斯韦电桥和复位电路，麦克斯韦电桥用于探测轴承温度，当换下已损坏的轴承后，复位电路对麦克斯韦电桥检测到的数据进行清除复位。

[0012] 本发明的控制电路板上设有红外热释电处理电路、积分运算电路、共射放大电路、二阶带通滤波电路、乘法运算放大电路、A/D 转换电路、ZigBee 终端节点与 STC89C52RC 单片机的连接电路，红外热释电处理电路用于处理红外传感器探测到的信息，并将该信息发送给 STC89C52RC 单片机进行处理，麦克斯韦电桥探测到的轴承损坏的信息经积分运算电路进行波形变换、共射放大电路放大处理、二阶带通滤波电路滤波处理、乘法运算放大电路进行二次放大、A/D 转换电路转换为数字信号后发送给 STC89C52RC 单片机进行处理，STC89C52RC 单片机控制 ZigBee 终端节点发送消息。

[0013] 由于本发明采用无线轴承损坏探测器实时检测轮毂轴承的异常变化，并将检测到的轴承的异常信息通过无线发射装置发送到汽车仪表板上的杂物箱内的无线接收模块，通过控制器将无线接收模块接收到的信息显示在液晶显示屏上，同时语音报警器为司机提供轮毂轴承异常的信息，从而可以得到以下有益效果：

[0014] 1. 本发明能实时监测汽车轮毂轴承被损坏的情况,并将该信息反映给行车司机。2. 本发明能检测到汽车的每个轮毂的轴承异常的信息。

**附图说明**

[0015] 图 1 为本发明的安装结构示意图;

[0016] 图 2 为本发明的无线轴承损坏探测器结构示意图;

[0017] 图 3 为本发明的红外热释电处理电路图;

[0018] 图 4 为本发明的复位电路、麦克斯韦电桥、积分运算电路、共射放大电路图;

[0019] 图 5 为本发明的二阶带通滤波电路、乘法运算放大电路、A/D 转换电路;

[0020] 图 6 为本发明的 ZigBee 终端节点与 STC89C52RC 单片机的连接图;

[0021] 图 7 为本发明的工作原理图。

[0022] 主要元件符号说明。

[0023]

| 液晶显示屏 | 1 | 控制器 | 2 |
| --- | --- | --- | --- |
| 语音报警器 | 3 | ZigBee 路由器 | 4 |
| 无线轴承损坏探测器 | 5 | 温度探测器 | 6 |
| 红外传感器 | 7 | 控制电路板 | 8 |
| 橡胶环 | 9 | ZigBee 终端节点 | 10 |

**具体实施方式**

[0024] 为使本发明的目的、特征和优点能够更加明显易懂,下面结合附图对本发明的具体实施方式做详细的说明。附图中给出了本发明的若干实施例。但是,本发明可以以许多不同的形式来实现,并不限于本文所描述的实施例。相反地,提供这些实施例的目的是使对本发明的公开内容更加透彻全面。

[0025] 需要说明的是,当元件被称为"固设于"另一个元件,它可以直接在另一个元件上或者也可以存在居中的元件。当一个元件被认为是"连接"另一个元件,它可以是直接连接到另一个元件或者可能同时存在居中元件。本文所使用的术语"垂直的""水平的""左""右""上""下"以及类似的表述只是为了说明的目的,而不是指示或暗示所指的装置或元件必须具有特定的方位、以特定的方位构造和操作,因此不能理解为对本发明的限制。

[0026] 在本发明中,除非另有明确的规定和限定,术语"安装""相连"

"连接""固定"等术语应做广义理解,例如,可以是固定连接,也可以是可拆卸连接,或一体地连接;可以是机械连接,也可以是电连接;可以是直接相连,也可以通过中间媒介间接相连,可以是两个元件内部的连通。对于本领域的普通技术人员而言,可以根据具体情况理解上述术语在本发明中的具体含义。本文所使用的术语"及/或"包括一个或多个相关的所列项目的任意的和所有的组合。

[0027] 下面结合实施例并对照附图对本发明作进一步详细说明。

[0028] 请参阅图1至图7,所示为本发明第一实施例中的汽车轮毂轴承损坏检测与报警系统,包括液晶显示屏1、控制器2、语音报警器3、ZigBee路由器4、无线轴承损坏探测器5。

[0029] 如图1所示,所述的液晶显示屏1安装在汽车仪表板上的杂物箱上,用于显示轮毂轴承异常的信息,控制器2、语音报警器3、ZigBee路由器4安装在汽车仪表板上的杂物箱内,控制器2用于处理ZigBee路由器4接收到的信息,同时控制液晶显示屏1显示该信息和语音报警器3为司机提供轮毂轴承损坏的报警信息,ZigBee路由器4用于接收无线轴承损坏探测器5探测到的轮毂轴承被损坏的信息,无线轴承损坏探测器5与轴承密封圈上紧紧黏合在一起,用于实时监测轮毂轴承被损坏的情况。

[0030] 所述的控制器2采用STM32F104作为内核。

[0031] 所述的温度探测器6和红外传感器7探测轮毂轴承损坏的依据为:轮毂轴承的温度随着运转开始慢慢上升,1至2小时后达到稳定状态,当轮毂轴承发生表面剥离、疲劳、裂纹等故障时,机械间的摩擦增大,导致轴承温度急剧上升,检测该急剧上升的温度信息即可判断对应轴承损坏情况。

[0032] 如图2所示,所述的无线轴承损坏探测器5由温度探测器6、红外传感器7、控制电路板8、橡胶环9、ZigBee终端节点10组成,温度探测器6、红外传感器7、控制电路板8、ZigBee终端节点10均集成在橡胶环9内部,将控制电路板8中预设正常汽车轮毂轴承正常时运行两个小时后得到的温度值作为阈值,由温度探测器6、红外传感器7配合探测轴承损坏情况,能有效地降低误检率,控制电路板8用于处理温度探测器6、红外传感器7探测到的轴承损坏信息,即将温度探测器6、红外传感器7配合探测到的轴承温度上升的信息与控制电路板8中的阈值进行比较,当温度探测器6、红外传感器7配合探测到的轴承温度值超过阈值且急剧上升时,控制电路板8即判断该轴承已损

坏，同时，控制电路板 8 控制 ZigBee 终端节点 10 将该信息发送给 ZigBee 路由器 4，采用强力胶水将橡胶环 9 与轴承密封圈紧紧粘在一起，便于温度探测器 6、红外传感器 7 能够很好地探测轴承损坏情况。

[0033] 所述的红外传感器 7 采用热释电红外传感器，热释电红外传感器的电源正端与 6V 稳压电源的 VCC 相连，电源负端与 6V 稳压电源的 GND 相连。

[0034] 所述的温度探测器 6、控制电路板 8、ZigBee 终端节点 10 采用 SMT 生产线将它们做成小型化电子产品，便于集成在橡胶环 9 内。

[0035] 如图 4 所示，所述的温度探测器 6 上设有麦克斯韦电桥和复位电路，麦克斯韦电桥用于探测轴承温度，当换下已损坏的轴承后，复位电路对麦克斯韦电桥检测到的数据进行清除复位，其中：复位电路由第 11—13 电阻：R11、R12、R13，第八电容 C8、第一二极管 D1、场效应管 Q1 组成，第十一电阻 R11 串联在场效应管 Q1 的栅极与 5V 稳压电源的 GND 之间，第八电容 C8 与第十三电阻 R13 并联在场效应管 Q1 的源极与 5V 稳压电源的 GND 之间，第一二极管 D1 串联在场效应管 Q1 的源极与衬底之间，第十二电阻 R12 串联在场效应管 Q1 的漏极与 5V 稳压电源的 VCC 之间；麦克斯韦电桥由第 14—16 电阻：R14、R15、R16，第九电容 C9、电感 L1、热敏电阻 Rx、第二二极管 D2、第三二极管 D3 组成，第十五电阻 R15 与第九电容 C9 并联后与第十四电阻 R14、第十六电阻 R16、电感 L1、热敏电阻 Rx 组成电桥，第十四电阻 R14 的一端与场效应管 Q1 的漏极相连，5V 稳压电源的正极与场效应管 Q1 的漏极相连，5V 稳压电源的正极负极与第十六电阻 R16 的一端相连，第二二极管 D2 与第三二极管 D3 并联在第十六电阻 R16 的另一端和第十四电阻 R14 的另一端。

[0036] 如图 3、图 4、图 6、图 6 所述的控制电路板 8 上设有红外热释电处理电路、积分运算电路、共射放大电路、二阶带通滤波电路、乘法运算放大电路、A/D 转换电路、ZigBee 终端节点 10 与 STC89C52RC 单片机的连接电路，红外热释电处理电路用于处理红外传感器 7 探测到的信息，并将该信息发送给 STC89C52RC 单片机进行处理，麦克斯韦电桥探测到的轴承损坏的信息经积分运算电路进行波形变换、共射放大电路放大处理、二阶带通滤波电路滤波处理、乘法运算放大电路进行二次放大、A/D 转换电路转换为数字信号后发送给 STC89C52RC 单片机进行处理，STC89C52RC 单片机控制 ZigBee 终端节点 10 发送消息。

[0037] 所述的红外热释电处理电路由第 1—10 电阻 R1、R2、R3、R4、R5、

R6、R7、R8、R9、R10，第 1—7 电容：C1、C2、C3、C4、C5、C6、C7，BISS0001 传感信号处理集成电路 U1 组成，热释电红外传感器 7T 的信号端与 BISS0001 传感信号处理集成电路 U1 的一级运算放大器的同相输入端 14 脚相连，第一电容 C1 与第一电阻 R1 并联在 BISS0001 传感信号处理集成电路 U1 的一级运算放大器的同相输入端 14 脚与 6V 稳压电源的 GND 之间，第二电容 C2 与第三电阻 R3 并联在 BISS0001 传感信号处理集成电路 U1 的第二级运算放大器的输出端 12 脚与第二级运算放大器的反向输入端 13 脚之间，且与第二电阻 R2、第三电容 C3 串联在 BISS0001 传感信号处理集成电路 U1 的第二级运算放大器的输出端 12 脚与一级运算放大器的输出端 16 脚之间，第四电阻 R4 串联在 6V 稳压电源的 VCC 与 BISS0001 传感信号处理集成电路 U1 的触发禁止端 9 脚之间后与 BISS0001 传感信号处理集成电路 U1 的工作电源正端 11 脚相连，第五电阻 R5 与第四电容 C4 串联在 6V 稳压电源的 GND 与 BISS0001 传感信号处理集成电路 U1 的一级运算放大器的输出端 16 脚之间后接 BISS0001 传感信号处理集成电路 U1 的一级运算放大器的反向输入端 15 脚，第七电阻 R7 串联在 6V 稳压电源的 GND 与 BISS0001 传感信号处理集成电路 U1 的工作电源负端 7 脚后与运算放大器偏执电流设置端 10 相连，第六电阻 R6 串联在 6V 稳压电源的 VCC 与 BISS0001 传感信号处理集成电路 U1 的参考电压及复位输入端 8 脚后接 BISS0001 传感信号处理集成电路 U1 的可重复触发和不可重复触发选择端 1 脚，第八电阻 R8 串联在 BISS0001 传感信号处理集成电路 U1 的触发封锁时间 Ti 的调节端 5 脚和 6 脚之间，第五电容 C5 串联在 BISS0001 传感信号处理集成电路 U1 的触发封锁时间 Ti 的调节端 5 脚和 6V 稳压电源的 GND 之间，第九电阻 R9 串联在 BISS0001 传感信号处理集成电路 U1 的输出延迟时间 Tx 的调节端 3 脚和 4 脚之间，第六电容 C6 串联在 BISS0001 传感信号处理集成电路 U1 的输出延迟时间 Tx 的调节端 4 脚和 6V 稳压电源的 GND 之间，第七电容 C7 与第十电阻 R10 并联在 6V 稳压电源的 VCC 与 GND 之间。

[0038] 所述的积分运算电路由第十电容 C10、第十一电容 C11、第十七电阻 R17、第十八电阻 R18、第一 LM324 四运算放大器 U2 组成，第十电容 C10 与第十七电阻 R17 并联在第一 LM324 四运算放大器 U2 的反向输入端 2 脚与信号输出端 1 脚之间，第一 LM324 四运算放大器 U2 的反向输入端 2 脚与第十四电阻 R14 的另一端连接，第十八电阻 R18 串联在第一 LM324 四运算放大器 U2 的信号输出端 1 脚与同向输入端 3 脚之间后接，第十六电阻 R16 的另一端，第十一电容 C11 的一端接第一 LM324 四运算放大器 U2 的信号输出端 1 脚。

[0039] 所述的共射放大电路由第19—22电阻：R19、R20、R21、R22，第十二电容C12、第十三电容C13、三极管Q2组成，第十九电阻R19串联在三极管Q2的基极与5V稳压电源的VCC之间，第十一电容C11串联在第一LM324四运算放大器U2的信号输出端1脚与三极管Q2的基极之间，第二十电阻R20串联在三极管Q2的基极与5V稳压电源的GND之间，第二十一电阻R21串联在三极管Q2的集电极与5V稳压电源的VCC之间，第二十二电阻R22与第十三电容C13并联在三极管Q2的发射极与5V稳压电源的GND之间，第十二电容C12的一端与三极管Q2的集电极相连。

[0040] 所述的二阶带通滤波电路由第23—27电阻：R23、R24、R25、R26、R27、R27，第四二极管D4、第十四电容C14、第十五电容C15、第二LM324四运算放大器U3组成，第二十三电阻R23与第十四电容C14串联在第二LM324四运算放大器U3的同相输入端3脚与第十二电容C12的另一端之间，第二十四电阻R24串联在第二LM324四运算放大器U3的反相输入端2脚与5V稳压电源的GND之间，第二十五电阻R25与第四二极管D4并联在第二LM324四运算放大器U3的反相输入端2脚与信号输出端1脚之间，第十五电容C15串联在第十四电容C14的一端和5V稳压电源的GND之间，第二十六电阻R26串联在第二LM324四运算放大器U3的同相输入端3脚与5V稳压电源的GND之间，第二十七电阻R27串联在第十四电容C14的一端和第二LM324四运算放大器U3的信号输出端1脚之间。

[0041] 乘法运算放大电路由第28—31电阻R28、R29、R30、R31，第十六电容C16、第三LM324四运算放大器U4组成，第二十八电阻R28串联在第二LM324四运算放大器U3的信号输出端1脚与第三LM324四运算放大器U4的反相输入端2脚之间，第三十电阻R30串联在第三LM324四运算放大器U4的反相输入端2脚与信号输出端1脚之间，第三十一电阻R31串联在第三LM324四运算放大器U4的信号输出端1脚与5V稳压电源的GND之间，第二十九电阻R29与第十六电容C16串联在第三LM324四运算放大器U4的同相输入端3脚与5V稳压电源的GND之间。

[0042] 所述的A/D转换电路由ADC0804模数转换器U5、第三十二电阻R32、第三十三电阻R33、第十七电容C17组成，第三十二电阻R32串联在5V稳压电源的VCC与ADC0804模数转换器U5的参考电源输入端9脚之间，第三十三电阻R33串联在ADC0804模数转换器U5时钟输入端19脚与4脚之间，第十七电容C17串联在ADC0804模数转换器U5时钟输入端4脚

与5V稳压电源的GND之间，ADC0804模数转换器U5的输入信号电压的负极端7脚、模拟电源的地线端8脚、数字电源的地线端10脚连接后接5V稳压电源的GND，ADC0804模数转换器U5的5V电源引脚端20脚接5V稳压电源的VCC。

[0043] ZigBee终端节点10与STC89C52RC单片机的连接电路由第十八电容C18、第十九电容C19、第二十电容C20、晶振Y1、开关S1、第三十四电阻R34、第三十五电阻R35、STC89C52RC单片机U6、排阻J、ZigBee终端节点10组成，晶振Y1串联在STC89C52RC单片机U6的外接时钟引脚端18脚和19脚之间，第十八电容C18串联在STC89C52RC单片机U6的外接时钟引脚端19脚与5V稳压电源的GND之间，第十九电容C19串联在STC89C52RC单片机U6的外接时钟引脚端18脚与5V稳压电源的GND之间，STC89C52RC单片机U6的内外ROM选择端接5V稳压电源的VCC，开关S1与第三十四电阻R34串联在STC89C52RC单片机U6的复位引脚端9脚与5V稳压电源的VCC之间，第二十电容C20串联在STC89C52RC单片机U6的复位引脚端9脚与5V稳压电源的VCC之间，第三十五电阻R35串联在STC89C52RC单片机U6的复位引脚端9脚与电源负极端20脚之间后连接5V稳压电源的GND，STC89C52RC单片机U6的电源正极端接5V稳压电源的VCC，排阻J串联在STC89C52RC单片机U6的I/O口32脚、33脚、34脚、35脚、36脚、37脚、38脚、39脚与ADC0804模数转换器U5的具有三态特性数字信号输出端11脚、12脚、13脚、14脚、15脚、16脚、17脚、18脚之间，STC89C52RC单片机U6的I/O口1脚与ADC0804模数转换器U5的片选信号输入端1脚连接，STC89C52RC单片机U6的I/O口2脚与ADC0804模数转换器U5的读信号输入端2脚连接，STC89C52RC单片机U6的I/O口3脚与ADC0804模数转换器U5的写信号输入端3脚连接，STC89C52RC单片机U6的I/O口4脚与ADC0804模数转换器U5的转换完毕中断提供端5脚连接，STC89C52RC单片机U6的I/O口5脚与BISS0001传感信号处理集成电路U1的控制信号输出端2脚连接，STC89C52RC单片机U6的I/O口6脚与场效应管Q1的栅极连接，ZigBee终端节点10的串行输入口端RXD与STC89C52RC单片机U6的串行输出口11脚连接，ZigBee终端节点10的串行输出口端TXD与STC89C52RC单片机U6的串行输入口11脚连接，ZigBee终端节点10的电源正极VCC与5V稳压电源的VCC连接，ZigBee终端节点10的电源负极与5V稳压电源的GND连接。

[0044] 本发明的工作原理与工作过程如下：

[0045] 如图7所示，红外传感器7将检测到的温度变化信息发送给红外热释电处理电路处理后送入STC89C52RC单片机进行数据处理，麦克斯韦电桥探测到的轴承损坏的信息经积分运算电路进行波形变换、共射放大电路放大处理、二阶带通滤波电路滤波处理、乘法运算放大电路进行二次放大、A/D转换电路转换为数字信号后发送给STC89C52RC单片机进行处理，将STC89C52RC单片机中预设正常汽车轮毂轴承正常时运行两个小时后得到的温度值作为阈值，由温度探测器6、红外传感器7配合探测轴承损坏情况，将温度探测器6、红外传感器7配合探测到的轴承温度上升的信息与控制电路板8中的阈值进行比较，当温度探测器6、红外传感器7配合探测到的轴承温度值超过阈值且急剧上升时，控制电路板8即判断该轴承已损坏，同时，控制电路板8控制ZigBee终端节点10将该信息发送给ZigBee路由器4，ZigBee路由器4将轮毂轴承损坏的信息传送给控制器2，由控制器2控制液晶显示屏1显示毂轴承损坏的信息以及控制语音报警器3为司机提供轮毂轴承损坏的语音信息。

[0046] 以上所述实施例仅表达了本发明的几种实施方式，其描述较为具体和详细，但并不能因此而理解为对本发明专利范围的限制。应当指出的是，对于本领域的普通技术人员来说，在不脱离本发明构思的前提下，还可以做出若干变形和改进，这些都属于本发明的保护范围。因此，本发明专利的保护范围应以所附权利要求为准。

[0047] 在本说明书的描述中，参考术语"一个实施例""一些实施例""示例""具体示例"或"一些示例"等的描述意指结合该实施例或示例描述的具体特征、结构、材料或者特点包含于本发明的至少一个实施例或示例中。在本说明书中，对上述术语的示意性表述不一定指的是相同的实施例或示例。而且，描述的具体特征、结构、材料或者特点可以在任何的一个或多个实施例或示例中以合适的方式结合。

[0048] 以上所述实施例仅表达了本发明的几种实施方式，其描述较为具体和详细，但并不能因此而理解为对本发明专利范围的限制。应当指出的是，对于本领域的普通技术人员来说，在不脱离本发明构思的前提下，还可以做出若干变形和改进，这些都属于本发明的保护范围。因此，本发明专利的保护范围应以所附权利要求为准。

（2）说明书附图

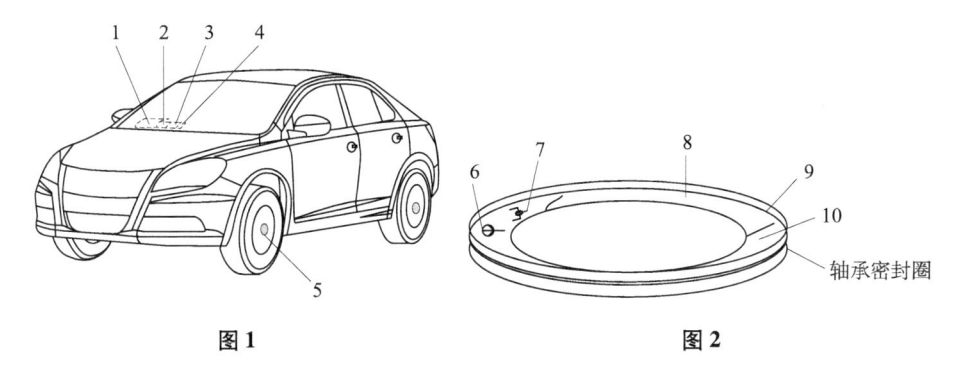

图 1

图 2

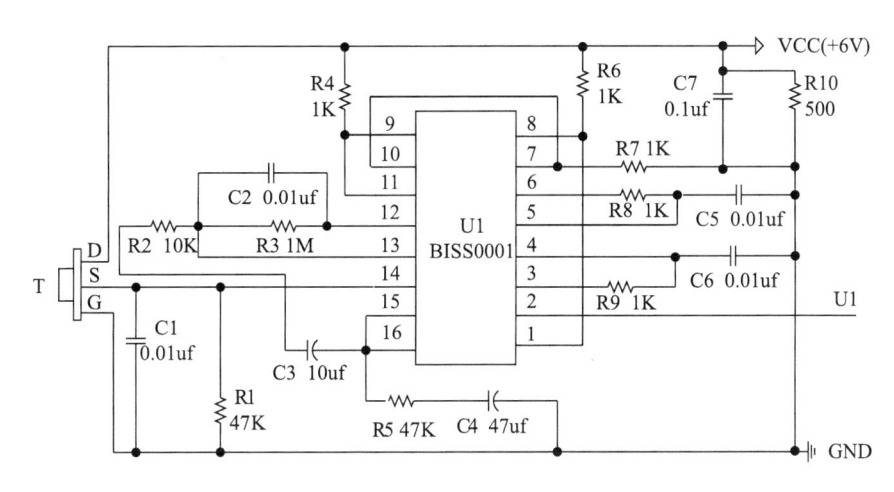

图 3

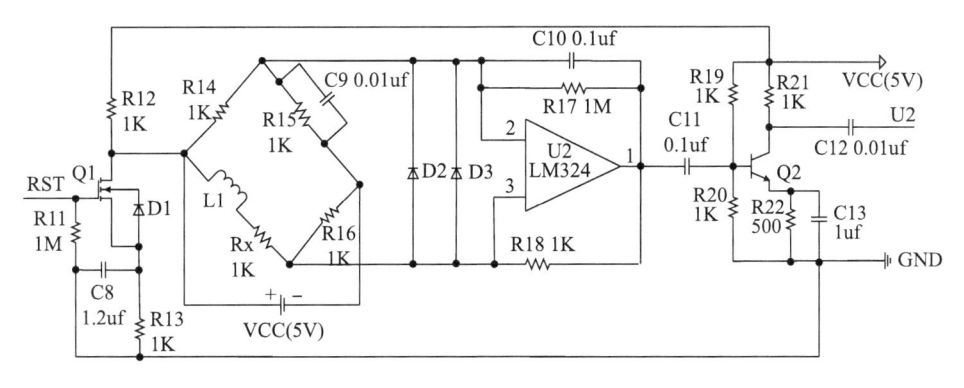

图 4

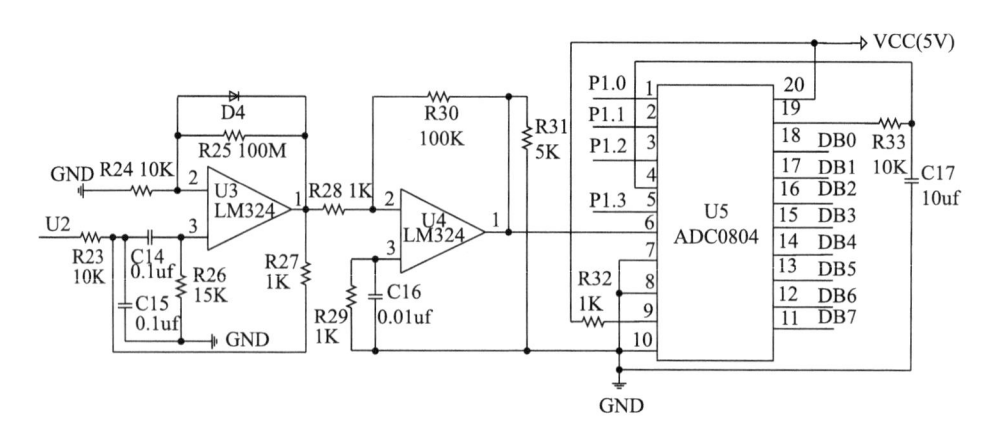

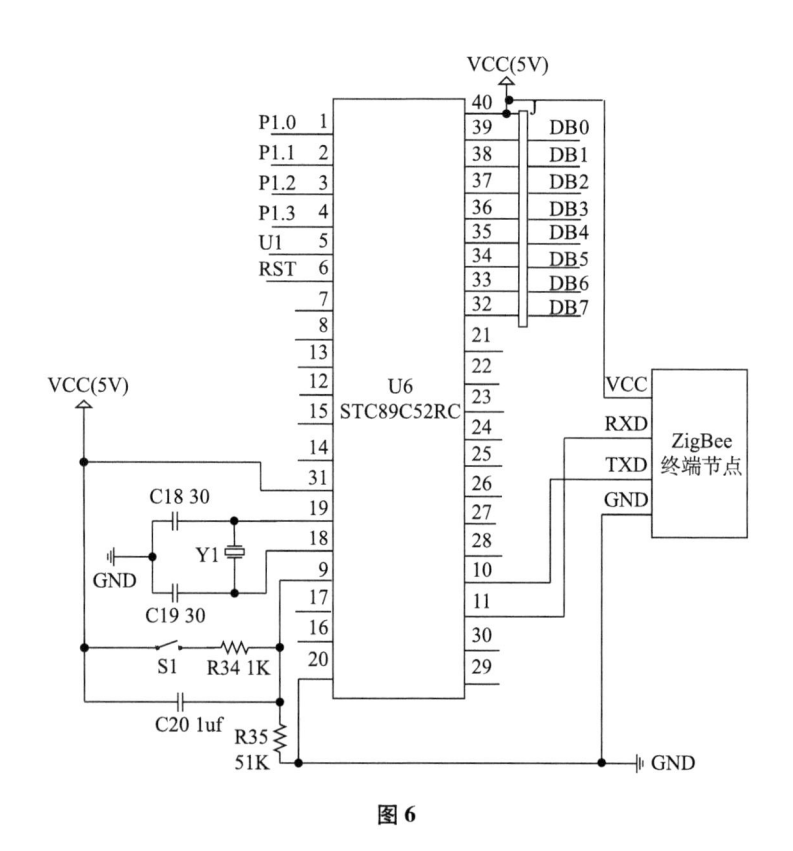

图 5

图 6

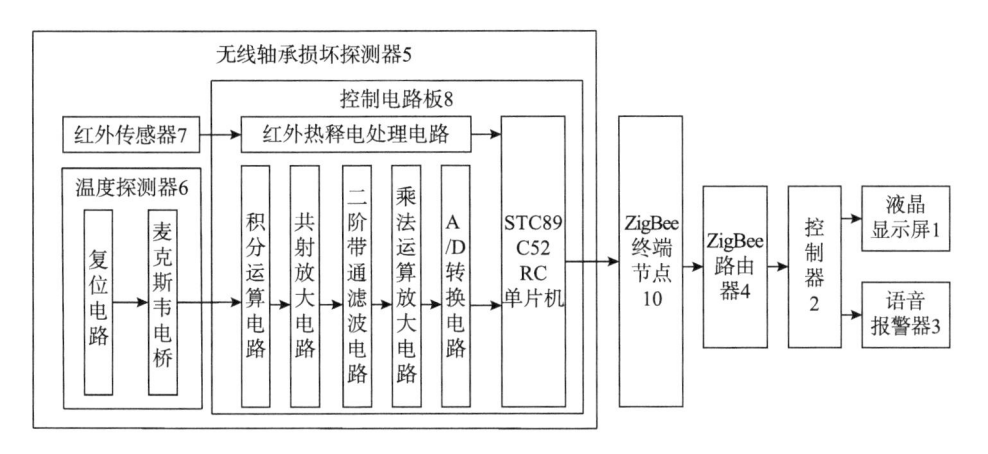

图 7

（3）权利要求书

① 一种汽车轮毂轴承损坏检测与报警系统，特征是：包括液晶显示屏、控制器、语音报警器、ZigBee 路由器、无线轴承损坏探测器，液晶显示屏安装在汽车仪表板上的杂物箱上，用于显示轮毂轴承异常的信息，控制器、语音报警器、ZigBee 路由器安装在汽车仪表板上的杂物箱内，控制器用于处理 ZigBee 路由器接收到的信息，同时控制液晶显示屏显示该信息和语音报警器为司机提供轮毂轴承损坏的报警信息，ZigBee 路由器用于接收无线轴承损坏探测器探测到的轮毂轴承被损坏的信息，无线轴承损坏探测器与轴承密封圈上紧紧黏合在一起，用于实时监测轮毂轴承被损坏的情况。

② 根据权利要求 1 所述的汽车轮毂轴承损坏检测与报警系统，其特征在于：无线轴承损坏探测器由温度探测器、红外传感器、控制电路板、橡胶环、ZigBee 终端节点组成，温度探测器、红外传感器、控制电路板、ZigBee 终端节点均集成在橡胶环内部，将控制电路板中预设正常汽车轮毂轴承正常时运行两个小时后得到的温度值作为阈值，由温度探测器、红外传感器配合探测轴承损坏情况，能有效地降低误检率，控制电路板用于处理温度探测器、红外传感器探测到的轴承损坏信息，即将温度探测器、红外传感器配合探测到的轴承温度上升的信息与控制电路板中的阈值进行比较，当温度探测器、红外传感器配合探测到的轴承温度值超过阈值且急剧上升时，控制电路板即判断该轴承已损坏，同时，控制电路板控制 ZigBee 终端节点将该信息发送给 ZigBee 路由器，采用强力胶水将橡胶环与轴承密封圈紧紧粘在一起，便于温度探测器、红外传感器能够很好地探测轴承损坏情况。

创新发明与专利申请实务

③根据权利要求1所述的汽车轮毂轴承损坏检测与报警系统,其特征在于:所述温度探测器上设有麦克斯韦电桥和复位电路,麦克斯韦电桥用于探测轴承温度,当换下已损坏的轴承后,复位电路对麦克斯韦电桥检测到的数据进行清除复位,其中:复位电路由第11—13电阻:R11、R12、R13,第八电容C8、第一二极管D1、场效应管Q1组成,第十一电阻R11串联在场效应管Q1的栅极与5V稳压电源的GND之间,第八电容C8与第十三电阻R13并联在场效应管Q1的源极与5V稳压电源的GND之间,第一二极管D1串联在场效应管Q1的源极与衬底之间,第十二电阻R12串联在场效应管Q1的漏极与5V稳压电源的VCC之间;麦克斯韦电桥由第14—16电阻:R14、R15、R16,第九电容C9、电感L1、热敏电阻Rx、第二二极管D2、第三二极管D3组成,第十五电阻R15与第九电容C9并联后与第十四电阻R14、第十六电阻R16、电感L1、热敏电阻Rx组成电桥,第十四电阻R14的一端与场效应管Q1的漏极相连,5V稳压电源的正极与场效应管Q1的漏极相连,5V稳压电源的正极负极与第十六电阻R16的一端相连,第二二极管D2与第三二极管D3并联在第十六电阻R16的另一端和第十四电阻R14的另一端。

④根据权利要求1所述的汽车轮毂轴承损坏检测与报警系统,其特征在于:积分运算电路由第十电容C10、第十一电容C11、第十七电阻R17、第十八电阻R18、第一LM324四运算放大器U2组成,第十电容C10与第十七电阻R17并联在第一LM324四运算放大器U2的反向输入端2脚与信号输出端1脚之间,第一LM324四运算放大器U2的反向输入端2脚与第十四电阻R14的另一端连接,第十八电阻R18串联在第一LM324四运算放大器U2的信号输出端1脚与同向输入端3脚之间后接,第十六电阻R16的另一端,第十一电容C11的一端接第一LM324四运算放大器U2的信号输出端1脚;共射放大电路由第19—22电阻:R19、R20、R21、R22,第十二电容C12、第十三电容C13、三极管Q2组成,第十九电阻R19串联在三极管Q2的基极与5V稳压电源的VCC之间,第十一电容C11串联在第一LM324四运算放大器U2的信号输出端1脚与三极管Q2的基极之间,第二十电阻R20串联在三极管Q2的基极与5V稳压电源的GND之间,第二十一电阻R21串联在三极管Q2的集电极与5V稳压电源的VCC之间,第二十二电阻R22与第十三电容C13并联在三极管Q2的发射极与5V稳压电源的GND之间,第十二电容C12的一端与三极管Q2的集电极相连。

⑤根据权利要求1所述的汽车轮毂轴承损坏检测与报警系统,其特征在

于：所述二阶带通滤波电路由第 23—27 电阻：R23、R24、R25、R26、R27、R27，第四二极管 D4、第十四电容 C14、第十五电容 C15、第二 LM324 四运算放大器 U3 组成，第二十三电阻 R23 与第十四电容 C14 串联在第二 LM324 四运算放大器 U3 的同相输入端 3 脚与第十二电容 C12 的另一端之间，第二十四电阻 R24 串联在第二 LM324 四运算放大器 U3 的反相输入端 2 脚与 5V 稳压电源的 GND 之间，第二十五电阻 R25 与第四二极管 D4 并联在第二 LM324 四运算放大器 U3 的反相输入端 2 脚与信号输出端 1 脚之间，第十五电容 C15 串联在第十四电容 C14 的一端和 5V 稳压电源的 GND 之间，第二十六电阻 R26 串联在第二 LM324 四运算放大器 U3 的同相输入端 3 脚与 5V 稳压电源的 GND 之间，第二十七电阻 R27 串联在第十四电容 C14 的一端和第二 LM324 四运算放大器 U3 的信号输出端 1 脚之间；乘法运算放大电路由第 28—31 电阻 R28、R29、R30、R31，第十六电容 C16、第三 LM324 四运算放大器 U4 组成，第二十八电阻 R28 串联在第二 LM324 四运算放大器 U3 的信号输出端 1 脚与第三 LM324 四运算放大器 U4 的反相输入端 2 脚之间，第三十电阻 R30 串联在第三 LM324 四运算放大器 U4 的反相输入端 2 脚与信号输出端 1 脚之间，第三十一电阻 R31 串联在第三 LM324 四运算放大器 U4 的信号输出端 1 脚与 5V 稳压电源的 GND 之间，第二十九电阻 R29 与第十六电容 C16 串联在第三 LM324 四运算放大器 U4 的同相输入端 3 脚与 5V 稳压电源的 GND 之间；A/D 转换电路由 ADC0804 模数转换器 U5、第三十二电阻 R32、第三十三电阻 R33、第十七电容 C17 组成，第三十二电阻 R32 串联在 5V 稳压电源的 VCC 与 ADC0804 模数转换器 U5 的参考电源输入端 9 脚之间，第三十三电阻 R33 串联在 ADC0804 模数转换器 U5 时钟输入端 19 脚与 4 脚之间，第十七电容 C17 串联在 ADC0804 模数转换器 U5 时钟输入端 4 脚与 5V 稳压电源的 GND 之间，ADC0804 模数转换器 U5 的输入信号电压的负极端 7 脚、模拟电源的地线端 8 脚、数字电源的地线端 10 脚连接后接 5V 稳压电源的 GND，ADC0804 模数转换器 U5 的 5V 电源引脚端 20 脚接 5V 稳压电源的 VCC。

## 6.4.2 专利答复

（1）审查意见通知书

国家知识产权局发出的审查意见通知书如附件 4 所示。

## 国 家 知 识 产 权 局
### 第 一 次 审 查 意 见 通 知 书

申请号：2017

本申请涉及一种汽车轮毂轴承损坏检测与报警系统，经审查，现提出如下的审查意见。

**1. 权利要求1不具备专利法第二十二条第三款规定的创造性。**

权利要求1要求保护一种汽车轮毂轴承损坏检测与报警系统，对比文件1(CN 203455108U)公开了一种汽车轮毂轴承温度监测报警装置，其实质上也公开了一种汽车轮毂轴承损坏检测与报警系统，并具体公开了如下技术特征（参见说明书第3-16段，附图1）：包括液晶显示屏、微处理器（即控制器）、语音芯片（即语音报警器）、射频发射电路、射频接收电路、轮毂轴承温度监测模块（即无线轴承损坏探测器），液晶显示屏用于显示轮毂轴承异常的信息，微处理器用于处理射频接收电路接收到的信息，同时控制液晶显示屏显示该信息和语音芯片为司机提供轮毂轴承损坏的报警信息，射频接收模块用于接收轴承温度监测模块探测到的轮毂轴承被损坏的信息，轴承温度监测模块安装在轮头上，用于实时监测轮毂轴承被损坏的情况。

该权利要求所要求保护的技术方案与对比文件1公开的内容相比，区别技术特征在于：

（1）检测信息的无线传输是通过ZigBee路由器进行的；控制器、语音报警器、ZigBee路由器安装在汽车仪表板上的杂物箱内；液晶显示屏安装在汽车仪表板上的杂物箱上；

（2）无线轴承损坏探测器与轴承密封圈上紧紧粘合在一起；

基于上述区别技术特征（1），本申请实际解决的技术问题为：如何使驾驶员能更方便的得知汽车轴承的异常信息情况，对比文件2(CN 205686292U)公开了一种高速公路团雾中行车安全装置，并具体公开了如下技术特征（参见说明书第3-23段，附图1-4）：控制电路板、ZigBee协调器、ZigBee网络终端节点、特殊语音发生器、语音报警器安装在汽车仪表板上的杂物箱内，上述特征是为了使驾驶员能更方便的得知汽车与周围车辆的距离的预警信息情况，本领域技术人员在面对如何使驾驶员能更方便的得知汽车轴承的异常信息情况时，基于对比文件2给出的方便驾驶员得知汽车与周围车辆的距离的预警信息情况的启示，有动机的对对比文件1进行改进，即检测信息的无线传输是通过ZigBee路由器进行的以及控制器、语音报警器、ZigBee路由器安装在汽车仪表板上的杂物箱内，将液晶显示屏安装在汽车仪表板上的杂物箱上都是本领域的常规设置；

基于上述区别技术特征（2），本申请实际解决的技术问题为：将无线轴承损坏探测器安装在何处，由于对比文件1已经公开了"轴承温度监测模块安装在轮头上，用于实时监测轮毂轴承被损坏的情况"，而根据需要将无线轴承损坏探测器安装与轴承密封圈上紧紧粘合在一起也是本领域的常规设置。

210401　　纸件申请，回函请寄：100088 北京市海淀区蓟门桥西土城路6号　国家知识产权局专利局受理处收
2018.10　　电子申请，应当通过电子专利申请系统以电子文件形式提交相关文件。除另有规定外，以纸件等其他形式提交的文件视为未提交。

## 国家知识产权局

因此，在对比文件 1 的基础上结合对比文件 2 以及本领域常用技术手段得出该权利要求所要求保护的技术方案，对本领域的技术人员来说是显而易见的，因此该权利要求所要求保护的技术方案不具有突出的实质性特点和显著的进步，因而不具备创造性。

**2. 权利要求 2 不具备专利法第二十二条第三款规定的创造性。**

权利要求 2 对上述权利要求 1 作了进一步的限定，其限定部分的附加技术特征为："无线轴承损坏探测器由温度探测器、红外传感器、控制电路板、橡胶环、ZigBee 终端节点组成，温度探测器、红外传感器、控制电路板、ZigBee 终端节点均集成在橡胶环内部，在控制电路板中预设正常汽车轮毂轴承正常时运行两个小时得到的温度值作为阈值，由温度探测器、红外传感器配合探测轴承损坏情况，能有效的降低误检率，控制电路板用于处理温度探测器、红外传感器探测到的轴承损坏信息，即将温度探测器、红外传感器配合探测到的轴承温度上升的信息与控制电路板中的阈值进行比较，当温度探测器、红外传感器配合探测到的轴承温度值超过阈值且急剧上升时，控制电路板即判断该轴承已损坏，同时，控制电路板控制 ZigBee 终端节点将该信息发送给 ZigBee 路由器，采用强力胶水将橡胶环与轴承密封圈紧紧粘在一起，便于温度探测器、红外传感器能够很好的探测轴承损坏情况"。对比文件 1 进一步公开了（参见说明书第 3-16 段，附图 1）：轮毂轴承温度检测模块通过无线方式把温度信息以及电池信息发给信息处理模块，信息处理模块通过无线方式接收轮毂轴承温度检测模块发送的信息，轮毂轴承温度检测模块由温度传感器、低功率微控制器、射频发射电路和锂电池连接组成，低功率微控制器的输入端连接温度传感器，输出端连接射频发射电路。而为了更准确的确定轮毂的温度信息，设置无线轴承损坏探测器由温度探测器、红外传感器、控制电路板、橡胶环、ZigBee 终端节点组成，温度探测器、红外传感器、控制电路板、ZigBee 终端节点均集成在橡胶环内部，在控制电路板中预设正常汽车轮毂轴承正常时运行两个小时得到的温度值作为阈值，由温度探测器、红外传感器配合探测轴承损坏情况，能有效的降低误检率，控制电路板用于处理温度探测器、红外传感器探测到的轴承损坏信息，即将温度探测器、红外传感器配合探测到的轴承温度上升的信息与控制电路板中的阈值进行比较，当温度探测器、红外传感器配合探测到的轴承温度值超过阈值且急剧上升时，控制电路板即判断该轴承已损坏，同时，控制电路板控制 ZigBee 终端节点将该信息发送给 ZigBee 路由器，采用强力胶水将橡胶环与轴承密封圈紧紧粘在一起，便于温度探测器、红外传感器能够很好的探测轴承损坏情况，这些都是本领域的常规设置。因此，在其引用的权利要求不具备创造性的情况下，该从属权利要求也不具备创造性。

**3. 权利要求 3-5 不具备专利法第二十二条第三款规定的创造性。**

权利要求 3-5 是对上述权利要求 1 作了进一步的限定，都是对温度探测器中的电路的设定，

## 国家知识产权局

而本领域技术人员根据需要设置麦克斯韦电桥、复位电路、积分运算电路、共射放大电路、二阶带通滤波电路以及乘法运算放大电路，以及具体设置各电路的组成，都是本领域的常规设置。因此，在其引用的权利要求不具备创造性的情况下，该从属权利要求也不具备创造性。

基于上述理由，本申请的独立权利要求以及从属权利要求都不具备创造性，同时说明书中也没有记载其他任何可以授予专利权的实质性内容，因而即使申请人对权利要求进行重新组合和/或根据说明书记载的内容作进一步的限定，本申请也不具备被授予专利权的前景。如果申请人不能在本通知书规定的答复期限内提出表明本申请具有创造性的充分理由，本申请将被驳回。

根据专利法第37条的规定，申请人应当在收到本通知书之日起的4个月内陈述意见或对申请文件进行修改，无正当理由逾期不答复的，该申请即被视为撤回，对进入实质审查阶段的发明专利申请，在第一次审查意见通知书答复期限届满前（已提交答复意见的除外）主动申请撤回的，可以请求退还50%的专利申请实质审查费。

审查员电话0371-87790627，或审查值班电话0371-87792282代为转达。

审查员姓名：
审查员代码：

210401
2018.10
纸件申请，回函请寄：100088 北京市海淀区蓟门桥西土城路6号 国家知识产权局专利局受理处收
电子申请，应当通过电子专利申请系统以电子文件形式提交相关文件。除另有规定外，以纸件等其他形式提交的文件视为未提交。

**附件4  发明案例4 审查意见通知书**

(2) 审查意见答复

审查意见的具体答复如下所示。

尊敬的审查员：

　　首先感谢您在百忙之中对本申请提出的宝贵意见，本申请人已详细阅读。本意见陈述是针对国家知识产权局对申请号为"2017×××××××.×"专利申请所发出的第一次审查意见通知书中的审查意见进行答复。申请人认真研读了第一次审查意见，申请人对您的审查意见进行了认真考虑，对申请文件做出了修改，并提出以下意见陈述：

**一、修改说明**

　　本次修改是在申请日提交的原始申请文件的基础上进行的。

　　申请人将原说明书中第［0010］和［0036］段的技术内容以及原权利要求2的技术内容并入至原权利要求1中形成新的权利要求1，并删除了原权利要求2，调整了后续权利要求的编号。

　　以上修改均未超出原始说明书和权利要求书所记载的范围，符合《专利法》第三十三条的规定；同时，上述修改是针对审查意见通知书所指出的缺陷或本申请存在的缺陷进行的，符合《专利法实施细则》第五十一条第三款的规定，具体的修改请参见修改对照页及修改替换页。

**二、关于修改后的权利要求1及其从属权利要求的创造性**

　　本案修改后的权利要求1相对于对比文件1至少具有以下区别技术特征：

　　本申请具体限定了无线轴承损坏探测器的结构，该无线轴承损坏探测器由温度探测器、红外传感器、控制电路板、橡胶环、ZigBee终端节点组成，此外，本申请具体限定了无线轴承损坏探测器的工作方式。

　　针对上述区别技术特征，本申请修改后的权利要求1实际解决的技术问题是：提供另一种用于检测汽车轮毂轴承损坏的系统，且该系统的检测准确度更高。

　　对比文件1和对比文件2均未公开上述区别技术特征，具体阐述如下：

　　对比文件1公开了一种汽车轮毂轴承温度监测报警装置，具体公开了"本实用新型由轮毂轴承温度检测模块1和信息处理模块2构成，在汽车的每个轴头安装一个轮毂轴承温度检测模块1，轮毂轴承温度检测模块1通过无线方式把温度信息及电池信息发给信息处理模块2，信息处理模块2

通过无线方式接收轮毂轴承温度检测模块发送的信息，轮毂轴承温度检测模块 1 由温度传感器、低功率微控制器、射频发射电路和锂电池连接组成，低功率微控制器的输入端连接温度传感器，输出端连接射频发射电路，锂电池给轮毂轴承温度检测模块 1 供电；信息处理模块 2 由射频接收电路、液晶显示屏、语音芯片、微处理器和键盘连接组成，微处理器的输入端连接射频接收电路和键盘，输出端连接液晶显示屏和语音芯片"，可见，对比文件 1 公开的轮毂轴承温度检测模块由射频接收电路、液晶显示屏、语音芯片、微处理器和键盘连接组成，而本申请的无线轴承损坏探测器由温度探测器、红外传感器、控制电路板、橡胶环、ZigBee 终端节点组成，两种结构并不相同，本申请是通过温度探测器、红外传感器配合探测轴承损坏情况，且本申请将温度探测器、控制电路板、ZigBee 终端节点做成小型化电子产品，便于集成在橡胶环内，因此，本申请提供了另一种用于检测汽车轮毂轴承损坏的系统，此外，本申请通过温度探测器、红外传感器配合探测轴承损坏情况，控制电路板将温度探测器、红外传感器配合探测到的轴承温度上升的信息与控制电路板中的阈值进行比较，当温度探测器、红外传感器配合探测到的轴承温度值超过阈值且急剧上升时，控制电路板即判断该轴承已损坏，能有效地降低误检率，提升检测准确度。因此，对比文件 1 没有公开上述区别技术特征。

对比文件 2 公开了一种高速公路团雾中行车安全装置，其目的是"在汽车驶入团雾中时，向后方车辆提供急剧减速信息；在车距缩小到预定值时，语音报警器为车主提供预警信息；汽车喇叭发出特殊声音来提醒周围司机，为附近车辆提供报警信息。使司机在团雾中能安全行驶，降低高速公路交通安全事故"。对比文件 2 并未公开与检测汽车轮毂轴承损坏相关的技术方案，因此，对比文件 2 没有公开上述区别技术特征。

此外，也没有证据表明上述区别技术特征属于本领域技术人员的公知常识，因此，本申请修改后的权利要求 1 相对于对比文件 1、对比文件 2 以及本领域技术人员的公知常识的结合是非显而易见的，修改后的权利要求 1 具有突出的实质性特点和显著的进步，具备创造性，符合《专利法》第二十二条第三款的规定。

在修改后独立权利要求 1 具备创造性的情况下，对其进行进一步限定的修改后的从属权利要求也具备创造性，符合《专利法》第二十二条第三款的规定。

综上所述，申请人相信经过上述修改和阐述，克服了第一次审查意见中指出的缺陷，请审查员先生/女士在以上的基础上继续对本申请进行审查。如果仍不同意上述陈述的内容，恳请审查员先生/女士再给一次修改文件/陈述意见/会晤的机会。

# 第 7 章 专利布局

## 7.1 专利布局的基本原则

专利布局是专利战略思想的体现和延伸，是一个为达到某种战略目标而有意识、有目的的专利规划过程。专利布局需要考虑诸多因素包括产业、市场、技术和法律等诸多因素，同时还要结合技术领域、专利申请地域、申请时间、申请类型和申请数量等诸多手段。企业要更多地注重未来市场中的技术控制力和竞争力来进行专利布局。

因此，任何形式的专利布局都不是凭空构建，而是依据一定的技术保护和市场竞争需求开展完成的，既会涉及企业内部的各类资源的分配和使用，也会涉及外部环境的评估和考量，更会涉及对自身的定位和对技术、产业长期发展态势的预判。而专利布局中涉及的因素和信息的复杂性，使企业在制定专利布局规划和实施专利布局行为时，有时会迷失正确的方向，或是陷于盲目的申请行为中。因此，在开展专利布局前，有必要了解专利布局的基本原则，以便能够更为灵活、实效地选择适宜的模式，开展专利布局。

（1）目的性

通常来说，专利布局的最终目的是让企业制定更符合自身发展的战略和商业模式。因此，企业进行专利布局最重要的原则就是在遵循专利布局目的的情况下，选择最合适、最有利的布局方式及其策略。由此，专利布局表现为一种有计划、有目的并且持续的专利申请行为，正是这种根据一定的目标而规划或设计的专利申请行为，才能真正形成专利保护网，并借此实现专利价值的最大化。

相反，如果毫无目的且抱着只想以量取胜的想法而去申请专利，那么不仅会对企业资源造成巨大的浪费，还极有可能在给自己的竞争对手留下模仿机会的同时失去最佳专利布局时机。盲目的专利申请虽然可能会带来大量的专利，但这些专利在布局结构或者撰写方面可能存在各种问题，因此不能很好地发挥专利的保护作用，也无法通过此类专利来完成对企业核心技术及重要产品的保护，最终极有可能使企业在与其他竞争对手的博弈中处于劣势，丧失市场先机及主导权。

(2) 前瞻性

"产品研发，专利先行"，企业出于使自己能够在未来市场中比竞争对手更具话语权、更有竞争优势的目的，往往会针对自己的产品及其改进方法进行专利申请和部局。因而，对专利布局的规划必须具备前瞻性，同时在其策略上必须牢牢把握未来市场发展的方向，如图7-1所示。

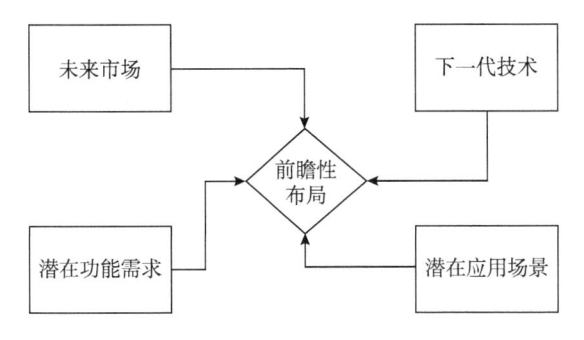

**图7-1 前瞻性布局**

每当新的技术变革出现时，那些故步自封、不愿进行改变的企业往往会因为无法适应新的市场环境而被市场所淘汰，而那些积极改变、拥抱创新、追求进步的企业则可以很快适应技术变革所带来的变化，使自己能够在新的市场环境下站稳脚步、掌握主导权。对于那些身处技术变革较快产业的企业来说，在制定专利布局时，及时获取与产业相关的新的技术知识显得尤为重要。

(3) 实效性

任何形式的专利布局的最终目的都是以合理专利投入来保障企业的市场自由。理想的情况下，企业可以通过大量的专利群来建立严密的防护网。但现实情况是，企业每年的专利工作预算、专业人员配置、技术研发能力都有限，同时在某领域内已经积累了大量的专利或专利申请，这些专利或专利申请有时反而成为企业市场拓展的障碍和潜在的风险，也压缩了企业专利布局的空间。

因此，在开展专利布局时，企业需要靠自身的技术优势，有重点地进行突围。大多数情况下，专利布局首先要确保方向正确，紧紧围绕企业差异化的技术竞争优势来展开，通过个别布局点位上的突破来推动企业整体专利竞争优势的提升。例如，可以对竞争对手的细分技术领域开展分析，聚焦自身技术超出竞争对手的细分技术领域，通过聚焦突破，初步确立自己的优势技术，强化相对竞争优势，进而进一步通过提高研发能力，拓展相对优势领域，实现以相对优势带动整体优势。利用有限的企业资源、有限的研发能力、有限的布局空间以及特定的商业需求来实现重点领域突围、突出优势技术、优化布局结构、强调专业质量以及聚焦竞争范围。

（4）针对性

任何形式的专利布局的运用场景都无外乎是以侵权诉讼、专利威慑等方式阻击竞争对手或削弱竞争对手的专利控制力和市场竞争力。因此，一定要在考虑竞争需求的基础上进行专利布局，也就是说对产品的所有技术的专利布局，都必须有针对性地开展，如图7-2所示。

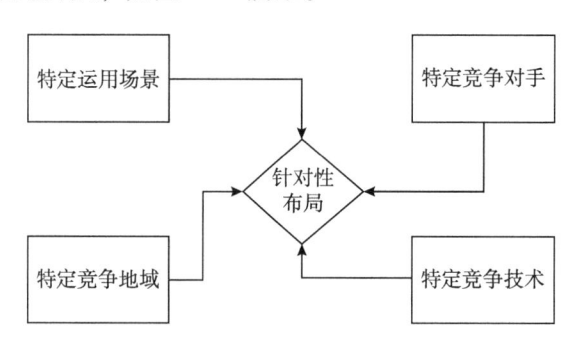

图7-2 针对性布局

针对不同的情况，采取不同的措施。如果竞争对手在该领域没有取得技术优势，那么就要思考自身如何能在该领域实现突破，并且在取得突破的同时进行大量的专利申请，从而形成技术壁垒，使自身处于优势地位；如果竞争对手在该领域已经取得了一定的技术优势，那么就要思考是否能够从外围突破其封锁；如果在某个领域双方都未涉足，就要抢先一步进行专利申请。

（5）匹配性

不同的产业运行规律、企业在产业中所处的不同地位和其市场体量，以及不同的技术/产品发展阶段决定了企业在进行专利布局时需要制定不同的专利布局规划。

在开展专利布局时，企业对于产业应该有一个总体的认知。以传统的产业来说，其市场已经成熟和饱和，且竞争格局已经形成，同时技术壁垒早已存在，从而使得在该产业的技术创新的难度增大。因此，在进行专利布局时，企业需要聚焦的是如何找到切入点，在研究现有技术的基础上预测可以改进的方向，以点带面来完成技术的突破。不同于传统产业，新兴产业的市场还在发展之中，竞争格局没有形成，且产业的技术壁垒还未存在，可选择的技术创新方向还有很多。因此，在进行专利布局时，企业有更多的机会来尝试新的技术创新的方向，从而确立自身的技术优势。专利布局策略需要匹配市场体量、匹配技术的产业地位、匹配技术发展趋势及匹配产业发展规律四个方面。

（6）价值性

匹配产业专利布局的效果不是以数量取胜，而是以质量取胜。对于企业来说，大量低价值专利所起到的作用远远比不上少数几件高质量、高价值的专利。因此，企业为了节约财力、物力和人力，要在进行价值筛选的基础上，来开展专利布局。

专利的价值大小一般可以通过其技术的原创程度、技术的影响范围、所处的产业链位置、技术的市场竞争力、所归属的技术路线的发展趋势等诸多因素进行预先评判。集中优势资源，围绕位于产业高价值端、高价值点位的技术进行专利布局，是强化企业专利竞争力的有力措施和战略选择。

专利的价值不单单能够在其个体的技术及法律价值上得到体现，更重要的是能够通过专利布局形成的专利网体现出其整体的组合价值，如图 7-3 所示。

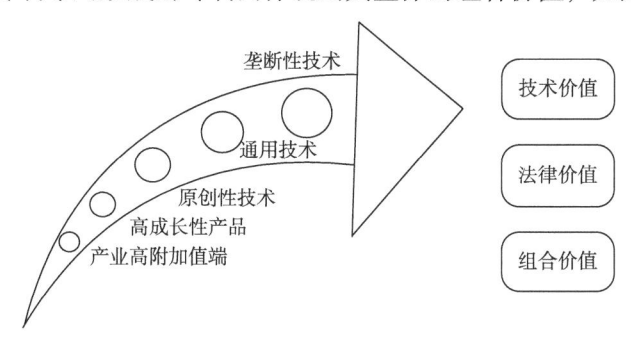

图 7-3 专利布局的价值体现

（7）体系性

在进行专利布局时，为了避免不必要的资源浪费，不仅要体系性地考虑专利的数量，还要考虑专利所要保护的技术主题、具体的技术内容及相互之间的联系。

以产品层面的专利布局为例，在地域上要考虑全面和侧重，在时间上要考虑延续性，从而形成完整的保护体系，如图 7-4 所示。在体系性的专利布局指导下，企业所获得的专利并不是相互离散、相互独立、毫无联系的个体，而是以特定的技术和产品为中心，由多个存在内在联系、能够有机结合的专利共同组成的专利组合。通过这样的方式，企业可以在很大程度上增强对自身优势技术点的保护效果，且使自身在与对手的竞争中能够旗鼓相当甚至处于有利地位。

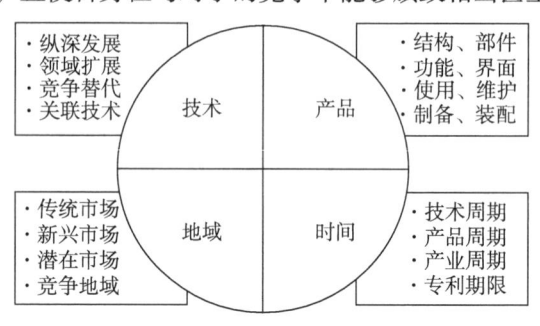

图 7-4 专利布局的体系

(8) 策略性

如上所述，专利布局不是简单的数量堆砌，也并不是追求完美的完全覆盖。作为商业竞争中的一种手段或是战略储备，在有限的资源和特定的商业需求下，专利布局一定要讲究策略。

上述策略性首先表现在专利布局的技术、产品结构的整体设计上，同时在整体结构设计的基础上，从专利保护和市场竞争的观点出发，不仅需要考虑到产业环境、竞争环境等诸多外部因素的变化，还要考虑到在世界范围内的技术变革等内部因素的变化，从而能够及时调整自己的专利布局以适应其变化，因此，才能合理地选择专利申请的类型、专利公开时间及布局地域；其次，策略性还表现在针对不同的市场需求和竞争环境，可以采取不同的专利布局模式，甚至可以采用购买专利等手段来扩充自己的专利库。

总之，专利布局是以目的性和前瞻性为前提，并考虑实效性、针对性、匹配性、价值性和体系性，最终体现为策略性的灵活选择和综合运用。

## 7.2 专利组合的类型

专利布局的每个技术点，都可能是若干专利组成的专利组合。因此，在考虑具体的专利布局方式时，还可以从选择特定的组合类型角度来落实。根据专利组合的结构形态，可以分为集束型、降落伞型、星系型、链型和网状覆盖型五种基本模式。在上述模式中,将基础性专利与各种类型的专利进行组合,能够实现对某种技术或产品的不同保护功能。在此基础上,还可以进一步形成策略组合的综合类型。

(1) 集束型专利组合

集束型专利组合通常由某一种技术方案的基础性专利和其他替换方案的竞争性专利共同组成,可以根据自身的实际情况,选择能够解决自身问题的一个或多个技术方案来进行专利布局。当然,也可以通过特征替换的方法,即将技术方案中能够解决自身缺陷的技术特征、特征组合等根据要求自由替换,或者将技术特征的组合关系进行替换、变化使之成为一种新的技术方案进行专利布局。一般而言,进行替换的技术特征或特征组合能够是功能、结构等相近的成分、步骤等。这种组合类型通常用于核心技术的保护,适用于设置专利屏障,阻碍竞争对手的模仿。集束型专利组合如图7-5所示。

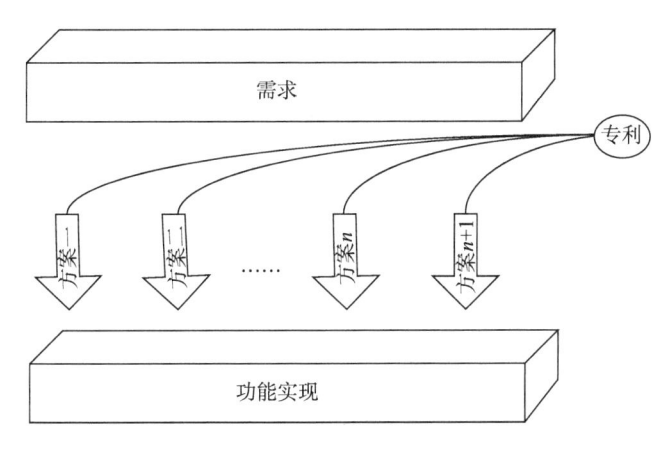

图7-5 集束型专利组合

(2) 降落伞型专利组合

降落伞型专利组合由某一技术方案的基础性专利及其主要的改进方向上的若干互补专利构成,其可以是改进、减少一个或某些技术特征,并且找到新的技术问题改进等。这种组合类型适用于对持续改进技术的跟随式保护,当然也可为竞争对手制造障碍。降落伞型专利组合如图7-6所示。

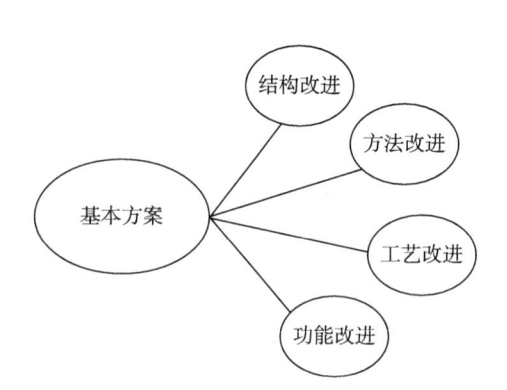

图 7-6　降落伞型专利组合

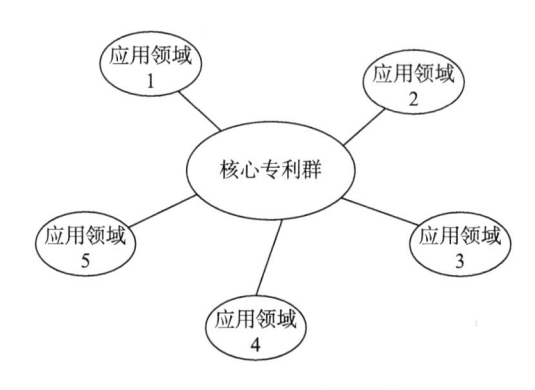

(3) 星系型专利组合

星系型专利组合由某一技术方案的基础性专利和应用在各个领域中产生的延伸性专利构成。通常可为企业拓展其产品种类、在不同领域获得技术控制地位提供专利保护。发明中的某些技术手段可以采用转移的方法，从而在其他领域中得到广泛应用。通过这种方式，可以极大地增加发明应用的范围，使得专利布局朝着多方面、多领域的方向扩展。在具体实施过程中，可以基于发明的特点，从发明的思想迁移、技术手段迁移、原理迁移等各方面展开分析。星系型专利组合如图 7-7 所示。

图 7-7　星系型专利组合

(4) 链型专利组合

链型专利组合由某一技术方案的专利或专利组合和为方案产业化的实现和应用提供支持的上下游支撑性专利或专利组合构成。这种类型通常适用于为企业进行整体的产业布局、整合产业链资源提供专利保护。链型专利组合如图 7-8 所示。

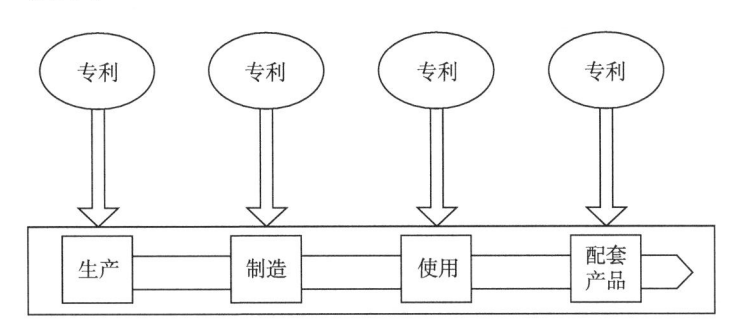

图 7-8 链型专利组合

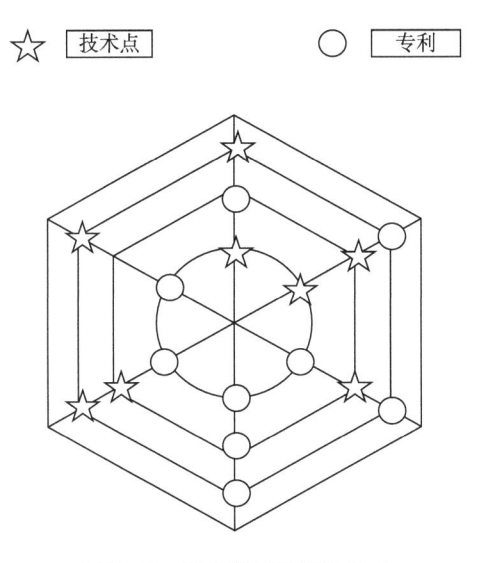

(5) 网状覆盖型专利组合

网状覆盖型专利组合由一个产品的各个主要技术点的专利或专利组合共同构成，通常用于为企业的某个重要产品提供完整的专利保护网。网状覆盖型专利组合如图 7-9 所示。

图 7-9 网状覆盖型专利组合

(6) 策略组合型专利组合

根据保护对象以及企业专利战略的不同，可以采用的专利组合类型及组合方式有很多。而基于常规的布局需求和策略，专利组合可以具备如下的结构体系，如图 7-10 所示，具体表现为：

① 控制关键技术的核心专利群；
② 由替代方案、改进方案、扩展应用、配套技术等构成的包绕核心专利群的外围专利保护圈；
③ 散布在外围专利保护圈周围，由技术在产品中的具体应用方案、组合方案以及其他相关技术等构成，且围绕产品各个功能模块、技术构成点形成的一系列子专利群；
④ 围绕某些功能模块或技术构成点的子专利群，向外延伸等的上下游扩展专利链；
⑤ 填补于各专利圈或专利群之间的用于反击对手的专利点，这些专利点和上述专利圈或专利群中的某些专利构成了反击专利；
⑥ 分布于功能模块或技术构成点的子专利群周边的储备专利。

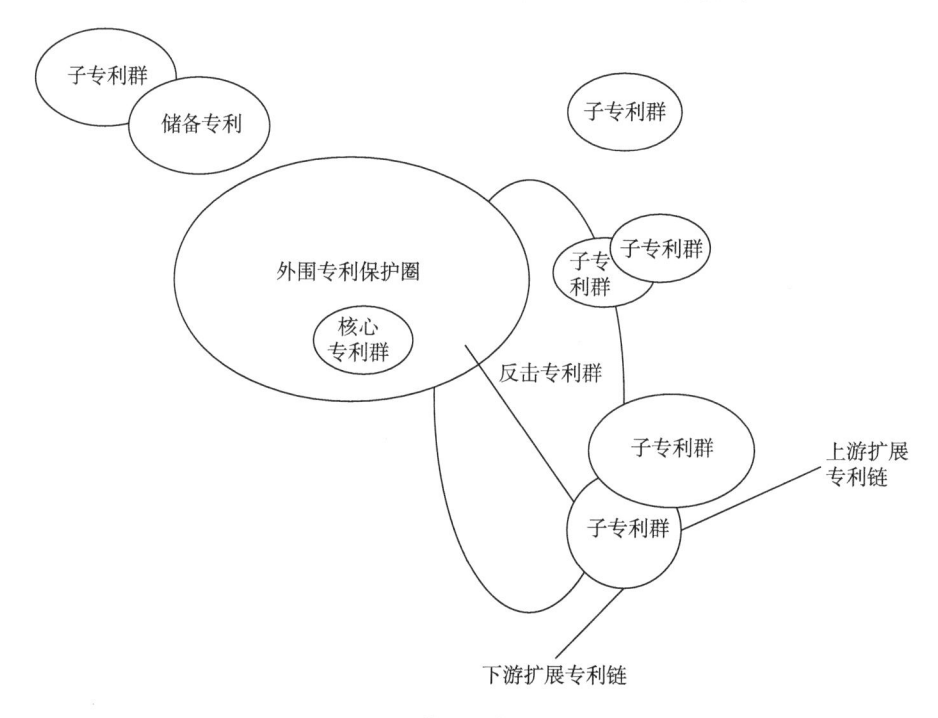

图 7-10  策略组合型专利组合

## 7.3 机械领域专利保护的特点

机械领域包括与机械相关的各种技术，它主要涉及机械设备、机械制造、机械自动化等技术类型，产品则包括机械零部件、通用机械、仪器仪表、交通工具、机床等。机械领域的专利保护现状包括以下三个特点。

(1) 不同企业的专利保护差别较大

机械领域的技术整体上呈现技术跨度大、交叉学科多的特点，专利保护现状也呈现两极分化的态势。对于传统机械制造业，如农副食品加工业、纺织业、木材加工黑色/有色金属冶炼及压延加工业、造纸业等，由于生产技术水平相对较低，生产设备、工艺相对成熟、稳定，生产技术的二次开发较少，维持与保障现有生产状态是其重点工作，对投入大、见效慢、不一定能保证出成果的研究开发并不重视，同样对专利保护也不重视。而对于现代技术密集型机械制造业，如汽车、飞机、精密机床、工业机器人等，以及新兴的高精尖产业，如3D打印、无人机等，都在技术研发上投入了大量的人力、物力和财力，并且非常重视专利保护。

(2) 专利保护类型多

机械领域内的创新多以产品的组成、构造、形状、位置或连接关系为主，因此对于机械产品而言，通常既可进行发明专利申请，也可进行实用新型专利申请；而当产品的外观独特时，也可以申请外观设计专利。甚至对于同一件机械产品而言，可以同时申请多种专利，申请种类的选择范围较广，因而呈现专利保护类型多的态势。

(3) 重点领域专利布局密度大

随着新形势的发展，机械领域中的某些重点领域得到的重视逐渐增加，世界各国都对其加大了投入和研发的力度。如中国在部署"中国制造2025"中提出要重点发展十大领域，包括：新一代信息技术、高档数控机床和机器人、航空航天装备、海洋工程装备及高技术船舶、先进轨道交通装备、节能与新能源汽车、电力装备、新材料、生物医药及高性能医疗器械、农业机械装备。这十大领域多为高新科技产业与现代制造业的融合，属于机械领域内涉及不同交叉学科的技术密集型产业，发展十分迅速。

## 7.4　机械领域专利布局的策略

(1) 产品、方法双管齐下

机械领域内的技术创新多涉及产品的组成、构造、形状、位置或连接关系，也就是产品结构方面的创新。对于这方面的创新，要根据不同的类型采取不同的专利申请。对于核心结构的创新而言,要及时申请发明专利;对于其他结构的创新而言,可以根据实际情况的需求综合申请发明专利及实用新型专利。如果产品的结构在外观上具有特色时,应当及时申请外观设计专利。在保护产品结构的同时,也要重视对产品的制造方法/工艺、操作方法、使用方法以及控制方法的保护,特别是对于不易保密、易看易学的工艺方法,应当及时申请发明专利保护。通过产品权利要求和方法权利要求的全方面专利布局,双管齐下,获得全方位的保护。

(2) 从小部件到大系统

每一个系统都是由无数的小部件构成,每个小部件的创新都会在大系统的创新上得到体现。因此,不论创新的部件是大还是小,都必须给予足够的重视,并且要及时进行专利申请确保该技术得到保护,同时由这些部件组成的大系统也必须及时进行专利申请。以图 7-11 为例,在对计算机主板上的风扇进行了改进设计后,逐步进行专利挖掘和专利布局,对应用该散热器的主板,含有该主板的台式机、服务器、笔记本,以及由这一类计算机组成的网络进行了专利布局,从小小的散热器一直布局到整个网络,形成从小到大的专利布局。

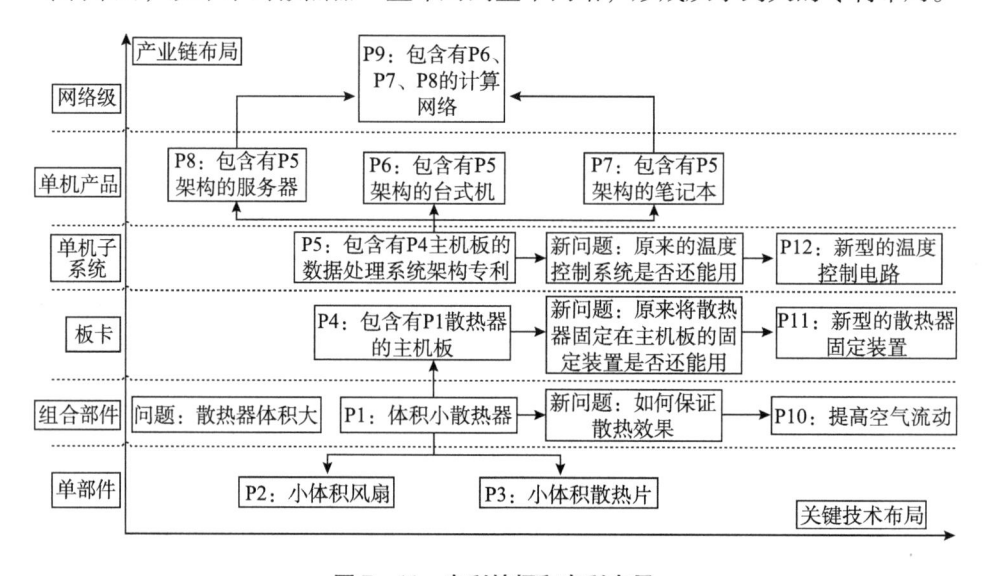

图 7-11 专利挖掘和专利布局

(3) 追溯产业链以全面布防上下游

在机械领域内,许多机械产品通常不是由一个厂家独立完成的,而是在产品成型的过程中由不同的供应商提供相对应的零部件,最后由一个整装厂商进行装配，这种相互配合的生产方式涉及许多上下游企业。因此，机械产品在实际使用过程中不可避免地要涉及众多参与者。在这样的境况下，创新主体在专利布局时需要把眼光放长远，将产品从设计、投产到销售、使用等各个环节可能涉及的参与者都假定为侵权对象，针对性设置权利要求布局和多重专利组合，以应对上下游各环节可能发生的专利侵权，统一保障专利权的有效性。

(4) 上位表述保护主题或技术特征

机械领域内，进行专利布局时，为获得尽可能大的保护范围，并预防竞争对手的规避设计，适宜对权利要求的保护主题进行上位化表述。同理，对权利要求中记载的技术特征也可采用上位化的表述。例如，技术方案中采用的具体部件为"弹簧"，若该技术方案的具体实现条件仅需具有弹性的部件即可，则在权利要求中可以表述为"弹性件"。又比如，当技术方案中采用的具体部件为"××带"时，由于一般情况下"带"指的是又扁又长的物件，因此"带"字本身就具有形状和结构的双重描述，如果该技术方案的实现并不需要该部件一定具备"又长又扁"的技术特征，则在权利要求中可以表述为"××件"。在机械领域内，通常为实现权利要求保护范围的最大化，保护主题和技术特征可以采用"功能词+万用词"的表述方式（功能词指该部件的作用是什么，如，连接、遮挡、转动等；万用词指部、件、装置、设备等），从而将其表述为连接部、连接件、连接装置、连接设备或遮挡部、遮挡件，诸如此类。但需要注意的是，此类上位表述是一把双刃剑，虽然扩大了保护范围，但也增加了无法授权或被宣告无效的风险。

# 第 8 章 专利挖掘

## 8.1 常见的专利挖掘类型

根据专利挖掘的定义，专利挖掘始于对创新点的发掘、收集和加工。企业中只要有可能出现创新点的环节，都是专利挖掘工作关注的对象，这些环节也是专利挖掘工作的资源。而从创新点到形成专利申请，更多的是对专利撰写的要求，大多是一种统一的操作方法。因此，为了对专利挖掘进行分类，首先应对产生创新点的资源进行分类，不同种类的资源对应不同或相同的专利挖掘类型。企业可获取的资源大致分为两类。

第一类是企业自有资源，也就是企业内部可能产生创新点的所有环节。首先，创新点最为集中的是企业自身的研发项目，尤其对于创新型企业来说，项目研发就是发明创新、技术改造的过程，过程中会解决各种各样的问题，这些问题的解决都是创新点的来源；其次，在企业已经获取的某个创新点的基础上，还可以利用横向扩展、纵向延伸的方式，从技术链和产业链的高度挖掘出相关的创新点，因此，创新点本身就是资源；再者，企业在长期运行过程中，会储备大量自有技术并对这些技术进行持续改进，在自有技术改进的过程中也会产生创新点，因此，企业自有技术也是创新点的来源；最后，对于已经涉足专利工作的企业来说，希望通过一定量的专利储备形成专利组合，通过相应的专利布局实施企业专利战略，那么在完善专利组合过程中也会产生创新点，使得企业自有专利也成为产生创新点的资源。

第二类是企业外部资源，也就是企业能够从外部获得的可能产生创新点的环节，例如已经公开的技术和专利，企业可以利用这些资源了解行业技术发展路线，识别专利保护壁垒和空白点，调整自身研发方向，进而产生创新点。此外，对于参与行业技术标准运营的企业来说，以专利标准化和标准专利化为目的的研发行为也会产生创新点，因此，行业技术标准也是创新点的重要来源。

综上所述，明确了企业能够获得的各种能够产生创新点的资源。相应地，不同的资源对应不同的专利挖掘类型，具体如图8-1所示。

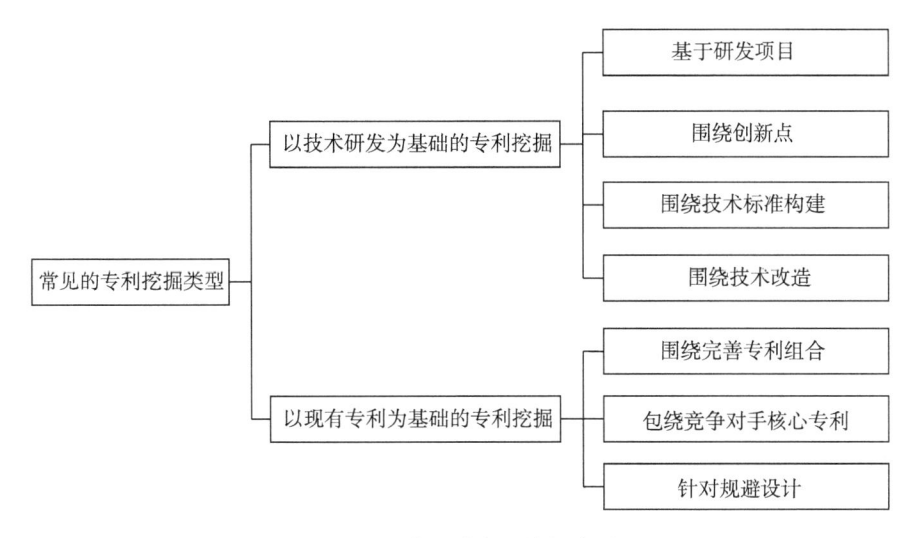

图8-1 常见的专利挖掘类型

## 8.1.1 以技术研发为基础的专利挖掘

（1）基于研发项目的专利挖掘

企业的研发项目是创新点最主要的来源，由于整体性的研发项目问题繁多、技术繁杂，相应地这类专利挖掘的内容丰富、形式多样、难以梳理，往往给人以无处下手的感觉。但这类专利挖掘具有先天的优势，因为通过这种方式挖掘出的一系列专利具备天生的专利组合的性质，各专利技术相互之间具有关联性和互补性。

（2）围绕创新点的专利挖掘

如果说基于研发项目的专利挖掘是对已存在的创新点进行重新调整，那么此处所提到的围绕创新点的专利挖掘就是在某一个创新点的基础上，进行深入研究，从而开拓出更多创新点的过程，是一种从一到多的挖掘思路。这类专利挖掘涉及某个具体的创新点，由于所涉及的创新点解决了核心性问题或基础性问题，这类创新点往往可以扩展延伸出更多的创新点，但扩展的方向、延伸的程度难以把握。

(3) 围绕技术标准构建的专利挖掘

在一些特定领域，比如移动通信行业，技术标准制定是企业进行专利挖掘的重要驱动因素，能够将专利申请布局在行业技术标准中，有助于企业更好地执行战略发展意图，同时在应对侵权纠纷时减少举证的困扰。

根据专利与技术标准的对照关系，专利与技术标准之间是可以互相转化的。这里要讨论的围绕技术标准构建的专利挖掘可以表述为"标准专利化"，也就是说将规定的技术标准通过申请专利的方式向专利转化。围绕技术标准构建的专利挖掘的具体思路有以下三点。

① 引导需求。在进行标准化的过程之中，通过各种方法来实现引导标准向自己预期方向发展的目的，当然引导的重点是根据实际需求而定，倘若能够如愿进行引导，那么就应该及时进行专利策划工作，完成专利挖掘。

② 填补空白。针对标准中的"空白"，即那些可能涉及专利，却没有人愿意在标准中把这件事情说清楚的那些方面，不是盲目地提建议，而是在知识产权方面做文章，用自有专利把这些空白点填补上。

③ 衍生专利。针对标准中已经明确规定的作用、安全等要求，考虑构思如何能达到这些要求的技术方案，例如，标准中规定了一种信令的功能要求，就衍生出一个可以实现这种信令功能的硬件装置的专利申请等。

围绕技术标准构建的专利挖掘主要思路如图 8-2 所示。

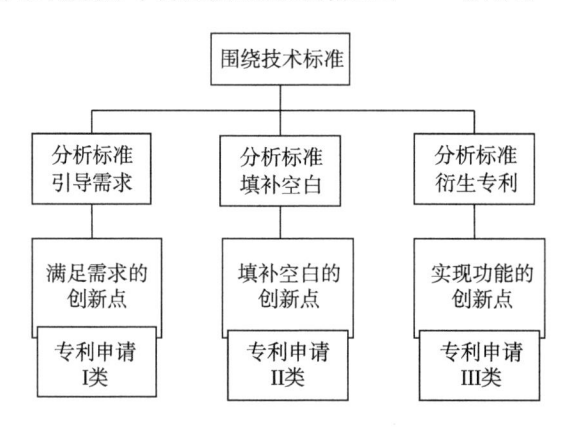

图 8-2 围绕技术标准构建的专利挖掘

(4) 围绕技术改进的专利挖掘

企业的研发过程往往具有一定的连续性，体现在产品的升级换代、生产工艺的持续优化等方面。这种连续性通常是基于企业对相关技术的持续改进。在不断的改进过程中，就会产生专利。因此，围绕技术改进的专利挖掘是指为了解决产品存在的技术问题、缺陷或者不足所进行的专利挖掘，属于技术问题主导型的专利挖掘。

对于这种类型的专利挖掘，聚焦的重点应该是与之相对应的技术问题和缺陷，同时在针对这两点的基础上，以要素替代、要素省略等方面为思考和研究的中心，从而获得能够解决该技术问题的关键点，进一步形成创新点，在此基础上形成可以申请专利的技术方案。围绕技术改进的专利挖掘，还应当关注科技本身的发展，每当有新的技术出现，都应当想到是否可以应用到已知产品上，进而解决应用中出现的问题，进一步挖掘出更多的专利。尤其是要关注决定技术发展走向的节点技术、关键技术，由于其技术价值较高，形成的专利价值也应相对较高，这应当是专利挖掘的重点。具体如图8-3所示。

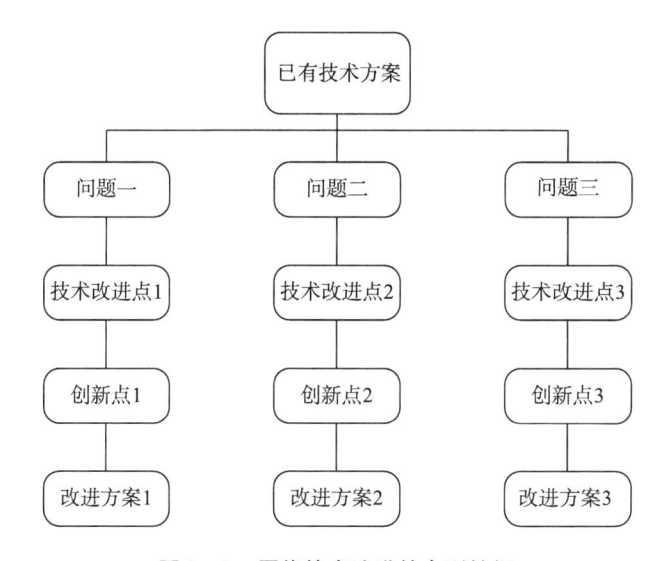

图 8-3 围绕技术改进的专利挖掘

## 8.1.2 以现有专利为基础的专利挖掘

专利挖掘可以围绕技术研发，同时也可以围绕现有专利来进行。众所周知，专利文件其实也是一种技术文件，绝大多数技术都会在专利文件中有所体现。所以，对专利文件进行深入分析，基本就可以掌握某个领域技术发展的历程，更重要的是，还可以获知该领域未来技术发展的方向、重点和空白点。这些信息对于企业研发战略的制定具有重要的参考价值。所以，以现有专利为基础的专利挖掘不仅可以实现专利的产出，还可以实现某一技术的"先专利、后研发"，体现出专利挖掘对企业研发的指导意义。目前以现有专利为基础的专利挖掘主要包括以下三个方面。

(1) 围绕完善专利组合的专利挖掘

专利组合是将有内在联系的多个专利集合成一个群体，能够互相补充、有机结合发挥整体作用。专利的真正价值源自专利组合中的集聚效应，即理解为专利组合作为整体的集成价值，而不是各自的价值叠加。企业所开展的专利挖掘工作如果仅仅针对一些具备实际作用但与整体缺乏联系的孤立技术点是远远不够的，企业的专利挖掘工作更应注重的是从整体的角度来进行挖掘，从而获得能够相互联系、支持、补充的专利组合。围绕完善专利组合的专利挖掘的目的，就是要建立健全企业自身的专利组合，确保没有明显的漏洞，能够为企业的核心技术提供强有力的专利保护。

在围绕完善专利组合的专利挖掘过程中，对于所挖掘出的不同的技术创新点，应该根据主次不同而采取不同的措施。针对外围专利，必须以核心专利为中心，从不同的维度进行全面的拓展，从而找到与之相关联的技术点，达到全面保护的目的。具体的专利挖掘思路如图8-4所示。

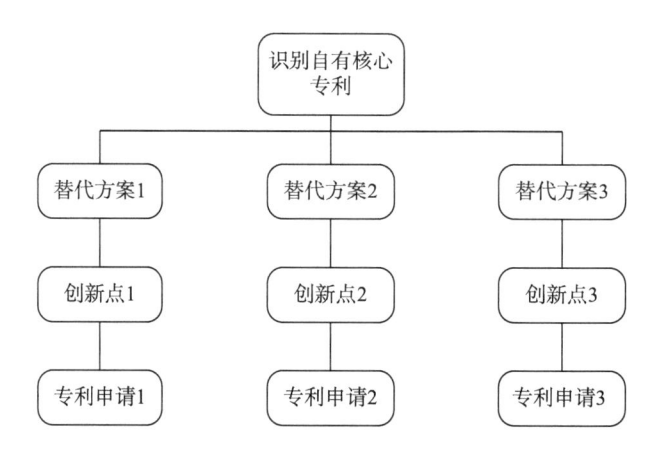

图8-4 围绕完善专利组合的专利挖掘

(2) 包绕竞争对手核心专利的专利挖掘

包绕竞争对手核心专利的专利挖掘是企业专利战略中非常重要的内容，往往是企业与企业之间进行专利交叉许可的基础。包绕竞争对手核心专利的专利挖掘通常是通过分析竞争对手的核心专利并对其进行全方位的挖掘，从而找到不同方向上的创新点的手段，来达到专利申请的目的。

(3) 针对规避设计的专利挖掘

规避设计是以专利侵权的判定原则为依据,通过分析已有专利,使产品的技术方案借鉴专利技术,但不能落入专利保护范围的研发活动。根据规避设计的技术方案进行的专利挖掘则是针对规避设计的专利挖掘方法。

## 8.2 基于 TRIZ 理论进行专利挖掘

### 8.2.1 TRIZ 理论中的矛盾与 40 条发明原理

(1) TRIZ 理论中的矛盾

发明问题解决理论（TRIZ）认为,创造性问题指的是包含至少一个矛盾的问题。在该理论中,实际工程中所遇到的所有矛盾都能够分为以下三类：物理矛盾,技术矛盾及管理矛盾。

物理矛盾是指针对同一个参数（元素）,有两个不同（相反）的要求。通常来说就是一个系统既期望某个参数朝着正向进行,又期望该参数能够反向进行,这样就造成了物理矛盾。物理矛盾一般为本质矛盾。例如,为了让墙体足够坚固就应该让其足够厚,而为了让建筑进程加快并且总的重量比较轻,就应该让墙体尽量薄,对于墙体设计来说这就是物理矛盾。

技术矛盾是指在改善技术系统中某一参数时,通常会导致其他的一个或几个子系统性能的恶化,这样的矛盾称为技术矛盾。在很多时候,技术矛盾是显而易见的矛盾。例如,使用者希望手机电池的容量大,从而续航能力强,可是增加容量势必导致电池本身体积变大,进而使得手机体积变大；而为了便于携带,使用者又希望手机尽量轻薄,这就构成了一对技术矛盾,即手机体积和电池容量之间的矛盾。

管理矛盾是指在一个大的系统之中,各个子系统都能很好地运行,但是子系统与子系统之间产生了不利于整个系统正常运行的相互作用,从而使整个系统出现问题。

(2) 40 条发明原理

在对大量专利进行分析研究的基础上,TRIZ 理论提出了 40 条发明原理,如表 8-1 所示。这些原理在专利挖掘中对于指导技术人员的发明创造、创新具有非常重要的作用。

表 8-1　40 条发明原理

| 序号 | 原理名称 | 序号 | 原理名称 | 序号 | 原理名称 |
| --- | --- | --- | --- | --- | --- |
| 1 | 分割原理 | 15 | 动态特性原理 | 29 | 气压和液压结构原理 |
| 2 | 抽取原理 | 16 | 为达到或过度的作用原理 | 30 | 柔性壳体或薄膜原理 |
| 3 | 局部质量原理 | 17 | 空间维数变化原理 | 31 | 多孔彩色原理 |
| 4 | 增加不对性原理 | 18 | 机械振动原理 | 32 | 颜色改变原理 |
| 5 | 组合原理 | 19 | 周期性作用原理 | 33 | 均质性原理 |
| 6 | 多用性原理 | 20 | 有效作用的连续性原理 | 34 | 抛弃或再生原理 |
| 7 | 嵌套原理 | 21 | 减少有害作用的时间原理 | 35 | 物理或化学参数改变原理 |
| 8 | 重量补偿原理 | 22 | 变害为利原理 | 36 | 相变原理 |
| 9 | 预先作用原理 | 23 | 反馈原理 | 37 | 热膨胀原理 |
| 10 | 事先防范原理 | 24 | 借助中介物原理 | 38 | 强氧化剂原理 |
| 11 | 预先反作用原理 | 25 | 自服务原理 | 39 | 惰性环境原理 |
| 12 | 等势原理 | 26 | 复制原理 | 40 | 复合材料原理 |
| 13 | 反向作用原理 | 27 | 廉价替代品原理 |  |  |
| 14 | 曲面化原理 | 28 | 机械系统替代原理 |  |  |

（3）发明原理在专利挖掘中的应用

通常，发明人提供的技术交底书的技术方案较为简单，一般只有一个产品结构或方法，即单一的实施方式。对于只有单一实施方式的专利申请，其保护范围相对较窄，比较容易被他人尤其是竞争对手所规避，使得专利失去阻挡他人实施的作用。这就需要从单一的实施方式中挖掘出多个实施方式，来对发明构思进行全面保护。TRIZ 理论的 40 条发明原理可以给出丰富的实施方式启示。

## 8.2.2　39 个通用工程参数与技术矛盾矩阵

（1）39 个通用工程参数

TRIZ 理论中完整地罗列出了工程领域常用的 39 个通用工程参数，如表 8-2 所示。通用工程参数通常是关于物理、几何和技术性能的参数。

表8-2  39个通用工程参数

| 序号 | 工程参数 | 序号 | 工程参数 | 序号 | 工程参数 |
|---|---|---|---|---|---|
| 1 | 运动物体的重量 | 15 | 运动物体的作用时间 | 29 | 制造精度 |
| 2 | 静止物体的重量 | 16 | 静止物体的作用时间 | 30 | 作用于物体的有害因素 |
| 3 | 运动物体的长度 | 17 | 温度 | 31 | 物体可产生的有害因素 |
| 4 | 静止物体的长度 | 18 | 照度 | 32 | 可制造性 |
| 5 | 运动物体的面积 | 19 | 运动物体的能量消耗 | 33 | 操作流程的方便性 |
| 6 | 静止物体的面积 | 20 | 静止物体的能量消耗 | 34 | 可维修性 |
| 7 | 运动物体的体积 | 21 | 功率 | 35 | 适应性、通用性 |
| 8 | 静止物体的体积 | 22 | 能量损失 | 36 | 系统的复杂性 |
| 9 | 速度 | 23 | 物质损失 | 37 | 控制和测量的复杂性 |
| 10 | 力 | 24 | 信息损失 | 38 | 自动化程度 |
| 11 | 应力，压强 | 25 | 时间损失 | 39 | 生产率 |
| 12 | 形状 | 26 | 物质的量 | | |
| 13 | 稳定性 | 27 | 可靠性 | | |
| 14 | 强度 | 28 | 测量精度 | | |

（2）技术矛盾矩阵

每个通用工程参数之间都可能存在一定的技术矛盾，比如为了消除某个技术问题所带来的不利影响时，对技术系统中某一个参数进行了改善，但因此导致另一个参数的恶化，则这两个通用工程参数即为一对技术矛盾。

TRIZ理论将39个通用工程参数与40条发明原理有机地联系起来，建立了对应关系，其局部如表8-3所示。

表8-3  技术矛盾矩阵（局部）

| 改善的通用工程参数 | 恶化的通用工程参数 ||||| 
|---|---|---|---|---|---|
| | 运动物体的质量 | 静止物体的质量 | 运动物体的长度 | 静止物体的长度 | 运动物体的面积 |
| 运动物体的质量 | + | − | 15,8,29,34 | − | 29,17,38,34 |
| 静止物体的质量 | − | + | − | 10,1,29,35 | − |
| 运动物体的长度 | 8,15,29,34 | − | + | − | 15,17,4 |
| 静止物体的长度 | − | 35,28,40,29 | − | + | − |
| 运动物体的面积 | 2,17,29,4 | − | 14,15,18,4 | − | + |

技术矛盾矩阵为39行39列形成的一个矩阵，矩阵元素中或空、或有几个数字，这些数字表示40条发明原理中推荐采用的原理序号，顺序的先后表示

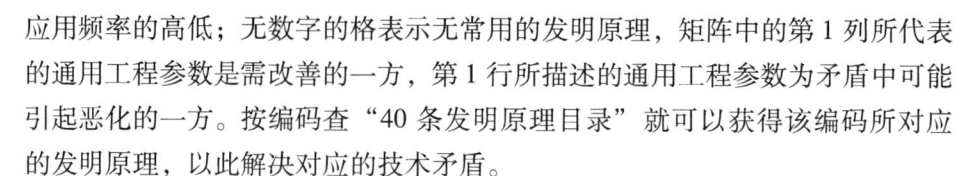

应用频率的高低；无数字的格表示无常用的发明原理，矩阵中的第1列所代表的通用工程参数是需改善的一方，第1行所描述的通用工程参数为矛盾中可能引起恶化的一方。按编码查"40条发明原理目录"就可以获得该编码所对应的发明原理，以此解决对应的技术矛盾。

（3）技术矛盾矩阵在专利挖掘中的应用

技术矛盾矩阵在专利挖掘中应用很广泛，利用技术矛盾矩阵进行专利挖掘一般按照如下步骤进行：

1）确定目标主题以及技术问题

一般而言，技术问题是由于自身方案存在的不足（缺点）所产生的，但有的时候技术问题是通过对市场进行分析而来的。需要注意的是，技术问题的表达不要过于专业化，以便后面的步骤和矛盾的解决。

2）将技术问题和技术效果表达为对应的通用工程参数

用39个通用工程参数来重新表达技术问题是整个步骤中的重点和难点，这对专业人员提出了较高的要求，他们除了必须掌握本领域所需的专业知识之外，还要将39个通用工程参数理解透彻。确定需要改善的特性，以及提升该需要改善的特性必然带来的恶化的特性，二者组成一对技术矛盾。在实践中，可以对该矛盾进行反向描述，假如改善一个被恶化的参数，判断被改善的参数是否也相应被削弱从而确定技术矛盾是否判断准确。

3）组建矛盾对，检索解决矛盾的发明原理

这一步只需要熟悉掌握查阅技术矛盾矩阵即可。

4）发明原理具体化

此步骤同第二步一样，也是整个步骤中的重点和难点，也对专业人员提出了较高的要求，他们除了必须掌握本领域所需的专业知识之外，还要将40条发明原理理解透彻。通常来说，针对需要解决的技术矛盾的方法不止一种，因此可以将与之相关的每条原理逐个进行尝试，选出最优的原理。

5）筛选可能实施的技术方案

从以上设计的技术方案中，来选择可能实施的技术方案，其判断的主要依据就是是否解决了步骤一中所提出的技术问题。如果没有取得可实施的技术方案，则应考虑步骤二是否真正地表达了技术问题的本质，反映了针对技术问题进行改进的方向。如果需要，可以重新设定技术矛盾，重复上述步骤。

## 8.2.3 常见的物理矛盾与分离原理

(1) 常见的物理矛盾

在技术矛盾矩阵中，从左上角到右下角的对角线上，没有任何数字显示的空格里所表示的均属于物理矛盾。常见的物理矛盾可以分为几何类、材料及能量类、功能类三种类别，其具体参数和矛盾如表8-4所示。

表8-4 常见的物理矛盾

| 类别 | 物理矛盾 | | | |
|---|---|---|---|---|
| 几何类 | 长与短 | 对称与非对称 | 平行与交叉 | 厚与薄 |
| | 圆与非圆 | 锋利与钝 | 宽与窄 | 水平与垂直 |
| 材料及能量类 | 时间长与短 | 密度大与小 | 功率大与小 | 摩擦系数大与小 |
| | 多与少 | 黏度高与低 | 导热率高与低 | 温度高与低 |
| 功能类 | 喷射与堵塞 | 推与拉 | 冷与热 | 快与慢 |
| | 运动与静止 | 强与弱 | 软与硬 | 成本高与低 |

(2) 分离原理

解决物理矛盾的核心思想：实现矛盾双方的分离。解决物理矛盾有四大分离原理：空间分离原理、时间分离原理、条件分离原理、整体和部分分离原理，其分别是将矛盾双方在不同的空间上，不同的时间段上，不同的条件下，不同的层次上进行分离，以降低解决问题的难度。

四个分离原理与40条发明原理之间是存在一定关系的。如果能正确理解和使用这些关系，就可以把四个分离原理与40条发明原理做一些综合应用，这样可以开阔思路，为解决物理矛盾提供更多的方法与手段。四个分离原理与40条发明原理之间的关系如表8-5所示。

表8-5 分离原理与发明原理的关系

| 分离原理 | 40条发明原理 |
|---|---|
| 空间分离原理 | 1, 2, 3, 4, 7, 13, 24, 26, 30 |
| 时间分离原理 | 9, 10, 11, 15, 16, 18, 19, 20, 21, 29, 34, 37 |
| 条件分离原理 | 1, 7, 24, 27, 5, 22, 23, 33, 6, 8, 14, 25, 35, 13 |
| 整体与部分分离原理 | 12, 28, 31, 32, 35, 36. 38, 39, 40 |

下面举几个简单例子对四个分离原理做出解释说明。

1）空间分离原理

为了提高公路的通行能力，则公路路面要变宽，但是越宽占地也就越多，而地面面积有限，若减少公路占地面积，路面就会变窄，通行能力就下降了，这是一个物理矛盾。此处可以采用发明原理17即空间维数变化原理，在公路上方增加一个立交桥，以此达到提高公路通行能力的目的。

2）时间分离原理

雨伞在使用的过程之中体积应该足够大，以至于能够较好地保护人，避免被雨淋湿，在携带的时候体积又要足够的小，以便携带。因此，人们采用发明原理15即动态特性原理，使雨伞骨架可以收缩、折叠，从而满足了要求。

3）条件分离原理

飞机在空中快速飞行的时候，空气的阻力是非常大的。飞机作为空运工具，必须要在空中飞行，但为了降低空气对其的阻力，提高其飞行速度，飞机又不应该在空中飞行。因此，人们采用发明原理35即物理或化学参数改变原理，将飞机的机身做成流线型，这样就降低了空气对飞机的阻力。

4）整体和部分分离原理

手机为了便于携带，其尺寸就要变小，但是为了好看、美观，其屏幕就要求比较大，既要大又要小，这就构成一个物理矛盾。因此，人们采用发明原理1即分割原理，将手机的结构进行改变，做成推拉式或者折叠式。

分离原理在专利挖掘中应用的规律性没有技术矛盾矩阵那么强，分离原理可以从四个方向给研发人员一定启示，但还需要结合领域的技术知识和经验来对矛盾进行具体的分析和解决。

## 8.3 机械领域的专利挖掘

### 8.3.1 机械领域的创新特点

作为传统技术领域之一的机械领域，其应用的范围覆盖了各行各业且各项技术所涉及的领域众多，既包括传统的机械领域也包括现代高精尖机械领域。机械领域的创新主要有以下几个特点。

(1) 技术跨度大、交叉学科多

机械领域发展的时间非常悠久，经过了无数的变迁与进步，时至今日已经形成了各个子领域众多、覆盖范围广泛的研究领域，从齿轮、轴等传统机械到机器人、飞行器等现代机械，整体上呈现技术跨度大，交叉学科多的特点。换句话说就是机械的发展与各种学科之间的关系非常密切，尤其是一些技术含量比较高的精密机械，所涵盖的领域不单单是机械学科自身，还包括了哲学、自动化、现代物理学以及机械电子学等众多学科的研究成果，特别是计算机和现代信息技术的飞速发展，为现代机械设计提供了更全面的软硬件支持，使现代机械设计更加方便、快捷，造就了现代机械设计技术的理论方法体系，使机械领域的技术发展到了全新的层次。

（2）技术改进目标相对明确

机械领域的改进目的通常非常明确，一般都会涉及提高效率、提高精度、提高可靠性、降低成本等方面，技术创新往往是围绕这些目的展开。随着技术日新月异的发展，为达到相同的技术目的而可采用的技术路线不断增多，创新手段和创新模式也呈现多样化发展。但在明确改进目标的前提下，技术人员的创新仍会遵循一定的设计路线，使得机械领域难以出现革命性的核心创新，多是在现有基础上的添补式或更替式改进，而一旦出现基础性的核心创新，则对其产品的市场主导地位将产生深远的影响。

## 8.3.2 机械领域专利挖掘手段的考虑因素

上述章节介绍的专利挖掘手段具有普适性，而根据机械领域独有的特点，在进行专利挖掘时，需要注意以下几个方面的因素。

（1）充分检索现有技术

机械领域作为传统的技术领域，发展时间长、涉及学科多、覆盖范围广，导致机械领域专利的申请量大，申请种类多，有效专利和公开技术数量多。而随着科学技术的进步，与机械相关的技术不断涌现，不断有新的专利申请提出。此外，行业期刊、展览展销会等也多涉及机械类相关技术和产品的公布，这就使得机械领域的相关技术数量比较多。因此，要在对现有技术进行充分检索的基础上，再进行专利挖掘，以此保障挖掘出的技术的可行性。

（2）充分扩展挖掘层次

对于机械领域的专利申请而言，可以从多个层次上来考虑，无论哪个层次上有改进，都可以进行专利挖掘，并进行扩展。例如，一种系统或生产线，往往由多台设备组成，每台设备又含有多个零部件。对于每个设备，以及设备中的每个部件和功能模块，只要有技术改进，均可以考虑从其自身进行专利挖掘，并从功能模块或零部件向上一层次扩展，如扩展至设备或从设备本身扩展至系统或生产线。此外，产品结构的技术改进还应考虑对应的工艺方法、控制方法是否也需要进行相应的改进，也应进行专利挖掘。

（3）充分覆盖保护客体

机械领域内的创新多是以产品的组成、构造、形状、位置或连接关系为主，从保护客体方面考虑，对于该机械产品来说，可以根据自己的实际需求来进行专利申请，一般而言即能申请发明专利又能申请实用新型专利。当产品的外观独特时，也可以申请外观设计专利，甚至对于同一件机械产品而言，可以同时申请三种专利，充分覆盖可申请专利的保护客体。

### 8.3.3 机械领域的专利挖掘手段

综合考虑上述各种因素，并结合机械领域技术的发展特点，针对为解决某具体技术问题而进行的技术改进和为开发某个产品项目而进行的项目研发两种具体情形，分别归纳出适合不同情形的专利挖掘手段。

（1）技术改进的专利挖掘手段

① 从专利类型来看：针对技术改进，其改进多涉及机械产品的结构、形状、组成位置、连接关系等方面，有时也会涉及材料、制造工艺等，一般不存在专利保护客体方面的限制，除制造工艺之外，发明、实用新型、外观设计均对机械产品的技术方案予以保护。因此，企业可以根据自身的现状和需求考虑创新高度、获权周期等因素，申请不同的专利保护类型。

② 从挖掘角度来看：技术改进的专利挖掘除了注重于解决技术问题的机械产品本身，还应当具备"向上"挖掘和"平行"挖掘的眼光。"向上"挖掘是指由该产品组成的设备、装置等方面与现有技术是否存在差异。"平行"挖掘是指与该产品配套的设备、装置是否存在区别于已有产品的创新之处。通过上述方法，挖掘出与产品本身紧密关联的其他创新点，从而对产品进行立体式专利保护。

技术改进的专利挖掘的具体流程如图8-5所示。

（2）研发项目的专利挖掘手段

① 从专利类型来看：研发项目通常比较复杂，特别是一些比较大型的研发项目，往往会涉及多个领域的不同理论和技术，多学科交叉，如机械、电子、自动化等方面的学科，技术含量较高，因此首要考虑的是申请发明专利，但同样也不能排除实用新型、外观设计方面的专利申请。

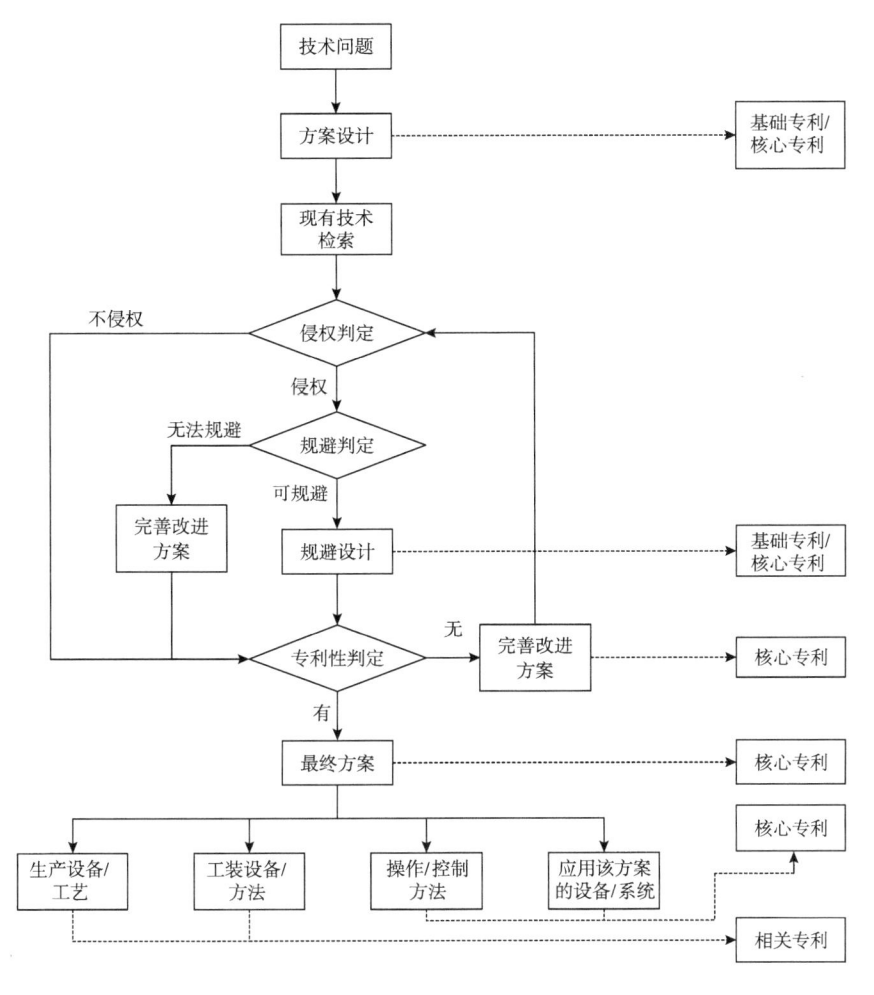

**图 8-5　技术改进的专利挖掘流程**

② 从挖掘角度来看：专利挖掘应该贯穿于项目研发从产品立项到产品上市的整个过程之中。在项目研发过程中，会涉及众多创新点，包括结构、布置、工艺方法等方面，因此在挖掘过程中，可以从核心逻辑出发，注重具体实现及相关配套产品；同时横向拓展到其他应用场景和替代实施方案，进行全面挖掘。

根据项目的不同，其研发的具体流程会有所不同，但大体都会分为立项、概念设计、工程设计、试制、试验、SOP（投产）六个阶段。其中立项阶段需要根据市场需求调研、生产运营分析以及时间成本分析做出决定，从而明确项目目标，确定项目开发产品的重要参数及其性能指标，同时，完成产品技术描述说明书的初版。接下来的四个阶段则可以根据立项说明书进行开发，最后进行投产。研发项目的专利挖掘具体流程如图8-6所示。

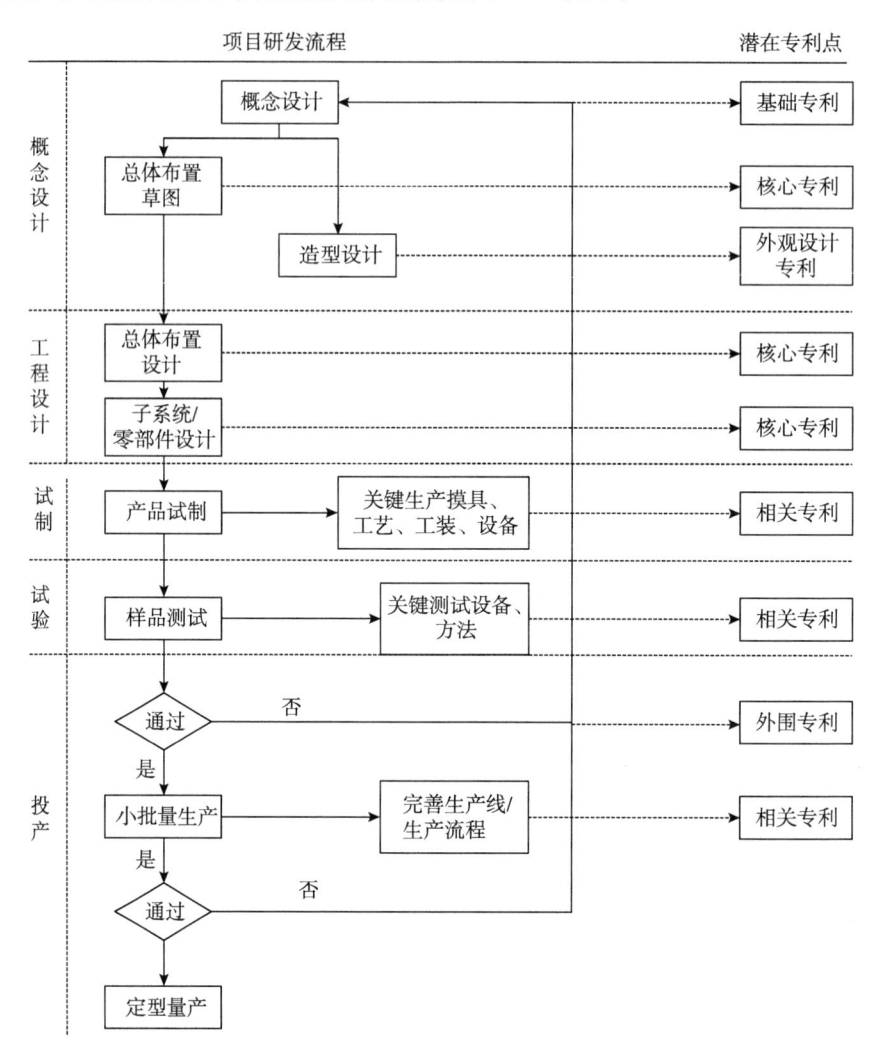

图8-6 研发项目的专利挖掘流程

# 第 9 章
# 国际专利申请

## 9.1 PCT 的建立及其发展

PCT 是《专利合作条约》(*Patent Cooperation Treaty*)的英文缩写,是有关专利的国际条约。根据 PCT 的规定,专利申请人可以通过 PCT 途径递交国际专利申请,向多个国家申请专利。

### 9.1.1 PCT 产生的原因

在 PCT 诞生之前,国际专利的申请一直遵循着《巴黎公约》的规定。按照《巴黎公约》的规定来申请国际专利,专利申请人不仅需要在 12 个月内向各国提交申请和缴纳相关费用,同时提交的材料还要满足不同国家的形式要求及其对应的译文,造成了专利申请人时间紧迫、任务繁重、被动盲目(无法预测能否获得授权)及资金(官费、代理费、翻译费等)压力大等问题。

同时,各国专利局对要求了相同优先权的在后申请,对其进行分别公布、分别检索及分别审查,形成了重复劳动。

综上所述,各国专利申请人都急需一种更加便捷、快速的专利申请途径。因此 PCT 专利申请应运而生。

### 9.1.2 PCT 与中国

我国是 1994 年 1 月 1 日正式成为 PCT 成员国的,按照 PCT 规定,一个国家在加入 PCT 的同时,这个国家的专利局自动成为受理局。PCT 还规定了成为国际检索单位和国际初步审查单位的条件,一个国家的专利局必须符合条件并经 PCT 联盟大会指定才能作为国际检索和国际初步审查单位。

目前,中国的国家知识产权局已成为 PCT 的受理局、国际检索的国际审

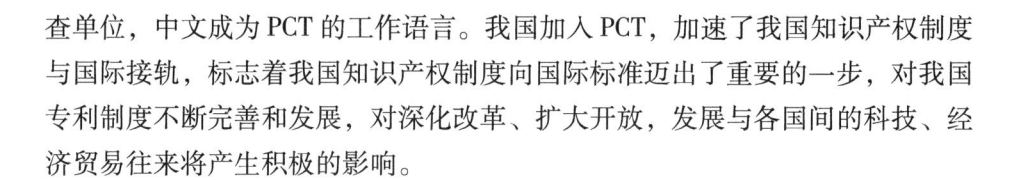

查单位，中文成为 PCT 的工作语言。我国加入 PCT，加速了我国知识产权制度与国际接轨，标志着我国知识产权制度向国际标准迈出了重要的一步，对我国专利制度不断完善和发展，对深化改革、扩大开放，发展与各国间的科技、经济贸易往来将产生积极的影响。

## 9.1.3 PCT 体系的主要特点与优势

（1）简化了申请的手续

利用 PCT 途径，申请人只需要使用一种语言向一个专利局提交一份申请，该申请自国际申请日起在所指定的国家中即具备正规国家申请的效力。申请人可以指定所有的缔约国，并在进入国家阶段前保留选择的余地。国内申请人利用 PCT 途径提交专利国际申请，可使用自己熟悉的中文或英文语言撰写申请文件，并直接递交到国家知识产权局。国际申请被受理后，申请人自申请日起的 30 个月内向各成员国提交进入国家阶段请求的，该申请就可以进入该成员国的国家阶段，"转化"为在该成员国提交的专利申请。只要申请人的国际申请是按 PCT 规定的形式提交的，也即符合所有 PCT 缔约国都必须接受的形式要求，任何被指定的主管专利局在处理申请的国家阶段，均不得以形式方面的理由驳回申请。这免去了在多个国家以多种不同的语言提出多份申请并需要符合其不同形式要求的麻烦。

此外，申请人还可以在国际初步审查期间对国际申请作出修改，以使该申请在被指定的主管专利局处理之前符合相应要求。

（2）中国申请人直接向国家知识产权局提出 PCT 申请不需要再另走保密审查程序

根据我国《专利法》第十九条的规定，任何单位或者个人将在中国完成的发明或者实用新型向外国申请专利的，应当事先报经国务院专利行政部门进行保密审查。而根据我国《专利法实施细则》第八条的规定，任何单位或者个人将在中国完成的发明或者实用新型向外国申请专利的，应当按照下列方式之一请求国务院专利行政部门进行保密审查：

（一）直接向外国申请专利或者向有关国外机构提交专利国际申请的，应当事先向国务院专利行政部门提出请求，并详细说明其技术方案；

（二）向国务院专利行政部门申请专利后拟向外国申请专利或者向有关国外机构提交专利国际申请的，应当在向外国申请专利或者向有关国外机构提交专利国际申请前向国务院专利行政部门提出请求。

向国务院专利行政部门提交专利国际申请的,视为同时提出了保密审查请求。

(3) 有充足的市场考虑与决策时间

中国申请人对其技术创新成果需要在多个国家寻求专利保护时,一般是先在中国提出国家申请,然后在 12 个月的优先权期限届满前提出 PCT 申请,继之在自优先日起 30 个月届满时办理进入国家阶段手续。这样一来,等于使申请人在 12 个月的优先权期限外又赢得 18 个月的时间,也即延缓了其进行市场考虑决策的时间。

此外,企业申请人可以通过了解、分析、评估,来决定与处理许多有关的问题,包括发明的技术及商业价值、市场及潜在市场、成本与收益的预期、有关国家的法律状况及技术发展水平、现有和潜在的竞争者、与外国公司的合作可能及形式、实施许可的前景、并购的可能及利弊、可行的短期或长期的专利战略等。

(4) 费用方面的优势

PCT 国际专利申请途径相比《巴黎公约》途径而言,虽然需要多付出 PCT 申请国际阶段的费用,但当申请人欲寻求专利保护的国家较多时,通过 PCT 途径进行专利申请相对于通过《巴黎公约》途径在费用上就具备明显的优势。PCT 申请通过一份申请文件满足了各个不同国家的申请形式方面的要求,避免了提交不同形式的文本、答复形式审查缺陷等产生的成本费用。后续进入国家阶段时,由于有些国家的专利局可能直接以国际检索报告或国际初步审查报告结论来确定授权,也大幅减少了专利审查产生的费用。

(5) 通过 PCT 途径可以在国际阶段获得一份国际检索报告

根据 PCT 申请的流程规定,在国际阶段,每件申请都会经过国际检索,只要申请人按时缴纳了检索费用,就会启动检索程序。经检索后,申请人通常将得到一份国际检索报告及书面意见。检索报告将列出相关的对比文献,书面意见则对请求保护的发明是否具备新颖性、创造性、工业实用性提出初步的、无约束力的意见。PCT 国际检索单位制定国际检索报告和书面意见的期限是自收到检索文本之日起 3 个月或自优先权日起 9 个月,以后届满的期限为准。

值得注意的是,由于世界各国专利制度不同,专利审查能力差别很大,某些国家的专利局对进入该国国家阶段的 PCT 申请不进行实质审查,PCT 国际检索报告及书面意见对其授予专利权有直接影响。因此,经过国际检索后的 PCT 申请,其授权后的权利要求相较于那些不是通过 PCT 途径提交申请而该国家又无相应审查的情况会更稳定些。必要时申请人还可要求国际初步审查或要求补充国际检索，从而使日后取得的专利有更为可靠的基础。

（6）有完善申请文件的机会

PCT 申请人可根据国际检索报告和专利性初步报告，修改专利申请文件。在国际阶段，申请人有两次修改机会。

1）依据 PCT 第 19 条的修改

申请人收到国际检索报告及有关专利性的书面意见后，可在规定的期限内根据条约第 19 条对权利要求书向国际局提出修改，或对发明的单一性问题作出处理。修正期限是自传送国际检索报告之日起 2 个月内或自优先权日起 16 个月内，以后届满的期限为准。

2）依据 PCT 第 34 条的修改

如果申请人要求，还可以提前进行审查，从而使申请人在自优先权日起 28 个月得到国际初审报告前能有更多的时间来处理有关问题，包括根据条约第 34 条对权利要求、说明书和附图提出修改。经过修改后的 PCT 申请，在进入国家阶段时，已消除了一些不利于授权的缺陷，有利于尽快地在各个目标保护国获得专利授权。

（7）可通过专利审查高速公路在特定申请国加快审查

专利审查高速公路（PPH）是指，申请人提交首次申请的专利局认为该申请的至少一项或多项权利要求可授权，只要相关后续申请满足一定条件，包括首次申请和后续申请的权利要求充分对应等，申请人即可以首次申请的工作结果为基础，请求其提出后续申请的专利局加快审查。

对于 PCT 申请人来说，当已有正面结果的国际检索单位或国际初审单位有关专利性的国际检索报告与书面意见或国际初步审查报告（IPER）时，就可以利用 PCT 专利审查高速公路（PCT – PPH），请求加快在有关国家取得专利的速度。

## 9.2　国际检索

PCT 国际申请提交后，由主管的国际检索单位对国际申请进行所谓的"国际检索"。下面，对国际检索单位和国际检索程序进行简单介绍。

## 9.2.1 国际检索单位

每一个国际申请都要进行国际检索，除非启动检索程序之前该申请已被撤回。国际检索由 PCT 大会指定作为国际检索单位（International Searching Authority, ISA）的主要专利局之一进行。通过这一检索，将得出国际检索报告。该国际检索报告中给出了可能对国际申请所涉发明的专利性产生影响的已公开的专利文献及非专利文献。同时，国际检索单位还会提供一份关于专利性的书面意见。

当一个国家局或地区局作为受理局时，根据国际局与各国际检索单位之间的协议，该受理局可通过向国际局的单方声明指定一个或几个有权对向该受理局提出的国际申请进行检索的国际检索单位。当主管国际检索单位为多个时，申请人必须从中选择一个作为主管的国际检索单位。

受理局指定国际检索单位的可能性受那些仅代理某些国家申请人的国际检索单位的限制。这些限制已经在协议中清楚地说明。

## 9.2.2 国际检索程序

如果不需要提交国际申请的译文，受理局将检索本传送给国际检索单位；如果提交了国际申请的译文，受理局则将译文的副本与请求书的副本一起作为检索本传送给国际检索单位，以供国际检索单位进行国际检索。

国际检索的目的是为了检索所谓的"相关的现有技术"。PCT 细则第 33 条第 33.1 款规定：①相关的现有技术应包括世界上任何地方公众可以通过书面公开（包括绘图和其他图解）得到、并能有助于确定要求保护的发明是否是新的和是否具备创造性（即是否是显而易见的）的一切事物，条件是公众可以得到的事实发生在国际申请日之前；②在任何书面公开涉及口头公开、使用、展示或者其他方式，公众通过这些方式可以得到书面公开的内容，并且公众通过这些方式可以得到的事实发生在国际申请日之前时，如果公众可以得到该书面公开的事实发生在国际申请日的同一日或者之后，国际检索报告应分别说明该事实以及该事实发生的日期；③任何公布的申请或者专利，其公布日在检索的国际申请的国际申请日之后或者同一日，而其申请日或者（在适用的情况下）要求的优先权日在该国际申请日之前，假如它们在国际申请日之前公布，就会构成 PCT 第 15 条第 2 款目的的有关现有技术，国际检索报告应特别指明这些专利申请或专利。

国际检索单位应在其条件允许的情况下，尽量努力发现相关的现有技术，但无论如何应当查阅 PCT 细则规定的文献，即 PCT 最低限度文献。PCT 细则第 34 条对"最低限度文献"的定义做了说明。粗略地说，PCT 最低限度文献包括自 1920 年以后由法国、德国（至 1945 年）、德意志联邦共和国（自 1949 年起）、中华人民共和国、日本、韩国、苏联、俄罗斯、瑞士（除意大利语）、英国、美国、非洲地区知识产权组织（ARIPO）、非洲知识产权组织（OAPI）、欧亚专利局和欧洲专利局授权的专利；由国际局公布的所有国际申请；1920 年后任一国家以英语、法语、德语或西班牙语公开的专利文献（这些专利文献没有要求优先权，且该国将其交由每个国际检索单位随意使用）；以及大约 145 种技术期刊所包含的非专利文献。

关于每个国际申请，国际检索单位将在作出国际检索报告的同时，还将就要求保护的发明是否具备新颖性、创造性及工业实用性作出一个书面意见，该书面意见是初步的、不具备约束性的，其与国际初步审查单位在国际初步审查时作出的书面意见在范围上很相近。

用于确定为了作出书面意见的现有技术的相关日期是国际申请日或在要求优先权时的优先权日。该日期与国际初步审查时所使用的日期一致。然而，对于国际检索报告来说，使用国际申请日。国际检索单位出具的书面意见使用与国际检索报告相同的语言，并将在与国际检索报告起传送给申请人和国际局。

国际检索是一个封闭、单向的过程，除单一性或明显错误的问题外，申请人与国际检索单位之间没有什么交流。尽管在 PCT 细则中没有提供申请人对国际检索单位出具的书面意见进行答复的专门规定，但是根据 PCT 大会的决定，申请人可以向国际局提交一个非正式的意见陈述。该非正式意见陈述的目的是给申请人提供一个在未请求国际初步审查的情况下，反驳该书面意见的机会。

如果尚未或将来也不会作出国际初步审查报告，国际检索单位的书面意见将形成国际局代表国际检索单位颁布的关于专利性的国际初步报告（IPRP）的基础。国际初步报告将会与申请人提交的任何非正式解释一起被传送给指定局。自优先权日起的 30 个月届满后，公众可以查阅到国际初步报告和申请人提交的任何非正式解释。

国际检索单位将国际检索报告及其书面意见的副本传送给申请人和国际局。在国际检索报告中的引证文献的副本将由国际检索单位附在报告的邮件内发给申请人。如果不是这种情况，申请人可以在向国际检索单位提出请求并缴纳一定费用的情况下得到它们。

## 9.3 PCT 申请的国际公布

PCT 体系中的国际公布程序对于申请人并不是无关紧要的程序，它不仅牵涉对专利权的临时保护，而且牵涉申请人如何从整体上更加有效地运用专利战略，以不失时机地使自己的发明得到最为合适的保护。

### 9.3.1 国际公布的形式和内容

PCT 国际申请自优先权日 18 个月届满后即速由世界知识产权组织（WIPO）国际局在因特网上公布，公布的语言目前有阿拉伯语、汉语、英语、法语、德语、日语、韩语、葡萄牙语、俄语或西班牙语，公布的内容包括 PCT 申请含有著录事项和摘要的扉页、说明书、权利要求书、附图（如果有）和国际检索报告。适用时，国际公布的内容还包括根据 PCT 第 19 条修改的权利要求、根据 PCT 细则第 4 条第 4.17 款所作的声明、涉及微生物保存的相关资料、关于恢复优先权的情况、经许可要求更正明显错误的声明以及被视为未提出优先权要求的情况。经申请人要求，国际公布还可包括有关期限届满后更改或增加优先权要求的情况以及被拒绝的更正明显错误的要求。PCT 申请若以上面所列的除英语之外的任何语言公布，摘要与国际检索报告的英译文也始终包含在被公布的国际申请中。

已公布的 PCT 申请经要求由国际局负责传送，尤其是在指定局要求时传送给指定局，并通过 PCT/IB/308 表格通知申请人。PCT 申请目前仅以电子形式公布，纸件的 PCT 公报已自 2006 年 4 月 1 日起停止出版。已公布的 PCT 申请的纸件只有在申请人明确要求时才寄送。

已公布的 PCT 申请可从 www.wipo.int/patentscope/search/en/structuredSearch.jsf 网站获得，PCT 公报的正式通知可从 www.wipo.int/pct/en/offcial_notices/index.htm 网站获得。

### 9.3.2 国际公布的效力与意义

PCT 申请的国际公布使申请人在适用的指定国对发明获得临时保护的权利，即在获准专利后，申请人可就专利申请自公布至授权这段时间要求任何实施其发明的单位或个人支付适当的费用。对于这种临时保护的给予，有的国家可能规定要具备一定的条件，例如以提交译文为准（部分国家只需提交权利要求的译文），以指定局收到根据 PCT 公布的国际申请的副本为准，在提前公布时以 18 个月期限届满为准。我国《专利法实施细则》第一百一十四条第二款规定：要求获得发明专利权的国际申请，由国际局以中文进行国际公布的，自国际公布日起适用专利法第十三条的规定；由国际局以中文以外的文字进行国际公布的，自国务院专利行政部门公布之日起适用专利法第十三条的规定。

PCT 申请一经公布，即自公布之日起成为现有技术的一部分，并被包括在 PCT 细则第 34 条所规定的"PCT 最低限度文献"之中。由于 PCT 缔约国的覆盖面很大，PCT 申请量也很大，而且其中包括许多优秀的发明，因此已公布的 PCT 申请是人们进行检索以了解技术发展和专利申请趋势的重要依据。

近年来，随着 PCT 体系的迅速发展和广泛应用，PCT 体系的影响日趋扩大，PCT 申请的国际公布也越来越为申请人起到了宣传广告的作用。人们在开发产品前常会做专利检索，在调查市场前也常会做专利检索，而在做这种检索时都会难以避免地查阅许多已公布的 PCT 申请。WIPO 每周公布 PCT 申请的电子本，其中包含可根据申请人名称、国际专利分类（IPC）、公告号、申请号进行查阅的索引。

对于希望转让或许可（包括交叉许可）专利的企业或个人来说，PCT 申请的国际公布起到了告示的作用，而且自 2012 年 1 月 1 日起申请人还可将许可愿望公布在 WIPO 的 PATENTSCOPE 网站，并可通过表格（PCT/IB/382）或函件说明愿意在什么缔约国进行许可，使用费的比例是多少，是否有最低使用费标准。

### 9.3.3 PCT 申请的提前国际公布

申请人如果需要，可以根据 PCT 第 21 第 2 款 b 项和 PCT 细则第 48 条第 48.4 款 a 项要求国际局对 PCT 申请提前进行国际公布。这种提前公布可在自优先权日起 18 个月届满前的任何时候进行。如果届时国际检索报告已经作出，提前公布并不另外收费；如果检索报告尚未作出，申请人则需为提前公布向国际局缴纳特别公布费。

要求提前公布的一个原因可能是为了在适用的国家对估计能获得的专利提早其取得临时保护的时间。技术的迅速发展常使竞争者的发明难免会碰撞冲突，更不必说不同程度的蓄意仿冒，为此申请人若能让 PCT 申请提前公布并提早获得临时保护，对于保护自己的发明专利及商业利益无疑是必要的。

有申请人为了提早进入 PCT 国家阶段而考虑要求提前公布 PCT 申请。实际上，PCT 申请提早进入国家阶段与 PCT 申请是否已被公布并无强制性的联系，也就是说，根据 PCT 第 2 条第 2 款和第 40 条第 2 款，尚未作国际公布的 PCT 申请经申请人明确要求也同样可以提早进入国家阶段。申请人让 PCT 申请在有关国家提早进入国家阶段，常常是出于各方面的原因，诸如竞争者活动频繁，产品季节性强，产品淘汰周期快，技术和商业合作的需要，抢占市场的迫切性等。这些原因常常与尽早获得专利的临时保护有或多或少的关系，从这个角度考虑，提前公布 PCT 申请对有些急于提早进入 PCT 国家阶段的申请人可能会有战略和实际上的好处。虽然从法律上讲，在未作国际公布的情况下可以明确要求提早进入国家阶段，但指定局何时对申请进行处理仍然取决于有关指定局，实际上有一些指定局在 PCT 申请被国际公布之前不大可能对申请进行处理。另外，比较理想的是提前公布时或进入国家阶段时已有国际检索报告和书面意见，这样既可在适用时利用 PCT 高速公路（PCT – PPH）（国际检索单位的书面意见或国际初步审查报告是在国家阶段利用 PCT – PPH 的基础），也便于有关国家局对专利申请的审批。已公布的 PCT 申请的副本由国际局传送给指定局（除非指定局已明确表示放弃），国际检索单位的书面意见通常也由国际局以"国际检索单位的有关专利性的国际初步报告"的形式传送给指定局。

# 附　录

## 附录 I　专利电子申请常见疑难问题

1. CPC 客户端操作常见问题

**问：** 使用电子申请系统客户端对计算机软件和硬件有哪些要求？

**答：** 电子申请客户端系统推荐的安装环境是 Professional 版本的 Windows XP 操作系统、IE 7 浏览器及 Microsoft Office 2003 版本，同时要求计算机内存至少为 1G，使用推荐的安装环境能够保证客户端系统正常运行。

**问：** 电子申请客户端系统如何下载？为什么点击下载后没有反应？

**答：** 在电子申请网站首页的【工具下载】栏目中下载客户端安装程序，如果点击下载没有反应，可能是被 IE 浏览器自动屏蔽了，应当解除屏蔽后重试。

**问：** 如何升级客户端系统？

**答：** 可通过专用软件更新程序升级，在系统开始菜单中选择【程序】-【gwssi】-【CPC 升级程序】，在线升级客户端系统；或在电子申请网站首页【工具下载】栏目中下载最新的离线升级包进行升级。

**问：** 在一个电子申请案卷包的申请文件中，能否同时包含 WORD 和 PDF 两种格式的文件？

**答：** 对于同一案卷包的申请文件中，以导入 WORD 或者 PDF 格式文件的方式制作申请文件时，只能选择其中一种文件格式进行编辑和提交，即同一个案卷中不能同时包含 WORD 和 PDF 两种格式的申请文件。

**问：采用 PDF 或 WORD 格式提交的电子申请说明书，是否需要像 XML 格式那样标注上"[0001]"这样的段落编号？**

答：对于采用 PDF 或 WORD 格式提交的电子申请文件，国家知识产权局相关人员首先将 PDF 或 WORD 格式文件转换成 TIF 格式的图形文件后，同纸质文件一样由知识产权出版社通过 OCR 技术进行代码化加工，将 TIF 格式文件转换成 XML 格式代码文件。因此，以 PDF 或 WORD 格式提交的说明书，不需要在说明书中添加任何形式的段落编号。

**问：请求书中【文件清单】内容如何填写？**

答：电子申请用户提交新申请时，必须填写请求书中【文件清单】部分的内容。应使用客户端编辑器中的【文件清单导入】功能。当申请文件全部编辑保存完成后，打开请求书，点击编辑器上方的工具栏中倒数第 3 个黄色图标，选择【导入文件清单】，系统会将自动生成并保存的文件类型及页数等信息自动加载到请求书中的"文件清单"部分。对于说明书摘要、摘要附图、权利要求书、说明书、说明书附图和说明书核苷酸和氨基酸序列表使用 WORD、PDF 格式提交的，系统导入上述文件的页数显示为"0"页，申请人不必对页数进行修改，但是，当导入的权利要求项数显示为"0"项时，应当按照实际项数进行手工修改。当电子申请用户提交了已经在国家知识产权局备案的总委托书时，需要在导入文件清单后，在清单最后填写总委托书的备案号。

**问：当使用 XML 编辑器制作权利要求书时，如何添加权利要求的权项号？**

答：使用 XML 编辑器制作权利要求书时，不需要编辑权利要求的权项号，只要保证每项权利要求都是以句号结尾即可，内容编辑完成后单击编辑器上方工具栏中的第一个图标，系统会启动权项自动识别功能，实现为每项权利要求自动添加权项号。

**问：当使用电子申请客户端正式提交申请时，【签名证书】一栏是空白的，未显示证书，该如何处理？**

答：首先，电子申请用户应确认是否已经在电子申请网站上成功下载了数字证书。如果成功下载数字证书后，【签名证书】一栏仍是空白的，请在电子申请客户端【系统设置】中选择【选项】，确认证书目录里选择的是【生产环境】，数字证书将会显示在【证书管理】列表中。

问：签名时提示："案卷中的文件清单不能为空，请更正后再签名发送；案卷中的文件清单加载个数和实际文件个数不一致，请更正后再签名发送"。该如何操作？

答：将所有文件保存之后，打开请求书编辑页面，点击页面上方的黄色图标，选择导入文件清单，之后再保存请求书，并尝试重新签名发送。

问：签名时提示："该案卷的用户注册代码和证书代码不一致"或"注册用户不是代表人，请更正后再签名发送"，问题出在哪？该怎么办？

答：根据提示可能有两种情况：一是您的文件签名栏中内容与您使用的签名证书不一致，无法签名通过，请您检查文件签名栏中的内容与签名证书是否正确；二是确认您提交的申请中的代表人是否是注册用户且与数字证书一致。

问：在电子申请客户端（CPC），请求书或进入声明中文件清单页数怎么变成了"0"？

答：对于以 WORD、PDF 格式提交申请文件及相关文件，在电子申请客户端重新导入文件清单时文件页数会被自动清零，申请人不必再修改清零后的文件页数。

问：对于已经提交的电子申请文件，如何备份和管理？

答：可以使用客户端系统案件管理功能将案件、文件或通知书导出后备份。也可使用【系统设置】菜单中的【数据备份】和【数据还原】功能实现备份。

问：CPC 客户端中的【导出】和【导入】按钮分别实现什么功能？

答：在案件列表中选中一个案件、文件或通知书后，点击【导出】按钮，可以将已选案件、文件或通知书以 ZIP 文件格式导出并保存到计算机指定位置。如果需要导出 WORD 格式的文件，可以选择【导出 DOC 案卷】或【导出 DOC 文件】。在草稿箱或收件箱中，点击【导入】按钮，可以将符合客户端系统导入格式的案件、文件或通知书导入相应目录中。

问：对于以电子形式提出的分案申请，原申请是国际申请的，如何在请求书中填写国际申请号？

答：根据《关于电子申请的有关事项的业务通知》中的要求，在请求书中不必填写国际申请号。

问：对于已提出过分案申请的专利，申请人需要针对该分案申请再次提出分案申请的，在提交电子申请或答复补正通知书时，涉及单一性缺陷的审查意见通知书或者分案通知书如何提交？

答：根据《关于电子申请的有关事项的业务通知》中的要求，上述文件目前应通过电子申请客户端（CPC）【其他文件】的模板进行提交。

问：电子申请的请求书内容如何补正？

答：电子申请的请求书内容需要补正的，申请人可以仅针对缺陷部分提交补正书或者陈述意见，无须提交请求书替换页。

问：补正文件的修改对照页该如何提交？

答：客户端提供文件编号为100042的【修改对照页】模板，制作时可将修改对照页保存成JPG或者PDF格式的文件，并在导入后提交。

问：在使用XML编辑器时，添加图片不成功的原因是什么？

答：为了保证提交图片在审查、出版过程中与原始提交图片大小一致，电子申请客户端对添加的图片有基本要求，图片格式应为JPG或者TIF；对于外观设计申请的图片大小应当不超过150mm×220mm，其他图片大小应当不超过165mm×245mm。图片或照片分辨率应当在72~300 DPI范围。如果图片添加不成功请检查其是否不符合上述要求。

问：如何制作符合标准的图片并保证图片的清晰度？

答：首先保证图片的大小符合电子申请的格式要求，如果不符合，应在保证清晰度的同时进行大小的调整（运用画图板、Photoshop等软件）。图片的分辨率的规范区间为72~300 DPI，建议尽可能达到300DPI。

问：使用电子申请客户端的时候编辑器出现空白界面或者假死应该怎么办？

答：由于客户端频繁地调用WORD进程，可能出现WORD程序未响应的情况，导致假死。可退出客户端，进入任务管理器（Alt+Ctrl+Delete），结束"Winword"进程。再重新打开CPC客户端。

问：电子申请客户端答复补正界面，有的通知书答复过一次后再想针对它答复就找不到了。怎么办？

答：客户端编辑器答复补正界面的【未答复】和【已答复】通知书列表

对应的是一个选项按钮,需要通过重复点击此按钮在【未答复】状态和【已答复】状态的通知书列表之间切换。

问:有多个申请涉及同样的申请人,请问如何利用之前写好的请求书中的申请人信息?

答:可以先制作好一个请求书,然后利用【导出文件】和【导入文件】的功能来实现该请求书信息的多次复用,而不用每次编辑请求书时,相同内容重复编写。

问:在【数字证书管理】→【证书管理】中看不到提交文件时使用的数字证书了,怎么办?

答:请打开【系统设置】→【选项】,【证书目录】一栏应选择【生产环境】。

问:能否针对客户端中没有的案卷中的通知书进行答复补正?

答:可点击 CPC 主页面中的【主动提交】图标,然后在弹出窗口的左上方的【申请信息列表】部分点击【新建】,填写申请类型、申请号及发明名称。然后,点击【确定】,就可以在案卷信息列表中选中新建案卷信息。然后在左下方的【中间文件】部分点击【补正】制作补正文件,然后点击【补正】旁的【增加】制作补正书。

问:如何在请求书的发明名称中输入上下角标?

答:在请求书编辑界面中,点击界面上方的倒数第三个黄色图标,然后选择【上下角标】。

问:当发明人多于 3 个时,在请求书中如何编辑?

答:在请求书编辑界面中,点击界面上方的倒数第 3 个黄色图标,然后选择【编辑发明人】。第 4 个及之后的发明人显示在请求书附页中。

问:在说明书附图中如何批量导入图片?

答:在说明书附图编辑界面中,点击界面上方的第 2 个图标,然后选择待导入图片所在的文件夹即可。如果想调整多幅图片的顺序,可以点击说明书附图编辑界面上方的第 1 个图标,再点击【编辑图片或照片】进行修改。

问:在费用减缓请求书中无法编辑个人年收入,怎么办?

答:在费用减缓请求书编辑界面中,点击界面上方的倒数第 3 个黄色图标，再点击【编辑申请人减缓理由】即可。

问：在补正书中无法编辑补正内容，怎么办？
答：在补正书中编辑界面中，点击界面上方的倒数第3个黄色图标，再点击"编辑补正内容"即可。

问：如何在客户端中提交纸质文件申请转为电子申请的请求？
答：在【电子申请编辑器】界面中点击左侧【附加文档】下方的【增加】图标，在弹出的【选择附加文件】对话框中选择【纸件转电子申请请求书】。如果没有找到，那么在【选择附加文件】对话框的右下方有【更多】的链接，点击该链接，在弹出的对话框的左侧待选项目中找到【纸件转电子申请请求书】，添加至右侧的已选项目即可。

问：根据《专利法》第九条第一款的规定，针对发明授权放弃使用新型的放弃声明如何提交？
答：使用电子申请客户端放弃专利权申请声明模板，应在第1栏的申请号栏中填写实用新型的申请号，在第2栏声明内容中，勾选"根据专利法第九条第一款的规定，专利权人声明放弃上述专利权"，并在注明中填写发明的申请号。相关的证明文件，应当制作成图片放在放弃专利权声明的第二页提交。

问：在电子申请请求书中，什么是申请人的用户代码？是否为必填项目？
答：用户代码是指申请人的电子申请用户注册代码。未委托代理机构的，电子申请的申请人或者申请人之一应当是有效的电子申请注册用户，并应当在请求书中填写作为提交电子申请的申请人用户代码，其他不作为电子申请的申请人，即使是电子申请注册用户，可以不填写用户代码。已委托代理机构的，可以不填写申请人的用户代码。

2. 电子申请数字证书常见问题

问：什么是电子申请数字证书？
答：专利电子申请数字证书是国家知识产权局注册部门为注册用户免费提供的用于用户身份验证的一种权威性电子文档，国家知识产权局可以通过电子申请文件中的数字证书验证和识别用户的身份。数字证书还有对申请文件进行打包加密的功能。

问：用户如何获取数字证书？

答：电子申请系统用户使用用户名和密码登录专利电子申请网站（www.cponline.gov.cn），点击【用户证书】栏目中的【证书管理】，点击【下载证书】，按照提示下载证书即可。

问：用户数字证书如何备份？证书注销后如何重新申请？

答：用户数字证书的备份可利用 IE 浏览器中证书的导入、导出功能实现。证书丢失或证书注销后请求重新签发证书，应向国家知识产权局专利局受理处提交纸质文件形式的《电子申请用户注册事务意见陈述书》和相关证明文件。《电子申请用户注册事务意见陈述书》可在电子申请网站首页下载。

问：如何知道证书已经下载成功？

答：打开 IE 浏览器，在【工具】栏中点击【Internet 选项】，在弹出的窗体里面选择【内容】，然后选择【证书】，查看是否含有国家知识产权局签发的证书，证书默认存放在【个人】证书目录下。

问：用户数字证书重新签发后需要如何操作？

答：用户应当下载新证书，并将新证书及时导出做好备份。并登录电子申请网站，在【证书权限管理】栏目中选择【批量修改证书权限】，将所有申请的操作权限转移到新证书上。

问：由于电脑重装系统，或其他原因导致数字证书不慎丢失，如何重新获取数字证书？

答：登录专利电子申请网站，在首页的【常用表格】栏目下载《电子申请用户注册事务意见陈述书》，按要求填写表格，并将纸质文件表格和相关证明文件邮寄到国家知识产权局专利局受理处。材料经审查合格后，相关人员会为用户办理证书重新签发手续。请用户在下载证书后及时进行备份，避免由于数字证书丢失而影响使用。

问：数字证书如何供多台电脑共同使用？

答：网上下载的数字证书文件可以通过 IE 浏览器导出后再导入其他电脑中使用。用户可以访问专利电子申请网站，在首页的【帮助文档】栏目中下载《电子申请用户操作流程（初次使用者必读）》并查看数字证书导入和导出的具体操作步骤。

问：电子申请网站中【数字证书更新】的功能如何使用？

答：用户数字证书有三年有效期，到期前一个月应当登录电子申请网站，使用【数字证书更新】功能完成数字证书的更新。

问：如何设置用户数字证书的密码？

答：用户在下载证书的时候，会弹出安装数字证书的提示框，默认的安全级别为中级，此时点击【设置安全级别】，选择"高"，点击【下一步】，输入密码，点击【确定】，即可设置数字证书的密码。

问：用户下载数字证书的时候没有设置密码，如何重新设置密码？

答：用户需要先从IE浏览器中导出数字证书，再将证书重新导入到IE浏览器中。导入时在根据页面上的提示，勾选"启用强私钥保护"和"标志此密钥是可导出的"选项，点击【设置安全级别】，选择"高"，点击【下一步】，输入密码，点击【确定】，即可重新设置数字证书的密码。设置密码后，在每次使用客户端进行数字签名时，系统都会弹出提示信息，要求用户输入密码。

问：重装系统后数字证书丢失，应如何办理？要填什么表？

答：需要提交纸件形式的《电子申请用户注册事务意见陈述书》和相关证明文件复印件，重新申请证书。个人提交身份证复印件并签名，企业提交营业执照复印件并盖章。邮寄地址：北京市海淀区蓟门桥西土城路6号国家知识产权局专利局受理处，邮编：100088。

问：数字证书可以重复下载吗？

答：数字证书不可以重复下载，用户下载证书后应立即备份，并妥善保存。

问：有时候已经成功下载了用户数字证书，但是在客户端系统中无法查看该证书，这是什么原因？

答：如果使用的是正式环境下的数字证书，应当在客户端【系统设置】→【选项】中选择【生产环境】；反之，如果使用的是测试环境下的数字证书，则应当在客户端【系统设置】→【选项】中选择【测试环境】。

问：上网看到注册成功了，登录后为什么没有显示用户证书那一栏？

答：临时用户不能下载数字证书。

**问**：导出备份的数字证书导入其他电脑后，CPC 客户端查看不到此证书，是什么问题？

**答**：数字证书导出备份时，需要同步导出私钥，在"证书导出向导"操作时，勾选："是，导出私钥"，这样导出来的证书是 CPC 认可的。导出的证书的后缀名应为 .pfx，而不是 .cer。正常情况下应该是导入带私钥的数字证书，会显示在【Internet 选项】→【内容】→【证书】→【个人标签页】中，客户端中也能够查看到该证书。不带私钥的数字证书在客户端中是看不到的。

**问**：USB‒KEY 如何申领？

**答**：USB‒KEY 证书主要用于解决有分支机构的代理机构提交电子申请的问题。目前尚未对个人用户提供 USB‒KEY。目前，可以前往国家知识产权局数据处或部分代办处办理申领手续。

3. 电子申请用户注册常见问题

**问**：什么是电子申请用户注册？

**答**：电子申请用户注册是指申请人或代理机构在提交电子申请前，从国家知识产权局获得电子申请用户代码和密码的过程。

**问**：电子申请用户注册有几种方式？

**答**：电子申请用户注册方式包括当面注册、网上注册和邮寄注册三种方式。

当面注册：在法定工作日工作时间带好注册材料到国家知识产权局受理窗口或专利代办处办理注册手续。

网上注册：登录电子申请网站（www.cponline.gov.cn），在网站上注册为临时用户。并于 15 日内邮寄注册材料到国家知识产权局，办理正式的注册手续。

邮寄注册：直接邮寄注册材料到国家知识产权局，办理注册手续。

**问**：电子申请用户注册需要哪些注册材料？

**答**：注册材料包括《电子申请用户注册请求书》（一份）、《专利电子申请系统用户注册协议》（一式两份）、用户注册证明文件。

用户注册证明文件：

注册请求人为个人的，应提交由本人签章的身份证明文件的复印件，身份证明文件是指居民身份证或其他有效证件。委托他人办理注册手续的，还应提交由经办人签章的经办人身份证明文件复印件一份和注册请求人的代办委托证明一份。

注册请求人为单位的，应提交加盖单位公章的企业营业执照（企业）或组织机构证（事业单位）复印件一份，注册请求人的代办委托证明或单位介绍信一份，办理注册手续的经办人签章的经办人身份证明文件复印件一份。

注册请求人为代理机构的，应提交加盖代理机构公章的代理机构注册证复印件一份，注册请求人的委托证明或单位介绍信一份，办理注册手续的经办人签章的经办人身份证明文件复印件一份。

当面注册和委托他人办理注册的，还应提交由经办人签章的身份证明文件复印件一份和注册请求人的代办委托证明一份。

**问：如何进行注册用户信息的变更？**

答：密码口令、详细地址、邮政编码、电话、手机号码、电子邮箱、接收提示信息方式、数字证书形式等内容，注册用户可以在线进行修改变更。姓名或名称、证件号码、国籍或注册国家（地区）、经常居住地或营业所在地等内容，注册用户应向国家知识产权局提交《电子申请用户注册信息变更请求书》和有效证明文件请求变更。

**问：邮寄注册的地址是什么？**

答：北京市海淀区蓟门桥西土城路6号国家知识产权局专利局受理处，邮编：100088。

**问：在网站上进行电子申请注册后，临时用户转为正式用户，需要寄哪些证明材料去国家知识产权局？**

答：邮寄电子申请用户注册请求书一份，用户注册协议一式两份，身份证明文件复印件一份（个人）或企业营业执照复印件一份（企业）或组织机构证复印件一份（事业单位），全部材料都应当签字或盖章。邮寄地址：北京市海淀区蓟门桥西土城路6号国家知识产权局专利局受理处，邮编100088。信封上注明"电子申请用户注册"。

**问：在线注册的临时用户的用户代码忘记了，该如何查询用户代码？**

答：个人用户的临时用户代码一般是LS+身份证号码，个人用户的正式

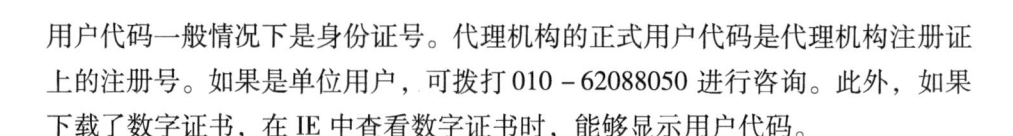

用户代码一般情况下是身份证号。代理机构的正式用户代码是代理机构注册证上的注册号。如果是单位用户，可拨打 010-62088050 进行咨询。此外，如果下载了数字证书，在 IE 中查看数字证书时，能够显示用户代码。

问：《电子申请用户注册请求书》如何下载？

答：登录电子申请网站（www.cponline.gov.cn），网站首页上可以下载《电子申请用户注册请求书》《专利电子申请系统用户注册协议》和《电子申请用户注册信息变更请求书》。

问：已经向国家知识产权局邮寄了电子申请用户注册材料，什么时候能够成为正式用户？

答：电子申请注册部门会在收到注册材料的当天办理注册手续，如果审批合格，注册用户会收到电子申请注册请求审批通知书。也可以登录电子申请网站查看是否已经成为正式用户。

问：如何注销电子申请用户？

答：根据注册协议的约定，注册用户可以向国家知识产权局提交电子申请用户注册信息变更请求书和相关证明材料，请求注销已经注册的用户。电子申请注册用户的所有电子申请全部失效或转让变更合格方可注销。

问：电子申请网站的登录密码如何修改和重置？

答：用户登录电子申请网站后，可随时修改密码。密码丢失后，可以通过电子申请网站首页的【找回密码】功能进行密码重置。

4. 文件提交与通知书接收常见问题

问：电子申请系统可以接收哪些文件？

答：发明、实用新型专利申请及进入中国国家阶段的国际申请可以接收 XML、WORD 和 PDF 3 种格式文件，外观设计专利申请目前只能接收 XML 格式文件。

问：使用电子申请客户端成功提交申请后，没有收到电子回执该如何处理？

答：收到电子回执才表示国家知识产权局接收到了电子申请用户提交的申请文件。如果成功提交电子申请后，没有立即收到电子回执，电子申请用户可以点击客户端的【接收】按钮，点击【获取列表】下载电子回执。收到回执后，应认真核对回执内容。

问：当使用电子申请客户端正式提交申请时，【签名证书】一栏是空白的，未显示证书该如何处理？

答：首先，电子申请用户应确认是否已经在电子申请网站上成功下载了数字证书。如果成功下载数字证书后，【签名证书】一栏仍是空白的，请在电子申请客户端【系统设置】中选择【选项】，确认证书目录里选择的是生产环境，数字证书将会显示在【证书管理】列表中。

问：对于以电子申请方式提交分案申请的，申请人是否需要提交原案申请的申请文件副本？

答：对于以电子申请方式提交的分案申请，申请人一般不需要提交原案申请的申请文件副本或者原案申请的国际公布文本副本等。审查员认为需要的，将要求申请人在指定期限内提交。

问：以电子申请方式请求费用减缓的，申请人是否需要提交相关证明原件的电子扫描件？

答：申请人在提出电子申请时，请求费用减缓并按规定需要提交有关证明文件的，应当同时提交证明文件原件的电子扫描件。未提交电子扫描件的，视为未提交有关证明文件。以电子申请的方式请求费用减缓且已在国家知识产权局交存总委托书的，申请人在通过电子申请客户端填写专利代理委托书电子模板并勾选相关声明后，无须提交相应的专利代理委托书电子扫描件。

问：提交涉及核苷酸或者氨基酸序列的电子申请，申请人是否需要提交包含相关内容的光盘或软盘？

答：对于涉及核苷酸或者氨基酸序列的发明专利电子申请，申请人可直接通过电子申请客户端提交符合规定格式的序列表，不需要提交包含相关内容的光盘或软盘。

问：电子申请的证明类文件是否需要提交证明文件的纸件原件，目前是如何规定的？

答：根据国家知识产权局 2010 年 8 月 11 日发布的《关于专利电子申请有关事项的业务通知》的规定，申请人办理电子申请各种手续时，对《专利法》

及《专利法实施细则》或者《专利审查指南2010》中规定的应当以原件形式提交的相关文件，申请人可以提交原件的电子扫描文件。审查员认为必要时，可以要求申请人在指定期限内提交原件。上述规定于2010年8月16日已正式实行。

问：对于电子申请，哪些文件可以以纸件形式进行提交？

答：可以以纸件形式提交的文件包括：实用新型检索报告请求、专利权评价报告请求、退款请求（缴款人为非电子申请提交人）、恢复权利请求、中止请求、法院保全、无效请求、行政复议请求、由第三方或社会公众提出的意见陈述。

问：使用电子申请客户端提交专利电子申请时有时会非常缓慢，如何处理？

答：对于电子申请用户，首先应保证网络带宽至少为2M，并选择合适的网络环境；其次，错开提交高峰时间，大致为每天上午10—11点，下午16—19点；专利局为电子申请设有专用带宽并将进一步评估带宽饱和度，适应性调整服务器接收能力。

问：如何获取带有专利局业务章的实用新型检索报告和专利权评价报告？

答：根据《关于电子申请的有关事项的业务通知》中的要求，实用新型检索报告请求和专利权评价报告请求通过电子形式提出的，审查员在发出相关报告时应确认发文形式为纸件发文。因此，专利局默认发出纸件形式的带有专利局业务章的实用新型检索报告和专利权评价报告。

问：优先权文件页数非常多，单张扫描制作成图片提交非常麻烦，请问提交优先权文件的方式有哪些？

答：优先权文件可以扫描后制作成PDF文件导入，也可以直接将纸件原件提交至专利局受理处。

问：可以代他人提交电子申请吗？

答：对于未委托代理机构的情况，电子申请的提交人必须是电子申请注册用户，且为该专利申请的申请人之一，作为该申请的代表人。申请文件的签名、发送以及通知书的接收，都应使用该提交人的数字证书。

# 附录Ⅱ 《中华人民共和国专利法》

（1984年3月12日第六届全国人民代表大会常务委员会第四次会议通过；根据1992年9月4日第七届全国人民代表大会常务委员会第二十七次会议《关于修改〈中华人民共和国专利法〉的决定》第一次修正；根据2000年8月25日第九届全国人民代表大会常务委员会第十七次会议《关于修改〈中华人民共和国专利法〉的决定》第二次修正；根据2008年12月27日第十一届全国人民代表大会常务委员会第六次会议《关于修改〈中华人民共和国专利法〉的决定》第三次修正；根据2020年10月17日第十三届全国人民代表大会常务委员会第二十二次会议《关于修改〈中华人民共和国专利法〉的决定》第四次修正。本法自2021年6月1日起施行）

## 第一章 总则

**第一条** 为了保护专利权人的合法权益，鼓励发明创造，推动发明创造的应用，提高创新能力，促进科学技术进步和经济社会发展，制定本法。

**第二条** 本法所称的发明创造是指发明、实用新型和外观设计。

发明，是指对产品、方法或者其改进所提出的新的技术方案。

实用新型，是指对产品的形状、构造或者其结合所提出的适于实用的新的技术方案。

外观设计，是指对产品的整体或者局部的形状、图案或者其结合以及色彩与形状、图案的结合所作出的富有美感并适于工业应用的新设计。

**第三条** 国务院专利行政部门负责管理全国的专利工作；统一受理和审查专利申请，依法授予专利权。

省、自治区、直辖市人民政府管理专利工作的部门负责本行政区域内的专利管理工作。

**第四条** 申请专利的发明创造涉及国家安全或者重大利益需要保密的，按照国家有关规定办理。

**第五条** 对违反法律、社会公德或者妨害公共利益的发明创造，不授予专利权。

对违反法律、行政法规的规定获取或者利用遗传资源，并依赖该遗传资源完成的发明创造，不授予专利权。

**第六条** 执行本单位的任务或者主要是利用本单位的物质技术条件所完成的发明创造为职务发明创造。职务发明创造申请专利的权利属于该单位，申请被批准后，该单位为专利权人。该单位可以依法处置其职务发明创造申请专利的权利和专利权，促进相关发明创造的实施和运用。

非职务发明创造，申请专利的权利属于发明人或者设计人；申请被批准后，该发明人或者设计人为专利权人。

利用本单位的物质技术条件所完成的发明创造，单位与发明人或者设计人订有合同，对申请专利的权利和专利权的归属作出约定的，从其约定。

**第七条** 对发明人或者设计人的非职务发明创造专利申请，任何单位或者个人不得压制。

**第八条** 两个以上单位或者个人合作完成的发明创造、一个单位或者个人接受其他单位或者个人委托所完成的发明创造，除另有协议的以外，申请专利的权利属于完成或者共同完成的单位或者个人；申请被批准后，申请的单位或者个人为专利权人。

**第九条** 同样的发明创造只能授予一项专利权。但是，同一申请人同日对同样的发明创造既申请实用新型专利又申请发明专利，先获得的实用新型专利权尚未终止，且申请人声明放弃该实用新型专利权的，可以授予发明专利权。

两个以上的申请人分别就同样的发明创造申请专利的，专利权授予最先申请的人。

**第十条** 专利申请权和专利权可以转让。

中国单位或者个人向外国人、外国企业或者外国其他组织转让专利申请权或者专利权的，应当依照有关法律、行政法规的规定办理手续。

转让专利申请权或者专利权的，当事人应当订立书面合同，并向国务院专利行政部门登记，由国务院专利行政部门予以公告。专利申请权或者专利权的转让自登记之日起生效。

**第十一条** 发明和实用新型专利权被授予后，除本法另有规定的以外，任何单位或者个人未经专利权人许可，都不得实施其专利，即不得为生产经营目的制造、使用、许诺销售、销售、进口其专利产品，或者使用其专利方法以及使用、许诺销售、销售、进口依照该专利方法直接获得的产品。

外观设计专利权被授予后，任何单位或者个人未经专利权人许可，都不得实施其专利，即不得为生产经营目的制造、许诺销售、销售、进口其外观设计专利产品。

**第十二条** 任何单位或者个人实施他人专利的，应当与专利权人订立实施许可合同，向专利权人支付专利使用费。被许可人无权允许合同规定以外的任何单位或者个人实施该专利。

**第十三条** 发明专利申请公布后，申请人可以要求实施其发明的单位或者个人支付适当的费用。

**第十四条** 专利申请权或者专利权的共有人对权利的行使有约定的，从其约定。没有约定的，共有人可以单独实施或者以普通许可方式许可他人实施该专利；许可他人实施该专利的，收取的使用费应当在共有人之间分配。

除前款规定的情形外，行使共有的专利申请权或者专利权应当取得全体共有人的同意。

**第十五条** 被授予专利权的单位应当对职务发明创造的发明人或者设计人给予奖励；发明创造专利实施后，根据其推广应用的范围和取得的经济效益，对发明人或者设计人给予合理的报酬。

国家鼓励被授予专利权的单位实行产权激励，采取股权、期权、分红等方式，使发明人或者设计人合理分享创新收益。

**第十六条** 发明人或者设计人有权在专利文件中写明自己是发明人或者设计人。

专利权人有权在其专利产品或者该产品的包装上标明专利标识。

**第十七条** 在中国没有经常居所或者营业所的外国人、外国企业或者外国其他组织在中国申请专利的，依照其所属国同中国签订的协议或者共同参加的国际条约，或者依照互惠原则，根据本法办理。

**第十八条** 在中国没有经常居所或者营业所的外国人、外国企业或者外国其他组织在中国申请专利和办理其他专利事务的，应当委托依法设立的专利代理机构办理。

中国单位或者个人在国内申请专利和办理其他专利事务的，可以委托依法设立的专利代理机构办理。

专利代理机构应当遵守法律、行政法规，按照被代理人的委托办理专利申请或者其他专利事务；对被代理人发明创造的内容，除专利申请已经公布或者公告的以外，负有保密责任。专利代理机构的具体管理办法由国务院规定。

**第十九条** 任何单位或者个人将在中国完成的发明或者实用新型向外国申请专利的，应当事先报经国务院专利行政部门进行保密审查。保密审查的程序、期限等按照国务院的规定执行。

中国单位或者个人可以根据中华人民共和国参加的有关国际条约提出专利国际申请。申请人提出专利国际申请的，应当遵守前款规定。

国务院专利行政部门依照中华人民共和国参加的有关国际条约、本法和国务院有关规定处理专利国际申请。

对违反本条第一款规定向外国申请专利的发明或者实用新型，在中国申请专利的，不授予专利权。

**第二十条** 申请专利和行使专利权应当遵循诚实信用原则。不得滥用专利权损害公共利益或者他人合法权益。

滥用专利权，排除或者限制竞争，构成垄断行为的，依照《中华人民共和国反垄断法》处理。

**第二十一条** 国务院专利行政部门应当按照客观、公正、准确、及时的要求，依法处理有关专利的申请和请求。

国务院专利行政部门应当加强专利信息公共服务体系建设，完整、准确、及时发布专利信息，提供专利基础数据，定期出版专利公报，促进专利信息传播与利用。

在专利申请公布或者公告前，国务院专利行政部门的工作人员及有关人员对其内容负有保密责任。

## 第二章 授予专利权的条件

**第二十二条** 授予专利权的发明和实用新型，应当具备新颖性、创造性和实用性。

新颖性，是指该发明或者实用新型不属于现有技术；也没有任何单位或者个人就同样的发明或者实用新型在申请日以前向国务院专利行政部门提出过申请，并记载在申请日以后公布的专利申请文件或者公告的专利文件中。

创造性，是指与现有技术相比，该发明具有突出的实质性特点和显著的进步，该实用新型具有实质性特点和进步。

实用性，是指该发明或者实用新型能够制造或者使用，并且能够产生积极效果。

本法所称现有技术，是指申请日以前在国内外为公众所知的技术。

**第二十三条** 授予专利权的外观设计，应当不属于现有设计；也没有任何单位或者个人就同样的外观设计在申请日以前向国务院专利行政部门提出过申请，并记载在申请日以后公告的专利文件中。

授予专利权的外观设计与现有设计或者现有设计特征的组合相比，应当具有明显区别。

授予专利权的外观设计不得与他人在申请日以前已经取得的合法权利相冲突。

本法所称现有设计，是指申请日以前在国内外为公众所知的设计。

**第二十四条** 申请专利的发明创造在申请日以前六个月内，有下列情形之一的，不丧失新颖性：

（一）在国家出现紧急状态或者非常情况时，为公共利益目的首次公开的；

（二）在中国政府主办或者承认的国际展览会上首次展出的；

（三）在规定的学术会议或者技术会议上首次发表的；

（四）他人未经申请人同意而泄露其内容的。

**第二十五条** 对下列各项，不授予专利权：

（一）科学发现；

（二）智力活动的规则和方法；

（三）疾病的诊断和治疗方法；

（四）动物和植物品种；

（五）原子核变换方法以及用原子核变换方法获得的物质；

（六）对平面印刷品的图案、色彩或者二者的结合作出的主要起标识作用的设计。

对前款第（四）项所列产品的生产方法，可以依照本法规定授予专利权。

## 第三章 专利的申请

**第二十六条** 申请发明或者实用新型专利的，应当提交请求书、说明书及其摘要和权利要求书等文件。

请求书应当写明发明或者实用新型的名称，发明人的姓名，申请人姓名或者名称、地址，以及其他事项。

说明书应当对发明或者实用新型作出清楚、完整的说明，以所属技术领域的技术人员能够实现为准；必要的时候，应当有附图。摘要应当简要说明发明或者实用新型的技术要点。

权利要求书应当以说明书为依据，清楚、简要地限定要求专利保护的范围。

依赖遗传资源完成的发明创造，申请人应当在专利申请文件中说明该遗传资源的直接来源和原始来源；申请人无法说明原始来源的，应当陈述理由。

**第二十七条** 申请外观设计专利的，应当提交请求书、该外观设计的图片或者照片以及对该外观设计的简要说明等文件。

申请人提交的有关图片或者照片应当清楚地显示要求专利保护的产品的外观设计。

**第二十八条** 国务院专利行政部门收到专利申请文件之日为申请日。如果申请文件是邮寄的，以寄出的邮戳日为申请日。

**第二十九条** 申请人自发明或者实用新型在外国第一次提出专利申请之日起十二个月内，或者自外观设计在外国第一次提出专利申请之日起六个月内，又在中国就相同主题提出专利申请的，依照该外国同中国签订的协议或者共同参加的国际条约，或者依照相互承认优先权的原则，可以享有优先权。

申请人自发明或者实用新型在中国第一次提出专利申请之日起十二个月内，或者自外观设计在中国第一次提出专利申请之日起六个月内，又向国务院专利行政部门就相同主题提出专利申请的，可以享有优先权。

**第三十条** 申请人要求发明、实用新型专利优先权的，应当在申请的时候提出书面声明，并且在第一次提出申请之日起十六个月内，提交第一次提出的专利申请文件的副本。

申请人要求外观设计专利优先权的，应当在申请的时候提出书面声明，并且在三个月内提交第一次提出的专利申请文件的副本。

申请人未提出书面声明或者逾期未提交专利申请文件副本的，视为未要求优先权。

**第三十一条** 一件发明或者实用新型专利申请应当限于一项发明或者实用新型。属于一个总的发明构思的两项以上的发明或者实用新型，可以作为一件申请提出。

一件外观设计专利申请应当限于一项外观设计。同一产品两项以上的相似外观设计，或者用于同一类别并且成套出售或者使用的产品的两项以上外观设计，可以作为一件申请提出。

**第三十二条** 申请人可以在被授予专利权之前随时撤回其专利申请。

**第三十三条** 申请人可以对其专利申请文件进行修改，但是，对发明和实用新型专利申请文件的修改不得超出原说明书和权利要求书记载的范围，对外观设计专利申请文件的修改不得超出原图片或者照片表示的范围。

### 第四章　专利申请的审查和批准

**第三十四条** 国务院专利行政部门收到发明专利申请后，经初步审查认为符合本法要求的，自申请日起满十八个月，即行公布。国务院专利行政部门可以根据申请人的请求早日公布其申请。

**第三十五条** 发明专利申请自申请日起三年内，国务院专利行政部门可以根据申请人随时提出的请求，对其申请进行实质审查；申请人无正当理由逾期不请求实质审查的，该申请即被视为撤回。

国务院专利行政部门认为必要的时候，可以自行对发明专利申请进行实质审查。

**第三十六条** 发明专利的申请人请求实质审查的时候，应当提交在申请日前与其发明有关的参考资料。

发明专利已经在外国提出过申请的，国务院专利行政部门可以要求申请人在指定期限内提交该国为审查其申请进行检索的资料或者审查结果的资料；无正当理由逾期不提交的，该申请即被视为撤回。

**第三十七条** 国务院专利行政部门对发明专利申请进行实质审查后，认为不符合本法规定的，应当通知申请人，要求其在指定的期限内陈述意见，或者对其申请进行修改；无正当理由逾期不答复的，该申请即被视为撤回。

**第三十八条** 发明专利申请经申请人陈述意见或者进行修改后，国务院专利行政部门仍然认为不符合本法规定的，应当予以驳回。

**第三十九条** 发明专利申请经实质审查没有发现驳回理由的，由国务院专利行政部门作出授予发明专利权的决定，发给发明专利证书，同时予以登记和公告。发明专利权自公告之日起生效。

**第四十条** 实用新型和外观设计专利申请经初步审查没有发现驳回理由的，由国务院专利行政部门作出授予实用新型专利权或者外观设计专利权的决定，发给相应的专利证书，同时予以登记和公告。实用新型专利权和外观设计专利权自公告之日起生效。

**第四十一条** 专利申请人对国务院专利行政部门驳回申请的决定不服的，可以自收到通知之日起三个月内向国务院专利行政部门请求复审。国务院专利行政部门复审后，作出决定，并通知专利申请人。

专利申请人对国务院专利行政部门的复审决定不服的，可以自收到通知之日起三个月内向人民法院起诉。

### 第五章 专利权的期限、终止和无效

**第四十二条** 发明专利权的期限为二十年，实用新型专利权的期限为十年，外观设计专利权的期限为十五年，均自申请日起计算。

自发明专利申请日起满四年，且自实质审查请求之日起满三年后授予发明专利权的，国务院专利行政部门应专利权人的请求，就发明专利在授权过程中的不合理延迟给予专利权期限补偿，但由申请人引起的不合理延迟除外。

为补偿新药上市审评审批占用的时间，对在中国获得上市许可的新药相关发明专利，国务院专利行政部门应专利权人的请求给予专利权期限补偿。补偿

期限不超过五年，新药批准上市后总有效专利权期限不超过十四年。

**第四十三条** 专利权人应当自被授予专利权的当年开始缴纳年费。

**第四十四条** 有下列情形之一的，专利权在期限届满前终止：

（一）没有按照规定缴纳年费的；

（二）专利权人以书面声明放弃其专利权的。

专利权在期限届满前终止的，由国务院专利行政部门登记和公告。

**第四十五条** 自国务院专利行政部门公告授予专利权之日起，任何单位或者个人认为该专利权的授予不符合本法有关规定的，可以请求国务院专利行政部门宣告该专利权无效。

**第四十六条** 国务院专利行政部门对宣告专利权无效的请求应当及时审查和作出决定，并通知请求人和专利权人。宣告专利权无效的决定，由国务院专利行政部门登记和公告。

对国务院专利行政部门宣告专利权无效或者维持专利权的决定不服的，可以自收到通知之日起三个月内向人民法院起诉。人民法院应当通知无效宣告请求程序的对方当事人作为第三人参加诉讼。

**第四十七条** 宣告无效的专利权视为自始即不存在。

宣告专利权无效的决定，对在宣告专利权无效前人民法院作出并已执行的专利侵权的判决、调解书，已经履行或者强制执行的专利侵权纠纷处理决定，以及已经履行的专利实施许可合同和专利权转让合同，不具有追溯力。但是因专利权人的恶意给他人造成的损失，应当给予赔偿。

依照前款规定不返还专利侵权赔偿金、专利使用费、专利权转让费，明显违反公平原则的，应当全部或者部分返还。

## 第六章　专利实施的特别许可

**第四十八条** 国务院专利行政部门、地方人民政府管理专利工作的部门应当会同同级相关部门采取措施，加强专利公共服务，促进专利实施和运用。

**第四十九条** 国有企业事业单位的发明专利，对国家利益或者公共利益具有重大意义的，国务院有关主管部门和省、自治区、直辖市人民政府报经国务院批准，可以决定在批准的范围内推广应用，允许指定的单位实施，由实施单位按照国家规定向专利权人支付使用费。

**第五十条** 专利权人自愿以书面方式向国务院专利行政部门声明愿意许可任何单位或者个人实施其专利，并明确许可使用费支付方式、标准的，由国务院专利行政部门予以公告，实行开放许可。就实用新型、外观设计专利提出开放许可声明的,应当提供专利权评价报告。

专利权人撤回开放许可声明的,应当以书面方式提出,并由国务院专利行政部门予以公告。开放许可声明被公告撤回的,不影响在先给予的开放许可的效力。

**第五十一条** 任何单位或者个人有意愿实施开放许可的专利的,以书面方式通知专利权人,并依照公告的许可使用费支付方式、标准支付许可使用费后,即获得专利实施许可。

开放许可实施期间,对专利权人缴纳专利年费相应给予减免。

实行开放许可的专利权人可以与被许可人就许可使用费进行协商后给予普通许可,但不得就该专利给予独占或者排他许可。

**第五十二条** 当事人就实施开放许可发生纠纷的,由当事人协商解决;不愿协商或者协商不成的,可以请求国务院专利行政部门进行调解,也可以向人民法院起诉。

**第五十三条** 有下列情形之一的,国务院专利行政部门根据具备实施条件的单位或者个人的申请,可以给予实施发明专利或者实用新型专利的强制许可:

(一)专利权人自专利权被授予之日起满三年,且自提出专利申请之日起满四年,无正当理由未实施或者未充分实施其专利的;

(二)专利权人行使专利权的行为被依法认定为垄断行为,为消除或者减少该行为对竞争产生的不利影响的。

**第五十四条** 在国家出现紧急状态或者非常情况时,或者为了公共利益的目的,国务院专利行政部门可以给予实施发明专利或者实用新型专利的强制许可。

**第五十五条** 为了公共健康目的,对取得专利权的药品,国务院专利行政部门可以给予制造并将其出口到符合中华人民共和国参加的有关国际条约规定的国家或者地区的强制许可。

**第五十六条** 一项取得专利权的发明或者实用新型比前已经取得专利权的发明或者实用新型具有显著经济意义的重大技术进步,其实施又有赖于前一发明或者实用新型的实施的,国务院专利行政部门根据后一专利权人的申请,可以给予实施前一发明或者实用新型的强制许可。

在依照前款规定给予实施强制许可的情形下,国务院专利行政部门根据前一专利权人的申请,也可以给予实施后一发明或者实用新型的强制许可。

**第五十七条** 强制许可涉及的发明创造为半导体技术的,其实施限于公共利益的目的和本法第五十三条第（二）项规定的情形。

第五十八条　除依照本法第五十三条第（二）项、第五十五条规定给予的强制许可外，强制许可的实施应当主要为了供应国内市场。

第五十九条　依照本法第五十三条第（一）项、第五十六条规定申请强制许可的单位或者个人应当提供证据，证明其以合理的条件请求专利权人许可其实施专利，但未能在合理的时间内获得许可。

第六十条　国务院专利行政部门作出的给予实施强制许可的决定，应当及时通知专利权人，并予以登记和公告。

给予实施强制许可的决定，应当根据强制许可的理由规定实施的范围和时间。强制许可的理由消除并不再发生时，国务院专利行政部门应当根据专利权人的请求，经审查后作出终止实施强制许可的决定。

第六十一条　取得实施强制许可的单位或者个人不享有独占的实施权，并且无权允许他人实施。

第六十二条　取得实施强制许可的单位或者个人应当付给专利权人合理的使用费，或者依照中华人民共和国参加的有关国际条约的规定处理使用费问题。付给使用费的，其数额由双方协商；双方不能达成协议的，由国务院专利行政部门裁决。

第六十三条　专利权人对国务院专利行政部门关于实施强制许可的决定不服的，专利权人和取得实施强制许可的单位或者个人对国务院专利行政部门关于实施强制许可的使用费的裁决不服的，可以自收到通知之日起三个月内向人民法院起诉。

## 第七章　专利权的保护

第六十四条　发明或者实用新型专利权的保护范围以其权利要求的内容为准，说明书及附图可以用于解释权利要求的内容。

外观设计专利权的保护范围以表示在图片或者照片中的该产品的外观设计为准，简要说明可以用于解释图片或者照片所表示的该产品的外观设计。

第六十五条　未经专利权人许可，实施其专利，即侵犯其专利权，引起纠纷的，由当事人协商解决；不愿协商或者协商不成的，专利权人或者利害关系人可以向人民法院起诉，也可以请求管理专利工作的部门处理。管理专利工作的部门处理时，认定侵权行为成立的，可以责令侵权人立即停止侵权行为，当事人不服的，可以自收到处理通知之日起十五日内依照《中华人民共和国行政诉讼法》向人民法院起诉；侵权人期满不起诉又不停止侵权行为的，管理专利工作的部门可以申请人民法院强制执行。进行处理的管理专利工作的部门应当事人的请求，可以就侵犯专利权的赔偿数额进行调解；调解不成的，当事人可以依照《中华人民共和国民事诉讼法》向人民法院起诉。

第六十六条 专利侵权纠纷涉及新产品制造方法的发明专利的，制造同样产品的单位或者个人应当提供其产品制造方法不同于专利方法的证明。

专利侵权纠纷涉及实用新型专利或者外观设计专利的，人民法院或者管理专利工作的部门可以要求专利权人或者利害关系人出具由国务院专利行政部门对相关实用新型或者外观设计进行检索、分析和评价后作出的专利权评价报告，作为审理、处理专利侵权纠纷的证据；专利权人、利害关系人或者被控侵权人也可以主动出具专利权评价报告。

第六十七条 在专利侵权纠纷中，被控侵权人有证据证明其实施的技术或者设计属于现有技术或者现有设计的，不构成侵犯专利权。

第六十八条 假冒专利的，除依法承担民事责任外，由负责专利执法的部门责令改正并予公告，没收违法所得，可以处违法所得五倍以下的罚款；没有违法所得或者违法所得在五万元以下的，可以处二十五万元以下的罚款；构成犯罪的，依法追究刑事责任。

第六十九条 负责专利执法的部门根据已经取得的证据，对涉嫌假冒专利行为进行查处时，有权采取下列措施：

（一）询问有关当事人，调查与涉嫌违法行为有关的情况；

（二）对当事人涉嫌违法行为的场所实施现场检查；

（三）查阅、复制与涉嫌违法行为有关的合同、发票、账簿以及其他有关资料；

（四）检查与涉嫌违法行为有关的产品；

（五）对有证据证明是假冒专利的产品，可以查封或者扣押。

管理专利工作的部门应专利权人或者利害关系人的请求处理专利侵权纠纷时，可以采取前款第（一）项、第（二）项、第（四）项所列措施。

负责专利执法的部门、管理专利工作的部门依法行使前两款规定的职权时，当事人应当予以协助、配合，不得拒绝、阻挠。

第七十条 国务院专利行政部门可以应专利权人或者利害关系人的请求处理在全国有重大影响的专利侵权纠纷。

地方人民政府管理专利工作的部门应专利权人或者利害关系人请求处理专利侵权纠纷，对在本行政区域内侵犯其同一专利权的案件可以合并处理；对跨区域侵犯其同一专利权的案件可以请求上级地方人民政府管理专利工作的部门处理。

**第七十一条** 侵犯专利权的赔偿数额按照权利人因被侵权所受到的实际损失或者侵权人因侵权所获得的利益确定；权利人的损失或者侵权人获得的利益难以确定的，参照该专利许可使用费的倍数合理确定。对故意侵犯专利权，情节严重的，可以在按照上述方法确定数额的一倍以上五倍以下确定赔偿数额。

权利人的损失、侵权人获得的利益和专利许可使用费均难以确定的，人民法院可以根据专利权的类型、侵权行为的性质和情节等因素，确定给予三万元以上五百万元以下的赔偿。

赔偿数额还应当包括权利人为制止侵权行为所支付的合理开支。

人民法院为确定赔偿数额，在权利人已经尽力举证，而与侵权行为相关的账簿、资料主要由侵权人掌握的情况下，可以责令侵权人提供与侵权行为相关的账簿、资料；侵权人不提供或者提供虚假的账簿、资料的，人民法院可以参考权利人的主张和提供的证据判定赔偿数额。

**第七十二条** 专利权人或者利害关系人有证据证明他人正在实施或者即将实施侵犯专利权、妨碍其实现权利的行为，如不及时制止将会使其合法权益受到难以弥补的损害的，可以在起诉前依法向人民法院申请采取财产保全、责令作出一定行为或者禁止作出一定行为的措施。

**第七十三条** 为了制止专利侵权行为，在证据可能灭失或者以后难以取得的情况下，专利权人或者利害关系人可以在起诉前依法向人民法院申请保全证据。

**第七十四条** 侵犯专利权的诉讼时效为三年，自专利权人或者利害关系人知道或者应当知道侵权行为以及侵权人之日起计算。

发明专利申请公布后至专利权授予前使用该发明未支付适当使用费的，专利权人要求支付使用费的诉讼时效为三年，自专利权人知道或者应当知道他人使用其发明之日起计算，但是，专利权人于专利权授予之日前即已知道或者应当知道的，自专利权授予之日起计算。

**第七十五条** 有下列情形之一的，不视为侵犯专利权：

（一）专利产品或者依照专利方法直接获得的产品，由专利权人或者经其许可的单位、个人售出后，使用、许诺销售、销售、进口该产品的；

（二）在专利申请日前已经制造相同产品、使用相同方法或者已经作好制造、使用的必要准备，并且仅在原有范围内继续制造、使用的；

（三）临时通过中国领陆、领水、领空的外国运输工具，依照其所属国同中国签订的协议或者共同参加的国际条约，或者依照互惠原则，为运输工具自身需要而在其装置和设备中使用有关专利的；

（四）专为科学研究和实验而使用有关专利的；

（五）为提供行政审批所需要的信息，制造、使用、进口专利药品或者专利医疗器械的，以及专门为其制造、进口专利药品或者专利医疗器械的。

**第七十六条** 药品上市审评审批过程中，药品上市许可申请人与有关专利权人或者利害关系人，因申请注册的药品相关的专利权产生纠纷的，相关当事人可以向人民法院起诉，请求就申请注册的药品相关技术方案是否落入他人药品专利权保护范围作出判决。国务院药品监督管理部门在规定的期限内，可以根据人民法院生效裁判作出是否暂停批准相关药品上市的决定。

药品上市许可申请人与有关专利权人或者利害关系人也可以就申请注册的药品相关的专利权纠纷，向国务院专利行政部门请求行政裁决。

国务院药品监督管理部门会同国务院专利行政部门制定药品上市许可审批与药品上市许可申请阶段专利权纠纷解决的具体衔接办法，报国务院同意后实施。

**第七十七条** 为生产经营目的使用、许诺销售或者销售不知道是未经专利权人许可而制造并售出的专利侵权产品，能证明该产品合法来源的，不承担赔偿责任。

**第七十八条** 违反本法第十九条规定向外国申请专利，泄露国家秘密的，由所在单位或者上级主管机关给予行政处分；构成犯罪的，依法追究刑事责任。

**第七十九条** 管理专利工作的部门不得参与向社会推荐专利产品等经营活动。

管理专利工作的部门违反前款规定的，由其上级机关或者监察机关责令改正，消除影响，有违法收入的予以没收；情节严重的，对直接负责的主管人员和其他直接责任人员依法给予处分。

**第八十条** 从事专利管理工作的国家机关工作人员以及其他有关国家机关工作人员玩忽职守、滥用职权、徇私舞弊，构成犯罪的，依法追究刑事责任；尚不构成犯罪的，依法给予处分。

## 第八章 附则

**第八十一条** 向国务院专利行政部门申请专利和办理其他手续，应当按照规定缴纳费用。

**第八十二条** 本法自 1985 年 4 月 1 日起施行。

# 附录Ⅲ 《中华人民共和国专利法实施细则》

(2001年6月15日中华人民共和国国务院令第306号公布;根据2002年12月28日《国务院关于修改〈中华人民共和国专利法实施细则〉的决定》第一次修订;根据2010年1月9日《国务院关于修改〈中华人民共和国专利法实施细则〉的决定》第二次修订)

## 第一章 总则

**第一条** 根据《中华人民共和国专利法》(以下简称专利法),制定本细则。

**第二条** 专利法和本细则规定的各种手续,应当以书面形式或者国务院专利行政部门规定的其他形式办理。

**第三条** 依照专利法和本细则规定提交的各种文件应当使用中文;国家有统一规定的科技术语的,应当采用规范词;外国人名、地名和科技术语没有统一中文译文的,应当注明原文。

依照专利法和本细则规定提交的各种证件和证明文件是外文的,国务院专利行政部门认为必要时,可以要求当事人在指定期限内附送中文译文;期满未附送的,视为未提交该证件和证明文件。

**第四条** 向国务院专利行政部门邮寄的各种文件,以寄出的邮戳日为递交日;邮戳日不清晰的,除当事人能够提出证明外,以国务院专利行政部门收到日为递交日。

国务院专利行政部门的各种文件,可以通过邮寄、直接送交或者其他方式送达当事人。当事人委托专利代理机构的,文件送交专利代理机构;未委托专利代理机构的,文件送交请求书中指明的联系人。

国务院专利行政部门邮寄的各种文件,自文件发出之日起满15日,推定为当事人收到文件之日。

根据国务院专利行政部门规定应当直接送交的文件,以交付日为送达日。

文件送交地址不清,无法邮寄的,可以通过公告的方式送达当事人。自公告之日起满1个月,该文件视为已经送达。

**第五条** 专利法和本细则规定的各种期限的第一日不计算在期限内。期限以年或者月计算的,以其最后一月的相应日为期限届满日;该月无相应日的,以该月最后一日为期限届满日；期限届满日是法定休假日的，以休假日后的第一个工作日为期限届满日。

**第六条** 当事人因不可抗拒的事由而延误专利法或者本细则规定的期限或者国务院专利行政部门指定的期限，导致其权利丧失的，自障碍消除之日起 2 个月内，最迟自期限届满之日起 2 年内，可以向国务院专利行政部门请求恢复权利。

除前款规定的情形外，当事人因其他正当理由延误专利法或者本细则规定的期限或者国务院专利行政部门指定的期限，导致其权利丧失的，可以自收到国务院专利行政部门的通知之日起 2 个月内向国务院专利行政部门请求恢复权利。

当事人依照本条第一款或者第二款的规定请求恢复权利的，应当提交恢复权利请求书，说明理由，必要时附具有关证明文件，并办理权利丧失前应当办理的相应手续；依照本条第二款的规定请求恢复权利的，还应当缴纳恢复权利请求费。

当事人请求延长国务院专利行政部门指定的期限的，应当在期限届满前，向国务院专利行政部门说明理由并办理有关手续。

本条第一款和第二款的规定不适用专利法第二十四条、第二十九条、第四十二条、第六十八条规定的期限。

**第七条** 专利申请涉及国防利益需要保密的，由国防专利机构受理并进行审查；国务院专利行政部门受理的专利申请涉及国防利益需要保密的，应当及时移交国防专利机构进行审查。经国防专利机构审查没有发现驳回理由的，由国务院专利行政部门作出授予国防专利权的决定。

国务院专利行政部门认为其受理的发明或者实用新型专利申请涉及国防利益以外的国家安全或者重大利益需要保密的，应当及时作出按照保密专利申请处理的决定，并通知申请人。保密专利申请的审查、复审以及保密专利权无效宣告的特殊程序，由国务院专利行政部门规定。

**第八条** 专利法第二十条所称在中国完成的发明或者实用新型，是指技术方案的实质性内容在中国境内完成的发明或者实用新型。

任何单位或者个人将在中国完成的发明或者实用新型向外国申请专利的，应当按照下列方式之一请求国务院专利行政部门进行保密审查：

（一）直接向外国申请专利或者向有关国外机构提交专利国际申请的，应当事先向国务院专利行政部门提出请求，并详细说明其技术方案；

（二）向国务院专利行政部门申请专利后拟向外国申请专利或者向有关国外机构提交专利国际申请的，应当在向外国申请专利或者向有关国外机构提交专利国际申请前向国务院专利行政部门提出请求。

向国务院专利行政部门提交专利国际申请的，视为同时提出了保密审查请求。

**第九条** 国务院专利行政部门收到依照本细则第八条规定递交的请求后，经过审查认为该发明或者实用新型可能涉及国家安全或者重大利益需要保密的，应当及时向申请人发出保密审查通知；申请人未在其请求递交日起 4 个月内收到保密审查通知的，可以就该发明或者实用新型向外国申请专利或者向有关国外机构提交专利国际申请。

国务院专利行政部门依照前款规定通知进行保密审查的，应当及时做出是否需要保密的决定，并通知申请人。申请人未在其请求递交日起 6 个月内收到需要保密的决定的，可以就该发明或者实用新型向外国申请专利或者向有关国外机构提交专利国际申请。

**第十条** 专利法第五条所称违反法律的发明创造，不包括仅其实施为法律所禁止的发明创造。

**第十一条** 除专利法第二十八条和第四十二条规定的情形外，专利法所称申请日，有优先权的，指优先权日。

本细则所称申请日，除另有规定的外，是指专利法第二十八条规定的申请日。

**第十二条** 专利法第六条所称执行本单位的任务所完成的职务发明创造，是指：

（一）在本职工作中做出的发明创造；

（二）履行本单位交付的本职工作之外的任务所做出的发明创造；

（三）退休、调离原单位后或者劳动、人事关系终止后 1 年内做出的，与其在原单位承担的本职工作或者原单位分配的任务有关的发明创造。

专利法第六条所称本单位，包括临时工作单位；专利法第六条所称本单位的物质技术条件，是指本单位的资金、设备、零部件、原材料或者不对外公开的技术资料等。

**第十三条** 专利法所称发明人或者设计人，是指对发明创造的实质性特点做出创造性贡献的人。在完成发明创造过程中，只负责组织工作的人、为物质技术条件的利用提供方便的人或者从事其他辅助工作的人，不是发明人或者设计人。

**第十四条** 除依照专利法第十条规定转让专利权外,专利权因其他事由发生转移的,当事人应当凭有关证明文件或者法律文书向国务院专利行政部门办理专利权转移手续。

专利权人与他人订立的专利实施许可合同,应当自合同生效之日起 3 个月内向国务院专利行政部门备案。

以专利权出质的,由出质人和质权人共同向国务院专利行政部门办理出质登记。

## 第二章　专利的申请

**第十五条** 以书面形式申请专利的,应当向国务院专利行政部门提交申请文件一式两份。

以国务院专利行政部门规定的其他形式申请专利的,应当符合规定的要求。

申请人委托专利代理机构向国务院专利行政部门申请专利和办理其他专利事务的,应当同时提交委托书,写明委托权限。

申请人有 2 人以上且未委托专利代理机构的,除请求书中另有声明的外,以请求书中指明的第一申请人为代表人。

**第十六条** 发明、实用新型或者外观设计专利申请的请求书应当写明下列事项:

(一) 发明、实用新型或者外观设计的名称;

(二) 申请人是中国单位或者个人的,其名称或者姓名、地址、邮政编码、组织机构代码或者居民身份证件号码;申请人是外国人、外国企业或者外国其他组织的,其姓名或者名称、国籍或者注册的国家或者地区;

(三) 发明人或者设计人的姓名;

(四) 申请人委托专利代理机构的,受托机构的名称、机构代码以及该机构指定的专利代理人的姓名、执业证号码、联系电话;

(五) 要求优先权的,申请人第一次提出专利申请(以下简称在先申请)的申请日、申请号以及原受理机构的名称;

(六) 申请人或者专利代理机构的签字或者盖章;

(七) 申请文件清单;

(八) 附加文件清单;

(九) 其他需要写明的有关事项。

**第十七条** 发明或者实用新型专利申请的说明书应当写明发明或者实用新

型的名称，该名称应当与请求书中的名称一致。说明书应当包括下列内容：

（一）技术领域：写明要求保护的技术方案所属的技术领域；

（二）背景技术：写明对发明或者实用新型的理解、检索、审查有用的背景技术；有可能的，并引证反映这些背景技术的文件；

（三）发明内容：写明发明或者实用新型所要解决的技术问题以及解决其技术问题采用的技术方案，并对照现有技术写明发明或者实用新型的有益效果；

（四）附图说明：说明书有附图的，对各个附图作简略说明；

（五）具体实施方式：详细写明申请人认为实现发明或者实用新型的优选方式；必要时，举例说明；有附图的，对照附图。

发明或者实用新型专利申请人应当按照前款规定的方式和顺序撰写说明书，并在说明书每一部分前面写明标题，除非其发明或者实用新型的性质用其他方式或者顺序撰写能节约说明书的篇幅并使他人能够准确理解其发明或者实用新型。

发明或者实用新型说明书应当用词规范、语句清楚，并不得使用"如权利要求……所述的……"一类的引用语，也不得使用商业性宣传用语。

发明专利申请包含一个或者多个核苷酸或者氨基酸序列的，说明书应当包括符合国务院专利行政部门规定的序列表。申请人应当将该序列表作为说明书的一个单独部分提交，并按照国务院专利行政部门的规定提交该序列表的计算机可读形式的副本。

实用新型专利申请说明书应当有表示要求保护的产品的形状、构造或者其结合的附图。

**第十八条** 发明或者实用新型的几幅附图应当按照"图1，图2，……"顺序编号排列。

发明或者实用新型说明书文字部分中未提及的附图标记不得在附图中出现，附图中未出现的附图标记不得在说明书文字部分中提及。申请文件中表示同一组成部分的附图标记应当一致。

附图中除必需的词语外，不应当含有其他注释。

**第十九条** 权利要求书应当记载发明或者实用新型的技术特征。

权利要求书有几项权利要求的，应当用阿拉伯数字顺序编号。

权利要求书中使用的科技术语应当与说明书中使用的科技术语一致，可以有化学式或者数学式，但是不得有插图。除绝对必要的外，不得使用"如说明书……部分所述"或者"如图……所示"的用语。

权利要求中的技术特征可以引用说明书附图中相应的标记，该标记应当放在相应的技术特征后并置于括号内，便于理解权利要求。附图标记不得解释为对权利要求的限制。

**第二十条** 权利要求书应当有独立权利要求，也可以有从属权利要求。

独立权利要求应当从整体上反映发明或者实用新型的技术方案，记载解决技术问题的必要技术特征。

从属权利要求应当用附加的技术特征，对引用的权利要求作进一步限定。

**第二十一条** 发明或者实用新型的独立权利要求应当包括前序部分和特征部分，按照下列规定撰写：

（一）前序部分：写明要求保护的发明或者实用新型技术方案的主题名称和发明或者实用新型主题与最接近的现有技术共有的必要技术特征；

（二）特征部分：使用"其特征是……"或者类似的用语，写明发明或者实用新型区别于最接近的现有技术的技术特征。这些特征和前序部分写明的特征合在一起，限定发明或者实用新型要求保护的范围。

发明或者实用新型的性质不适于用前款方式表达的，独立权利要求可以用其他方式撰写。

一项发明或者实用新型应当只有一个独立权利要求，并写在同一发明或者实用新型的从属权利要求之前。

**第二十二条** 发明或者实用新型的从属权利要求应当包括引用部分和限定部分，按照下列规定撰写：

（一）引用部分：写明引用的权利要求的编号及其主题名称；

（二）限定部分：写明发明或者实用新型附加的技术特征。

从属权利要求只能引用在前的权利要求。引用两项以上权利要求的多项从属权利要求，只能以择一种方式引用在前的权利要求，并不得作为另一项多项从属权利要求的基础。

**第二十三条** 说明书摘要应当写明发明或者实用新型专利申请所公开内容的概要，即写明发明或者实用新型的名称和所属技术领域，并清楚地反映所要解决的技术问题、解决该问题的技术方案的要点以及主要用途。

说明书摘要可以包含最能说明发明的化学式；有附图的专利申请，还应当提供一幅最能说明该发明或者实用新型技术特征的附图。附图的大小及清晰度应当保证在该图缩小到 4 厘米 ×6 厘米时，仍能清晰地分辨出图中的各个细节。摘要文字部分不得超过 300 个字。摘要中不得使用商业性宣传用语。

**第二十四条** 申请专利的发明涉及新的生物材料，该生物材料公众不能得到，并且对该生物材料的说明不足以使所属领域的技术人员实施其发明的，除应当符合专利法和本细则的有关规定外，申请人还应当办理下列手续：

（一）在申请日前或者最迟在申请日（有优先权的，指优先权日），将该生物材料的样品提交国务院专利行政部门认可的保藏单位保藏，并在申请时或者最迟自申请日起 4 个月内提交保藏单位出具的保藏证明和存活证明；期满未提交证明的，该样品视为未提交保藏；

（二）在申请文件中，提供有关该生物材料特征的资料；

（三）涉及生物材料样品保藏的专利申请应当在请求书和说明书中写明该生物材料的分类命名（注明拉丁文名称）、保藏该生物材料样品的单位名称、地址、保藏日期和保藏编号；申请时未写明的，应当自申请日起 4 个月内补正；期满未补正的，视为未提交保藏。

**第二十五条** 发明专利申请人依照本细则第二十四条的规定保藏生物材料样品的，在发明专利申请公布后，任何单位或者个人需要将该专利申请所涉及的生物材料作为实验目的使用的，应当向国务院专利行政部门提出请求，并写明下列事项：

（一）请求人的姓名或者名称和地址；

（二）不向其他任何人提供该生物材料的保证；

（三）在授予专利权前，只作为实验目的使用的保证。

**第二十六条** 专利法所称遗传资源，是指取自人体、动物、植物或者微生物等含有遗传功能单位并具有实际或者潜在价值的材料；专利法所称依赖遗传资源完成的发明创造，是指利用了遗传资源的遗传功能完成的发明创造。

就依赖遗传资源完成的发明创造申请专利的，申请人应当在请求书中予以说明，并填写国务院专利行政部门制定的表格。

**第二十七条** 申请人请求保护色彩的，应当提交彩色图片或者照片。

申请人应当就每件外观设计产品所需要保护的内容提交有关图片或者照片。

**第二十八条** 外观设计的简要说明应当写明外观设计产品的名称、用途，外观设计的设计要点，并指定一幅最能表明设计要点的图片或者照片。省略视图或者请求保护色彩的，应当在简要说明中写明。

对同一产品的多项相似外观设计提出一件外观设计专利申请的，应当在简要说明中指定其中一项作为基本设计。

简要说明不得使用商业性宣传用语，也不能用来说明产品的性能。

**第二十九条** 国务院专利行政部门认为必要时，可以要求外观设计专利申请人提交使用外观设计的产品样品或者模型。样品或者模型的体积不得超过 30 厘米 × 30 厘米 × 30 厘米，重量不得超过 15 公斤。易腐、易损或者危险品不得作为样品或者模型提交。

**第三十条** 专利法第二十四条第（一）项所称中国政府承认的国际展览会，是指国际展览会公约规定的在国际展览局注册或者由其认可的国际展览会。

专利法第二十四条第（二）项所称学术会议或者技术会议，是指国务院有关主管部门或者全国性学术团体组织召开的学术会议或者技术会议。

申请专利的发明创造有专利法第二十四条第（一）项或者第（二）项所列情形的，申请人应当在提出专利申请时声明，并自申请日起 2 个月内提交有关国际展览会或者学术会议、技术会议的组织单位出具的有关发明创造已经展出或者发表，以及展出或者发表日期的证明文件。

申请专利的发明创造有专利法第二十四条第（三）项所列情形的，国务院专利行政部门认为必要时，可以要求申请人在指定期限内提交证明文件。

申请人未依照本条第三款的规定提出声明和提交证明文件的，或者未依照本条第四款的规定在指定期限内提交证明文件的，其申请不适用专利法第二十四条的规定。

**第三十一条** 申请人依照专利法第三十条的规定要求外国优先权的，申请人提交的在先申请文件副本应当经原受理机构证明。依照国务院专利行政部门与该受理机构签订的协议，国务院专利行政部门通过电子交换等途径获得在先申请文件副本的，视为申请人提交了经该受理机构证明的在先申请文件副本。要求本国优先权，申请人在请求书中写明在先申请的申请日和申请号的，视为提交了在先申请文件副本。

要求优先权，但请求书中漏写或者错写在先申请的申请日、申请号和原受理机构名称中的一项或者两项内容的，国务院专利行政部门应当通知申请人在指定期限内补正；期满未补正的，视为未要求优先权。

要求优先权的申请人的姓名或者名称与在先申请文件副本中记载的申请人姓名或者名称不一致的，应当提交优先权转让证明材料，未提交该证明材料的，视为未要求优先权。

外观设计专利申请的申请人要求外国优先权，其在先申请未包括对外观设计的简要说明，申请人按照本细则第二十八条规定提交的简要说明未超出在先申请文件的图片或者照片表示的范围的，不影响其享有优先权。

**第三十二条** 申请人在一件专利申请中，可以要求一项或者多项优先权；要求多项优先权的，该申请的优先权期限从最早的优先权日起计算。

申请人要求本国优先权，在先申请是发明专利申请的，可以就相同主题提出发明或者实用新型专利申请；在先申请是实用新型专利申请的，可以就相同主题提出实用新型或者发明专利申请。但是，提出后一申请时，在先申请的主题有下列情形之一的，不得作为要求本国优先权的基础：

（一）已经要求外国优先权或者本国优先权的；

（二）已经被授予专利权的；

（三）属于按照规定提出的分案申请的。

申请人要求本国优先权的，其在先申请自后一申请提出之日起即视为撤回。

**第三十三条** 在中国没有经常居所或者营业所的申请人，申请专利或者要求外国优先权的，国务院专利行政部门认为必要时，可以要求其提供下列文件：

（一）申请人是个人的，其国籍证明；

（二）申请人是企业或者其他组织的，其注册的国家或者地区的证明文件；

（三）申请人的所属国，承认中国单位和个人可以按照该国国民的同等条件，在该国享有专利权、优先权和其他与专利有关的权利的证明文件。

**第三十四条** 依照专利法第三十一条第一款规定，可以作为一件专利申请提出的属于一个总的发明构思的两项以上的发明或者实用新型，应当在技术上相互关联，包含一个或者多个相同或者相应的特定技术特征，其中特定技术特征是指每一项发明或者实用新型作为整体，对现有技术做出贡献的技术特征。

**第三十五条** 依照专利法第三十一条第二款规定，将同一产品的多项相似外观设计作为一件申请提出的，对该产品的其他设计应当与简要说明中指定的基本设计相似。一件外观设计专利申请中的相似外观设计不得超过10项。

专利法第三十一条第二款所称同一类别并且成套出售或者使用的产品的两项以上外观设计，是指各产品属于分类表中同一大类，习惯上同时出售或者同时使用，而且各产品的外观设计具有相同的设计构思。

将两项以上外观设计作为一件申请提出的，应当将各项外观设计的顺序编号标注在每件外观设计产品各幅图片或者照片的名称之前。

**第三十六条** 申请人撤回专利申请的，应当向国务院专利行政部门提出声明，写明发明创造的名称、申请号和申请日。

撤回专利申请的声明在国务院专利行政部门作好公布专利申请文件的印刷准备工作后提出的，申请文件仍予公布；但是，撤回专利申请的声明应当在以后出版的专利公报上予以公告。

### 第三章 专利申请的审查和批准

**第三十七条** 在初步审查、实质审查、复审和无效宣告程序中，实施审查和审理的人员有下列情形之一的，应当自行回避，当事人或者其他利害关系人可以要求其回避：

（一）是当事人或者其代理人的近亲属的；

（二）与专利申请或者专利权有利害关系的；

（三）与当事人或者其代理人有其他关系，可能影响公正审查和审理的；

（四）专利复审委员会成员曾参与原申请的审查的。

**第三十八条** 国务院专利行政部门收到发明或者实用新型专利申请的请求书、说明书（实用新型必须包括附图）和权利要求书，或者外观设计专利申请的请求书、外观设计的图片或者照片和简要说明后，应当明确申请日、给予申请号，并通知申请人。

**第三十九条** 专利申请文件有下列情形之一的，国务院专利行政部门不予受理，并通知申请人：

（一）发明或者实用新型专利申请缺少请求书、说明书（实用新型无附图）或者权利要求书的，或者外观设计专利申请缺少请求书、图片或者照片、简要说明的；

（二）未使用中文的；

（三）不符合本细则第一百二十一条第一款规定的；

（四）请求书中缺少申请人姓名或者名称，或者缺少地址的；

（五）明显不符合专利法第十八条或者第十九条第一款的规定的；

（六）专利申请类别（发明、实用新型或者外观设计）不明确或者难以确定的。

**第四十条** 说明书中写有对附图的说明但无附图或者缺少部分附图的，申请人应当在国务院专利行政部门指定的期限内补交附图或者声明取消对附图的说明。申请人补交附图的，以向国务院专利行政部门提交或者邮寄附图之日为申请日；取消对附图的说明的，保留原申请日。

**第四十一条** 两个以上的申请人同日（指申请日；有优先权的，指优先权日）分别就同样的发明创造申请专利的，应当在收到国务院专利行政部门的通知后自行协商确定申请人。

同一申请人在同日（指申请日）对同样的发明创造既申请实用新型专利又申请发明专利的，应当在申请时分别说明对同样的发明创造已申请了另一专利；未作说明的，依照专利法第九条第一款关于同样的发明创造只能授予一项专利权的规定处理。

国务院专利行政部门公告授予实用新型专利权，应当公告申请人已依照本条第二款的规定同时申请了发明专利的说明。

发明专利申请经审查没有发现驳回理由，国务院专利行政部门应当通知申请人在规定期限内声明放弃实用新型专利权。申请人声明放弃的，国务院专利行政部门应当作出授予发明专利权的决定，并在公告授予发明专利权时一并公告申请人放弃实用新型专利权声明。申请人不同意放弃的，国务院专利行政部门应当驳回该发明专利申请；申请人期满未答复的，视为撤回该发明专利申请。

实用新型专利权自公告授予发明专利权之日起终止。

**第四十二条** 一件专利申请包括两项以上发明、实用新型或者外观设计的，申请人可以在本细则第五十四条第一款规定的期限届满前，向国务院专利行政部门提出分案申请；但是，专利申请已经被驳回、撤回或者视为撤回的，不能提出分案申请。

国务院专利行政部门认为一件专利申请不符合专利法第三十一条和本细则第三十四条或者第三十五条的规定的，应当通知申请人在指定期限内对其申请进行修改；申请人期满未答复的，该申请视为撤回。

分案的申请不得改变原申请的类别。

**第四十三条** 依照本细则第四十二条规定提出的分案申请，可以保留原申请日，享有优先权的，可以保留优先权日，但是不得超出原申请记载的范围。

分案申请应当依照专利法及本细则的规定办理有关手续。

分案申请的请求书中应当写明原申请的申请号和申请日。提交分案申请时，申请人应当提交原申请文件副本；原申请享有优先权的，并应当提交原申请的优先权文件副本。

**第四十四条** 专利法第三十四条和第四十条所称初步审查,是指审查专利申请是否具备专利法第二十六条或者第二十七条规定的文件和其他必要的文件,这些文件是否符合规定的格式,并审查下列各项:

(一)发明专利申请是否明显属于专利法第五条、第二十五条规定的情形,是否不符合专利法第十八条、第十九条第一款、第二十条第一款或者本细则第十六条、第二十六条第二款的规定,是否明显不符合专利法第二条第二款、第二十六条第五款、第三十一条第一款、第三十三条或者本细则第十七条至第二十一条的规定;

(二)实用新型专利申请是否明显属于专利法第五条、第二十五条规定的情形,是否不符合专利法第十八条、第十九条第一款、第二十条第一款或者本细则第十六条至第十九条、第二十一条至第二十三条的规定,是否明显不符合专利法第二条第三款、第二十二条第二款、第四款、第二十六条第三款、第四款、第三十一条第一款、第三十三条或者本细则第二十条、第四十三条第一款的规定,是否依照专利法第九条规定不能取得专利权;

(三)外观设计专利申请是否明显属于专利法第五条、第二十五条第一款第(六)项规定的情形,是否不符合专利法第十八条、第十九条第一款或者本细则第十六条、第二十七条、第二十八条的规定,是否明显不符合专利法第二条第四款、第二十三条第一款、第二十七条第二款、第三十一条第二款、第三十三条或者本细则第四十三条第一款的规定,是否依照专利法第九条规定不能取得专利权;

(四)申请文件是否符合本细则第二条、第三条第一款的规定。

国务院专利行政部门应当将审查意见通知申请人,要求其在指定期限内陈述意见或者补正;申请人期满未答复的,其申请视为撤回。申请人陈述意见或者补正后,国务院专利行政部门仍然认为不符合前款所列各项规定的,应当予以驳回。

**第四十五条** 除专利申请文件外,申请人向国务院专利行政部门提交的与专利申请有关的其他文件有下列情形之一的,视为未提交:

(一)未使用规定的格式或者填写不符合规定的;

(二)未按照规定提交证明材料的。

国务院专利行政部门应当将视为未提交的审查意见通知申请人。

**第四十六条** 申请人请求早日公布其发明专利申请的,应当向国务院专利行政部门声明。国务院专利行政部门对该申请进行初步审查后,除予以驳回的外，应当立即将申请予以公布。

第四十七条　申请人写明使用外观设计的产品及其所属类别的，应当使用国务院专利行政部门公布的外观设计产品分类表。未写明使用外观设计的产品所属类别或者所写的类别不确切的，国务院专利行政部门可以予以补充或者修改。

第四十八条　自发明专利申请公布之日起至公告授予专利权之日止，任何人均可以对不符合专利法规定的专利申请向国务院专利行政部门提出意见，并说明理由。

第四十九条　发明专利申请人因有正当理由无法提交专利法第三十六条规定的检索资料或者审查结果资料的，应当向国务院专利行政部门声明，并在得到有关资料后补交。

第五十条　国务院专利行政部门依照专利法第三十五条第二款的规定对专利申请自行进行审查时，应当通知申请人。

第五十一条　发明专利申请人在提出实质审查请求时以及在收到国务院专利行政部门发出的发明专利申请进入实质审查阶段通知书之日起的3个月内，可以对发明专利申请主动提出修改。

实用新型或者外观设计专利申请人自申请日起2个月内，可以对实用新型或者外观设计专利申请主动提出修改。

申请人在收到国务院专利行政部门发出的审查意见通知书后对专利申请文件进行修改的，应当针对通知书指出的缺陷进行修改。

国务院专利行政部门可以自行修改专利申请文件中文字和符号的明显错误。国务院专利行政部门自行修改的，应当通知申请人。

第五十二条　发明或者实用新型专利申请的说明书或者权利要求书的修改部分，除个别文字修改或者增删外，应当按照规定格式提交替换页。外观设计专利申请的图片或者照片的修改，应当按照规定提交替换页。

第五十三条　依照专利法第三十八条的规定，发明专利申请经实质审查应当予以驳回的情形是指：

（一）申请属于专利法第五条、第二十五条规定的情形，或者依照专利法第九条规定不能取得专利权的；

（二）申请不符合专利法第二条第二款、第二十条第一款、第二十二条、第二十六条第三款、第四款、第五款、第三十一条第一款或者本细则第二十条第二款规定的；

(三）申请的修改不符合专利法第三十三条规定，或者分案的申请不符合本细则第四十三条第一款的规定的。

**第五十四条** 国务院专利行政部门发出授予专利权的通知后，申请人应当自收到通知之日起2个月内办理登记手续。申请人按期办理登记手续的，国务院专利行政部门应当授予专利权，颁发专利证书，并予以公告。

期满未办理登记手续的，视为放弃取得专利权的权利。

**第五十五条** 保密专利申请经审查没有发现驳回理由的，国务院专利行政部门应当做出授予保密专利权的决定，颁发保密专利证书，登记保密专利权的有关事项。

**第五十六条** 授予实用新型或者外观设计专利权的决定公告后，专利法第六十条规定的专利权人或者利害关系人可以请求国务院专利行政部门做出专利权评价报告。

请求做出专利权评价报告的，应当提交专利权评价报告请求书，写明专利号。每项请求应当限于一项专利权。

专利权评价报告请求书不符合规定的，国务院专利行政部门应当通知请求人在指定期限内补正；请求人期满未补正的，视为未提出请求。

**第五十七条** 国务院专利行政部门应当自收到专利权评价报告请求书后2个月内做出专利权评价报告。对同一项实用新型或者外观设计专利权，有多个请求人请求做出专利权评价报告的，国务院专利行政部门仅做出一份专利权评价报告。任何单位或者个人可以查阅或者复制该专利权评价报告。

**第五十八条** 国务院专利行政部门对专利公告、专利单行本中出现的错误，一经发现，应当及时更正，并对所作更正予以公告。

### 第四章 专利申请的复审与专利权的无效宣告

**第五十九条** 专利复审委员会由国务院专利行政部门指定的技术专家和法律专家组成，主任委员由国务院专利行政部门负责人兼任。

**第六十条** 依照专利法第四十一条的规定向专利复审委员会请求复审的，应当提交复审请求书，说明理由，必要时还应当附具有关证据。

复审请求不符合专利法第十九条第一款或者第四十一条第一款规定的，专利复审委员会不予受理，书面通知复审请求人并说明理由。

复审请求书不符合规定格式的，复审请求人应当在专利复审委员会指定的期限内补正；期满未补正的，该复审请求视为未提出。

**第六十一条** 请求人在提出复审请求或者在对专利复审委员会的复审通知

书做出答复时，可以修改专利申请文件；但是，修改应当仅限于消除驳回决定或者复审通知书指出的缺陷。

修改的专利申请文件应当提交一式两份。

**第六十二条** 专利复审委员会应当将受理的复审请求书转交国务院专利行政部门原审查部门进行审查。原审查部门根据复审请求人的请求，同意撤销原决定的，专利复审委员会应当据此做出复审决定，并通知复审请求人。

**第六十三条** 专利复审委员会进行复审后，认为复审请求不符合专利法和本细则有关规定的，应当通知复审请求人，要求其在指定期限内陈述意见。期满未答复的，该复审请求视为撤回；经陈述意见或者进行修改后，专利复审委员会认为仍不符合专利法和本细则有关规定的，应当做出维持原驳回决定的复审决定。

专利复审委员会进行复审后，认为原驳回决定不符合专利法和本细则有关规定的，或者认为经过修改的专利申请文件消除了原驳回决定指出的缺陷的，应当撤销原驳回决定，由原审查部门继续进行审查程序。

**第六十四条** 复审请求人在专利复审委员会做出决定前，可以撤回其复审请求。

复审请求人在专利复审委员会做出决定前撤回其复审请求的，复审程序终止。

**第六十五条** 依照专利法第四十五条的规定，请求宣告专利权无效或者部分无效的，应当向专利复审委员会提交专利权无效宣告请求书和必要的证据一式两份。无效宣告请求书应当结合提交的所有证据，具体说明无效宣告请求的理由，并指明每项理由所依据的证据。

前款所称无效宣告请求的理由，是指被授予专利的发明创造不符合专利法第二条、第二十条第一款、第二十二条、第二十三条、第二十六条第三款、第四款、第二十七条第二款、第三十三条或者本细则第二十条第二款、第四十三条第一款的规定，或者属于专利法第五条、第二十五条的规定，或者依照专利法第九条规定不能取得专利权。

**第六十六条** 专利权无效宣告请求不符合专利法第十九条第一款或者本细则第六十五条规定的，专利复审委员会不予受理。

在专利复审委员会就无效宣告请求做出决定之后，又以同样的理由和证据请求无效宣告的，专利复审委员会不予受理。

以不符合专利法第二十三条第三款的规定为理由请求宣告外观设计专利权

无效，但是未提交证明权利冲突的证据的，专利复审委员会不予受理。

专利权无效宣告请求书不符合规定格式的，无效宣告请求人应当在专利复审委员会指定的期限内补正；期满未补正的，该无效宣告请求视为未提出。

**第六十七条** 在专利复审委员会受理无效宣告请求后，请求人可以在提出无效宣告请求之日起1个月内增加理由或者补充证据。逾期增加理由或者补充证据的，专利复审委员会可以不予考虑。

**第六十八条** 专利复审委员会应当将专利权无效宣告请求书和有关文件的副本送交专利权人，要求其在指定的期限内陈述意见。

专利权人和无效宣告请求人应当在指定期限内答复专利复审委员会发出的转送文件通知书或者无效宣告请求审查通知书；期满未答复的，不影响专利复审委员会审理。

**第六十九条** 在无效宣告请求的审查过程中，发明或者实用新型专利的专利权人可以修改其权利要求书，但是不得扩大原专利的保护范围。

发明或者实用新型专利的专利权人不得修改专利说明书和附图，外观设计专利的专利权人不得修改图片、照片和简要说明。

**第七十条** 专利复审委员会根据当事人的请求或者案情需要，可以决定对无效宣告请求进行口头审理。

专利复审委员会决定对无效宣告请求进行口头审理的，应当向当事人发出口头审理通知书，告知举行口头审理的日期和地点。当事人应当在通知书指定的期限内做出答复。

无效宣告请求人对专利复审委员会发出的口头审理通知书在指定的期限内未作答复，并且不参加口头审理的，其无效宣告请求视为撤回；专利权人不参加口头审理的，可以缺席审理。

**第七十一条** 在无效宣告请求审查程序中，专利复审委员会指定的期限不得延长。

**第七十二条** 专利复审委员会对无效宣告的请求做出决定前，无效宣告请求人可以撤回其请求。

专利复审委员会做出决定之前，无效宣告请求人撤回其请求或者其无效宣告请求被视为撤回的，无效宣告请求审查程序终止。但是，专利复审委员会认为根据已进行的审查工作能够做出宣告专利权无效或者部分无效的决定的，不终止审查程序。

## 第五章  专利实施的强制许可

**第七十三条**  专利法第四十八条第（一）项所称未充分实施其专利，是指专利权人及其被许可人实施其专利的方式或者规模不能满足国内对专利产品或者专利方法的需求。

专利法第五十条所称取得专利权的药品，是指解决公共健康问题所需的医药领域中的任何专利产品或者依照专利方法直接获得的产品，包括取得专利权的制造该产品所需的活性成分以及使用该产品所需的诊断用品。

**第七十四条**  请求给予强制许可的，应当向国务院专利行政部门提交强制许可请求书，说明理由并附具有关证明文件。

国务院专利行政部门应当将强制许可请求书的副本送交专利权人，专利权人应当在国务院专利行政部门指定的期限内陈述意见；期满未答复的，不影响国务院专利行政部门做出决定。

国务院专利行政部门在做出驳回强制许可请求的决定或者给予强制许可的决定前，应当通知请求人和专利权人拟作出的决定及其理由。

国务院专利行政部门依照专利法第五十条的规定做出给予强制许可的决定，应当同时符合中国缔结或者参加的有关国际条约关于为了解决公共健康问题而给予强制许可的规定，但中国做出保留的除外。

**第七十五条**  依照专利法第五十七条的规定，请求国务院专利行政部门裁决使用费数额的，当事人应当提出裁决请求书，并附具双方不能达成协议的证明文件。国务院专利行政部门应当自收到请求书之日起3个月内做出裁决，并通知当事人。

## 第六章  对职务发明创造的发明人或者设计人的奖励和报酬

**第七十六条**  被授予专利权的单位可以与发明人、设计人约定或者在其依法制定的规章制度中规定专利法第十六条规定的奖励、报酬的方式和数额。

企业、事业单位给予发明人或者设计人的奖励、报酬，按照国家有关财务、会计制度的规定进行处理。

**第七十七条**  被授予专利权的单位未与发明人、设计人约定也未在其依法制定的规章制度中规定专利法第十六条规定的奖励的方式和数额的，应当自专利权公告之日起3个月内发给发明人或者设计人奖金。一项发明专利的奖金最低不少于3000元；一项实用新型专利或者外观设计专利的奖金最低不少于1000元。

由于发明人或者设计人的建议被其所属单位采纳而完成的发明创造，被授予专利权的单位应当从优发给奖金。

**第七十八条** 被授予专利权的单位未与发明人、设计人约定也未在其依法制定的规章制度中规定专利法第十六条规定的报酬的方式和数额的，在专利权有效期限内，实施发明创造专利后，每年应当从实施该项发明或者实用新型专利的营业利润中提取不低于2%或者从实施该项外观设计专利的营业利润中提取不低于2%，作为报酬给予发明人或者设计人，或者参照上述比例，给予发明人或者设计人一次性报酬；被授予专利权的单位许可其他单位或者个人实施其专利的，应当从收取的使用费中提取不低于10%，作为报酬给予发明人或者设计人。

## 第七章 专利权的保护

**第七十九条** 专利法和本细则所称管理专利工作的部门，是指由省、自治区、直辖市人民政府以及专利管理工作量大又有实际处理能力的设区的市人民政府设立的管理专利工作的部门。

**第八十条** 国务院专利行政部门应当对管理专利工作的部门处理专利侵权纠纷、查处假冒专利行为、调解专利纠纷进行业务指导。

**第八十一条** 当事人请求处理专利侵权纠纷或者调解专利纠纷的，由被请求人所在地或者侵权行为地的管理专利工作的部门管辖。

两个以上管理专利工作的部门都有管辖权的专利纠纷，当事人可以向其中一个管理专利工作的部门提出请求；当事人向两个以上有管辖权的管理专利工作的部门提出请求的，由最先受理的管理专利工作的部门管辖。

管理专利工作的部门对管辖权发生争议的，由其共同的上级人民政府管理专利工作的部门指定管辖；无共同上级人民政府管理专利工作的部门的，由国务院专利行政部门指定管辖。

**第八十二条** 在处理专利侵权纠纷过程中，被请求人提出无效宣告请求并被专利复审委员会受理的，可以请求管理专利工作的部门中止处理。

管理专利工作的部门认为被请求人提出的中止理由明显不能成立的，可以不中止处理。

**第八十三条** 专利权人依照专利法第十七条的规定，在其专利产品或者该产品的包装上标明专利标识的，应当按照国务院专利行政部门规定的方式予以标明。

专利标识不符合前款规定的，由管理专利工作的部门责令改正。

**第八十四条** 下列行为属于专利法第六十三条规定的假冒专利的行为：

（一）在未被授予专利权的产品或者其包装上标注专利标识，专利权被宣告无效后或者终止后继续在产品或者其包装上标注专利标识，或者未经许可在产品或者产品包装上标注他人的专利号；

（二）销售第（一）项所述产品；

（三）在产品说明书等材料中将未被授予专利权的技术或者设计称为专利技术或者专利设计，将专利申请称为专利，或者未经许可使用他人的专利号，使公众将所涉及的技术或者设计误认为是专利技术或者专利设计；

（四）伪造或者变造专利证书、专利文件或者专利申请文件；

（五）其他使公众混淆，将未被授予专利权的技术或者设计误认为是专利技术或者专利设计的行为。

专利权终止前依法在专利产品、依照专利方法直接获得的产品或者其包装上标注专利标识，在专利权终止后许诺销售、销售该产品的，不属于假冒专利行为。

销售不知道是假冒专利的产品，并且能够证明该产品合法来源的，由管理专利工作的部门责令停止销售，但免除罚款的处罚。

**第八十五条** 除专利法第六十条规定的外，管理专利工作的部门应当事人请求，可以对下列专利纠纷进行调解：

（一）专利申请权和专利权归属纠纷；

（二）发明人、设计人资格纠纷；

（三）职务发明创造的发明人、设计人的奖励和报酬纠纷；

（四）在发明专利申请公布后专利权授予前使用发明而未支付适当费用的纠纷；

（五）其他专利纠纷。

对于前款第（四）项所列的纠纷，当事人请求管理专利工作的部门调解的，应当在专利权被授予之后提出。

**第八十六条** 当事人因专利申请权或者专利权的归属发生纠纷，已请求管理专利工作的部门调解或者向人民法院起诉的，可以请求国务院专利行政部门中止有关程序。

依照前款规定请求中止有关程序的，应当向国务院专利行政部门提交请求书，并附具管理专利工作的部门或者人民法院的写明申请号或者专利号的有关受理文件副本。

管理专利工作的部门做出的调解书或者人民法院作出的判决生效后,当事人应当向国务院专利行政部门办理恢复有关程序的手续。自请求中止之日起1年内,有关专利申请权或者专利权归属的纠纷未能结案,需要继续中止有关程序的,请求人应当在该期限内请求延长中止。期满未请求延长的,国务院专利行政部门自行恢复有关程序。

第八十七条 人民法院在审理民事案件中裁定对专利申请权或者专利权采取保全措施的,国务院专利行政部门应当在收到写明申请号或者专利号的裁定书和协助执行通知书之日中止被保全的专利申请权或者专利权的有关程序。保全期限届满,人民法院没有裁定继续采取保全措施的,国务院专利行政部门自行恢复有关程序。

第八十八条 国务院专利行政部门根据本细则第八十六条和第八十七条规定中止有关程序,是指暂停专利申请的初步审查、实质审查、复审程序,授予专利权程序和专利权无效宣告程序;暂停办理放弃、变更、转移专利权或者专利申请权手续,专利权质押手续以及专利权期限届满前的终止手续等。

## 第八章 专利登记和专利公报

第八十九条 国务院专利行政部门设置专利登记簿,登记下列与专利申请和专利权有关的事项:

(一)专利权的授予;

(二)专利申请权、专利权的转移;

(三)专利权的质押、保全及其解除;

(四)专利实施许可合同的备案;

(五)专利权的无效宣告;

(六)专利权的终止;

(七)专利权的恢复;

(八)专利实施的强制许可;

(九)专利权人的姓名或者名称、国籍和地址的变更。

第九十条 国务院专利行政部门定期出版专利公报,公布或者公告下列内容:

(一)发明专利申请的著录事项和说明书摘要;

(二)发明专利申请的实质审查请求和国务院专利行政部门对发明专利申请自行进行实质审查的决定;

(三)发明专利申请公布后的驳回、撤回、视为撤回、视为放弃、恢复和转移;

（四）专利权的授予以及专利权的著录事项；

（五）发明或者实用新型专利的说明书摘要，外观设计专利的一幅图片或者照片；

（六）国防专利、保密专利的解密；

（七）专利权的无效宣告；

（八）专利权的终止、恢复；

（九）专利权的转移；

（十）专利实施许可合同的备案；

（十一）专利权的质押、保全及其解除；

（十二）专利实施的强制许可的给予；

（十三）专利权人的姓名或者名称、地址的变更；

（十四）文件的公告送达；

（十五）国务院专利行政部门做出的更正；

（十六）其他有关事项。

**第九十一条** 国务院专利行政部门应当提供专利公报、发明专利申请单行本以及发明专利、实用新型专利、外观设计专利单行本，供公众免费查阅。

**第九十二条** 国务院专利行政部门负责按照互惠原则与其他国家、地区的专利机关或者区域性专利组织交换专利文献。

## 第九章 费用

**第九十三条** 向国务院专利行政部门申请专利和办理其他手续时，应当缴纳下列费用：

（一）申请费、申请附加费、公布印刷费、优先权要求费；

（二）发明专利申请实质审查费、复审费；

（三）专利登记费、公告印刷费、年费；

（四）恢复权利请求费、延长期限请求费；

（五）著录事项变更费、专利权评价报告请求费、无效宣告请求费。

前款所列各种费用的缴纳标准，由国务院价格管理部门、财政部门会同国务院专利行政部门规定。

**第九十四条** 专利法和本细则规定的各种费用，可以直接向国务院专利行政部门缴纳，也可以通过邮局或者银行汇付，或者以国务院专利行政部门规定的其他方式缴纳。

通过邮局或者银行汇付的，应当在送交国务院专利行政部门的汇单上写明正确的申请号或者专利号以及缴纳的费用名称。不符合本款规定的，视为未办理缴费手续。

直接向国务院专利行政部门缴纳费用的，以缴纳当日为缴费日；以邮局汇付方式缴纳费用的，以邮局汇出的邮戳日为缴费日；以银行汇付方式缴纳费用的，以银行实际汇出日为缴费日。

多缴、重缴、错缴专利费用的，当事人可以自缴费日起3年内，向国务院专利行政部门提出退款请求，国务院专利行政部门应当予以退还。

第九十五条　申请人应当自申请日起2个月内或者在收到受理通知书之日起15日内缴纳申请费、公布印刷费和必要的申请附加费；期满未缴纳或者未缴足的，其申请视为撤回。

申请人要求优先权的，应当在缴纳申请费的同时缴纳优先权要求费；期满未缴纳或者未缴足的，视为未要求优先权。

第九十六条　当事人请求实质审查或者复审的，应当在专利法及本细则规定的相关期限内缴纳费用；期满未缴纳或者未缴足的，视为未提出请求。

第九十七条　申请人办理登记手续时，应当缴纳专利登记费、公告印刷费和授予专利权当年的年费；期满未缴纳或者未缴足的，视为未办理登记手续。

第九十八条　授予专利权当年以后的年费应当在上一年度期满前缴纳。专利权人未缴纳或者未缴足的，国务院专利行政部门应当通知专利权人自应当缴纳年费期满之日起6个月内补缴，同时缴纳滞纳金；滞纳金的金额按照每超过规定的缴费时间1个月，加收当年全额年费的5%计算；期满未缴纳的，专利权自应当缴纳年费期满之日起终止。

第九十九条　恢复权利请求费应当在本细则规定的相关期限内缴纳；期满未缴纳或者未缴足的，视为未提出请求。

延长期限请求费应当在相应期限届满之日前缴纳；期满未缴纳或者未缴足的，视为未提出请求。

著录事项变更费、专利权评价报告请求费、无效宣告请求费应当自提出请求之日起1个月内缴纳；期满未缴纳或者未缴足的，视为未提出请求。

第一百条　申请人或者专利权人缴纳本细则规定的各种费用有困难的，可以按照规定向国务院专利行政部门提出减缴或者缓缴的请求。减缴或者缓缴的办法由国务院财政部门会同国务院价格管理部门、国务院专利行政部门规定。

## 第十章　关于国际申请的特别规定

**第一百零一条**　国务院专利行政部门根据专利法第二十条规定，受理按照专利合作条约提出的专利国际申请。

按照专利合作条约提出并指定中国的专利国际申请（以下简称国际申请）进入国务院专利行政部门处理阶段（以下称进入中国国家阶段）的条件和程序适用本章的规定；本章没有规定的，适用专利法及本细则其他各章的有关规定。

**第一百零二条**　按照专利合作条约已确定国际申请日并指定中国的国际申请，视为向国务院专利行政部门提出的专利申请，该国际申请日视为专利法第二十八条所称的申请日。

**第一百零三条**　国际申请的申请人应当在专利合作条约第二条所称的优先权日（本章简称优先权日）起30个月内，向国务院专利行政部门办理进入中国国家阶段的手续；申请人未在该期限内办理该手续的，在缴纳宽限费后，可以在自优先权日起32个月内办理进入中国国家阶段的手续。

**第一百零四条**　申请人依照本细则第一百零三条的规定办理进入中国国家阶段的手续的，应当符合下列要求：

（一）以中文提交进入中国国家阶段的书面声明，写明国际申请号和要求获得的专利权类型；

（二）缴纳本细则第九十三条第一款规定的申请费、公布印刷费，必要时缴纳本细则第一百零三条规定的宽限费；

（三）国际申请以外文提出的，提交原始国际申请的说明书和权利要求书的中文译文；

（四）在进入中国国家阶段的书面声明中写明发明创造的名称，申请人姓名或者名称、地址和发明人的姓名，上述内容应当与世界知识产权组织国际局（以下简称国际局）的记录一致；国际申请中未写明发明人的，在上述声明中写明发明人的姓名；

（五）国际申请以外文提出的，提交摘要的中文译文，有附图和摘要附图的，提交附图副本和摘要附图副本，附图中有文字的，将其替换为对应的中文文字；国际申请以中文提出的，提交国际公布文件中的摘要和摘要附图副本；

（六）在国际阶段向国际局已办理申请人变更手续的，提供变更后的申请人享有申请权的证明材料；

（七）必要时缴纳本细则第九十三条第一款规定的申请附加费。

符合本条第一款第（一）项至第（三）项要求的，国务院专利行政部门应当给予申请号，明确国际申请进入中国国家阶段的日期（以下简称进入日），并通知申请人其国际申请已进入中国国家阶段。

国际申请已进入中国国家阶段，但不符合本条第一款第（四）项至第（七）项要求的，国务院专利行政部门应当通知申请人在指定期限内补正；期满未补正的，其申请视为撤回。

**第一百零五条** 国际申请有下列情形之一的，其在中国的效力终止：

（一）在国际阶段，国际申请被撤回或者被视为撤回，或者国际申请对中国的指定被撤回的；

（二）申请人未在优先权日起 32 个月内按照本细则第一百零三条规定办理进入中国国家阶段手续的；

（三）申请人办理进入中国国家阶段的手续，但自优先权日起 32 个月期限届满仍不符合本细则第一百零四条第（一）项至第（三）项要求的。

依照前款第（一）项的规定，国际申请在中国的效力终止的，不适用本细则第六条的规定；依照前款第（二）项、第（三）项的规定，国际申请在中国的效力终止的，不适用本细则第六条第二款的规定。

**第一百零六条** 国际申请在国际阶段作过修改，申请人要求以经修改的申请文件为基础进行审查的，应当自进入日起 2 个月内提交修改部分的中文译文。在该期间内未提交中文译文的，对申请人在国际阶段提出的修改，国务院专利行政部门不予考虑。

**第一百零七条** 国际申请涉及的发明创造有专利法第二十四条第（一）项或者第（二）项所列情形之一，在提出国际申请时作过声明的，申请人应当在进入中国国家阶段的书面声明中予以说明，并自进入日起 2 个月内提交本细则第三十条第三款规定的有关证明文件；未予说明或者期满未提交证明文件的，其申请不适用专利法第二十四条的规定。

**第一百零八条** 申请人按照专利合作条约的规定，对生物材料样品的保藏已做出说明的，视为已经满足了本细则第二十四条第（三）项的要求。申请人应当在进入中国国家阶段声明中指明记载生物材料样品保藏事项的文件以及在该文件中的具体记载位置。

申请人在原始提交的国际申请的说明书中已记载生物材料样品保藏事项，但是没有在进入中国国家阶段声明中指明的，应当自进入日起 4 个月内补正。期满未补正的，该生物材料视为未提交保藏。

申请人自进入日起 4 个月内向国务院专利行政部门提交生物材料样品保藏证明和存活证明的，视为在本细则第二十四条第（一）项规定的期限内提交。

**第一百零九条** 国际申请涉及的发明创造依赖遗传资源完成的，申请人应当在国际申请进入中国国家阶段的书面声明中予以说明，并填写国务院专利行政部门制定的表格。

**第一百一十条** 申请人在国际阶段已要求一项或者多项优先权，在进入中国国家阶段时该优先权要求继续有效的，视为已经依照专利法第三十条的规定提出了书面声明。

申请人应当自进入日起 2 个月内缴纳优先权要求费；期满未缴纳或者未缴足的，视为未要求该优先权。

申请人在国际阶段已依照专利合作条约的规定，提交过在先申请文件副本的，办理进入中国国家阶段手续时不需要向国务院专利行政部门提交在先申请文件副本。申请人在国际阶段未提交在先申请文件副本的，国务院专利行政部门认为必要时，可以通知申请人在指定期限内补交；申请人期满未补交的，其优先权要求视为未提出。

**第一百一十一条** 在优先权日起 30 个月期满前要求国务院专利行政部门提前处理和审查国际申请的，申请人除应当办理进入中国国家阶段手续外，还应当依照专利合作条约第二十三条第二款规定提出请求。国际局尚未向国务院专利行政部门传送国际申请的，申请人应当提交经确认的国际申请副本。

**第一百一十二条** 要求获得实用新型专利权的国际申请，申请人可以自进入日起 2 个月内对专利申请文件主动提出修改。

要求获得发明专利权的国际申请，适用本细则第五十一条第一款的规定。

**第一百一十三条** 申请人发现提交的说明书、权利要求书或者附图中的文字的中文译文存在错误的，可以在下列规定期限内依照原始国际申请文本提出改正：

（一）在国务院专利行政部门作好公布发明专利申请或者公告实用新型专利权的准备工作之前；

（二）在收到国务院专利行政部门发出的发明专利申请进入实质审查阶段通知书之日起 3 个月内。

申请人改正译文错误的，应当提出书面请求并缴纳规定的译文改正费。

申请人按照国务院专利行政部门的通知书的要求改正译文的，应当在指定期限内办理本条第二款规定的手续；期满未办理规定手续的，该申请视为撤回。

**第一百一十四条** 对要求获得发明专利权的国际申请，国务院专利行政部门经初步审查认为符合专利法和本细则有关规定的，应当在专利公报上予以公布；国际申请以中文以外的文字提出的，应当公布申请文件的中文译文。

要求获得发明专利权的国际申请，由国际局以中文进行国际公布的，自国际公布日起适用专利法第十三条的规定；由国际局以中文以外的文字进行国际公布的，自国务院专利行政部门公布之日起适用专利法第十三条的规定。

对国际申请，专利法第二十一条和第二十二条中所称的公布是指本条第一款所规定的公布。

**第一百一十五条** 国际申请包含两项以上发明或者实用新型的，申请人可以自进入日起，依照本细则第四十二条第一款的规定提出分案申请。

在国际阶段，国际检索单位或者国际初步审查单位认为国际申请不符合专利合作条约规定的单一性要求时，申请人未按照规定缴纳附加费，导致国际申请某些部分未经国际检索或者未经国际初步审查，在进入中国国家阶段时，申请人要求将所述部分作为审查基础，国务院专利行政部门认为国际检索单位或者国际初步审查单位对发明单一性的判断正确的，应当通知申请人在指定期限内缴纳单一性恢复费。期满未缴纳或者未足额缴纳的，国际申请中未经检索或者未经国际初步审查的部分视为撤回。

**第一百一十六条** 国际申请在国际阶段被有关国际单位拒绝给予国际申请日或者宣布视为撤回的，申请人在收到通知之日起 2 个月内，可以请求国际局将国际申请档案中任何文件的副本转交国务院专利行政部门，并在该期限内向国务院专利行政部门办理本细则第一百零三条规定的手续，国务院专利行政部门应当在接到国际局传送的文件后，对国际单位做出的决定是否正确进行复查。

**第一百一十七条** 基于国际申请授予的专利权，由于译文错误，致使依照专利法第五十九条规定确定的保护范围超出国际申请的原文所表达的范围的，以依据原文限制后的保护范围为准；致使保护范围小于国际申请的原文所表达的范围的，以授权时的保护范围为准。

## 第十一章　附则

**第一百一十八条** 经国务院专利行政部门同意，任何人均可以查阅或者复制已经公布或者公告的专利申请的案卷和专利登记簿，并可以请求国务院专利行政部门出具专利登记簿副本。

已视为撤回、驳回和主动撤回的专利申请的案卷，自该专利申请失效之日起满 2 年后不予保存。

已放弃、宣告全部无效和终止的专利权的案卷，自该专利权失效之日起满 3 年后不予保存。

**第一百一十九条** 向国务院专利行政部门提交申请文件或者办理各种手续，应当由申请人、专利权人、其他利害关系人或者其代表人签字或者盖章；委托专利代理机构的，由专利代理机构盖章。

请求变更发明人姓名、专利申请人和专利权人的姓名或者名称、国籍和地址、专利代理机构的名称、地址和代理人姓名的，应当向国务院专利行政部门办理著录事项变更手续，并附具变更理由的证明材料。

**第一百二十条** 向国务院专利行政部门邮寄有关申请或者专利权的文件，应当使用挂号信函，不得使用包裹。

除首次提交专利申请文件外，向国务院专利行政部门提交各种文件、办理各种手续的，应当标明申请号或者专利号、发明创造名称和申请人或者专利权人姓名或者名称。

一件信函中应当只包含同一申请的文件。

**第一百二十一条** 各类申请文件应当打字或者印刷，字迹呈黑色，整齐清晰，并不得涂改。附图应当用制图工具和黑色墨水绘制，线条应当均匀清晰，并不得涂改。

请求书、说明书、权利要求书、附图和摘要应当分别用阿拉伯数字顺序编号。

申请文件的文字部分应当横向书写。纸张限于单面使用。

**第一百二十二条** 国务院专利行政部门根据专利法和本细则制定专利审查指南。

**第一百二十三条** 本细则自 2001 年 7 月 1 日起施行。1992 年 12 月 12 日国务院批准修订、1992 年 12 月 21 日中国专利局发布的《中华人民共和国专利法实施细则》同时废止。

# 参考文献

[1] 马天旗. 专利分析 [M]. 北京：知识产权出版社，2015.9.

[2] 周胜生，高可，饶刚，等. 专利运营之道 [M]. 北京：知识产权出版社，2016.9.

[3] 杨铁军. 专利分析可视化 [M]. 北京：知识产权出版社，2017.4.

[4] 柯晓鹏，林炮勤. IP 之道——30 家国内一线创新公司的知识产权是如何运营的 [M]. 北京：企业管理出版社，2017.10.

[5] 马天旗. 高价值专利培育与评估 [M]. 北京：知识产权出版社，2018.4.

[6] 张勇. 专利预警——从管控风险到决胜创新 [M]. 北京：知识产权出版社，2015.9.

[7] 国家知识产权专利局审查业务管理部. 专利申请人分析实务手册 [M]. 北京：知识产权出版社，2018.8.

[8] 哈尔滨市松花江专利商标事务所. 无授权前景发明专利申请的答复技巧 [M]. 北京：知识产权出版社，2015.1.

[9] 王越. 如何答复有关创造性的审查意见 [C] //中华全国专利代理人协会. 2013 年中华全国专利代理人协会年会暨第四届知识产权论坛论文汇编第二部分. 2013：238 – 242.

[10] 徐秋杰，耿苗. 创造性审查意见的答复建议 [J]. 电子制作，2014（1）：233.

[11] 苏梦遥. 重点通信企业专利布局 [D]. 长沙：湖南大学，2019.

[12] 李慧，吴孟秋. 浅谈知识产权服务机构如何协助企业做好专利布局 [J]. 中国发明与专利，2014（11）：57 – 60.

[13] 杨斌. 专利布局设计方法浅析 [C] //中华全国专利代理人协会. 提升知识产权服务能力促进创新驱动发展战略——2014 年中华全国专利代理人协会年会第五届知识产权论坛优秀论文集. 2014：322 – 331.

[14] 马天旗. 专利布局 [M]. 北京：知识产权出版社，2016.9.

[15] 杨铁军. 企业专利工作实务手册 [M]. 北京：知识产权出版社，2013：110 – 112.

[16] 张婷. 案例探究重点产业专利挖掘方法 [J]. 中国发明与专利，2018，15（3）：51 – 58.

[17] 谈敏. 传统制造型企业专利挖掘之浅见 [J]. 知识经济，2013（2）：14 – 15.

[18] 盛富强，柏云燕. 专利挖掘及布局在专利申请中的应用 [J]. 科技经济导刊，2016（15）：42.

[19] 李俊，王梦媛. 国内外专利挖掘研究的可视化分析［J］. 高校图书馆工作，2019，39（2）：7-12.

[20] 谢顺星，窦夏睿，胡小永. 专利挖掘的方法［J］. 中国发明与专利，2008（7）：46-49.

[21] 书科. 解决创新发明问题的理论——TRIZ 简介［J］. 中国制笔，2009（4）：32-45.

[22] 薛晓滨. 创新实践呼唤创新理论——发明问题解决理论（TRIZ）综述［J］. 铁道工程学报，2006（7）：96-101.

[23] 唐静. TRIZ——发明问题解决理论［J］. 现代经济信息，2012（5）：312-313.

[24] 彭慧娟，成思源，李苏洋，等. TRIZ 的理论体系研究综述［J］. 机械设计与制造，2013（10）：270-272.

[25] 赵恒煜. 创新密码——TRIZ［J］. 广东科技，2011，20（1）：47-52.

[26] 郑称德. TRIZ 理论及其设计模型［J］. 管理工程学报，2003（1）：84-87.

[27] 王麒郦，李艳，刘富，等. 基于物理矛盾分析的带式输送机托辊专利规避设计［J］. 绿色包装，2017（8）：41-46.

[28] 彭辉剑. 浅谈 TRIZ 在专利处理中的运用［J］. 中国发明与专利，2010（6）：67-68.

[29] 北京康信知识产权代理有限责任公司. PCT 实战手册［M］. 北京：知识产权出版社，2015.

[30] 郑文艳.《专利合作条约（PCT）》的最新发展与我国对策［D］. 北京：中国政法大学，2011.

[31] 邓声菊，石红华，林光美，等. 国际专利申请的产生和发展［J］. 中国发明与专利，2006（7）：77-79.